Andreas Helm

Mitarbeiterführung und Kommunikation

GABLER RESEARCH

Andreas Helm

Mitarbeiterführung und Kommunikation

Change Management, Commitment und Mitarbeiterbefragungen im Automobilvertrieb

Mit einem Geleitwort von Prof. Dr. Hermann Schwengel

GABLER

RESEARCH

Bibliografische Information der Deutschen Nationalbibliothek
Die Deutsche Nationalbibliothek verzeichnet diese Publikation in der
Deutschen Nationalbibliografie; detaillierte bibliografische Daten sind im Internet über
<http://dnb.d-nb.de> abrufbar.

Dissertation der Albert-Ludwigs-Universität Freiburg i. Br., 2008

1. Auflage 2009

Lektorat: Claudia Jeske | Hildegard Tischer

Gabler ist Teil der Fachverlagsgruppe Springer Science+Business Media.
www.gabler.de

Umschlaggestaltung: KünkelLopka Medienentwicklung, Heidelberg
Gedruckt auf säurefreiem und chlorfrei gebleichtem Papier
Printed in Germany

ISBN 978-3-8349-1686-0

Geleitwort

Wandel zu organisieren, muss sich auch und vor allem in der Krise bewähren. Es macht Sinn, sich seiner Zwecke und Mittel zu vergewissern, Mitarbeiterführung und Kommunikation im Unternehmen zu inspizieren und sich die Möglichkeiten und Grenzen seiner Instrumente erneut klarzumachen. Sozialwissenschaftlich ist das Thema Mitarbeiterbefragung eine Herausforderung, weil es auf der einen Seite die reale Praxis von Mitarbeiterführung, die Instrumente und Ziele dieser Führung und ihren Erfolgen oder Misserfolgen reflektiert, auf der anderen Seite aber an die Grundsachverhalte von Macht und Herrschaft in Gesellschaft, Organisation und Sozialisation rührt. Andreas Helm tut gut daran, bereits in seiner Einleitung Herrschaft und ihre Legitimation durch rationale Regeln, durch persönliche Autorität oder durch den Glauben an das Charisma als einen Sonderfall der Macht einzuführen. Macht diffundiert, ist in ihrer Komplexität kaum zu beherrschen, und Machthaber sind in der Regel froh, wenn sie auf legitime Herrschaft zurückgreifen können, um sich nicht den Unwägbarkeiten der Macht auszuliefern. Denn jede Macht erzeugt, wie uns Michel Foucault gelehrt hat, unweigerlich Gegenmacht, die wiederum zu unbeherrschten Komplexitätsgefällen führt und Entscheidungen schwierig macht. Die reale Diffusion von Handlungs- und Entscheidungskompetenzen erzeugt das Bedürfnis, die Verhandlungs-, Befragungs- und Entscheidungspraxis soziologisch zu rekonstruieren.

Das Instrument der Mitarbeiterbefragung ist immer der Kritik ausgesetzt, dass es auf der Input-Seite zu wenig Chancen der Implementierung von Ideen mit sich bringt und auf der Output-Seite eine zu geringe Nachhaltigkeit in der Umsetzung aufweist. Zu Recht hebt Andreas Helm deshalb auf die Verknüpfung von Mitarbeiterbefragung und organisationalem Wandel ab, die die Organisation fähig macht, das Wissen, die Erfahrung und die Phantasie der Mitarbeiter in den Prozess der Ideengenerierung einzubringen und seine Ergebnisse stärker auf Dauer zu stellen vermag. Die Arbeit schließt eine Forschungslücke, insofern als früher häufig nur der These nachgehangen wurde, dass motivierte Mitarbeiter auch bessere Leistungen erbringen, ohne diesen Prozess operativ in den Griff zu bekommen. Wo auf der anderen Seite operative Kompetenz zum Tragen kam, war die originäre Verbindung von Leistung und *Commitment* häufig schon zerrissen. Entlang dieser beiden Pole könnte man eine ganze Geschichte der betriebswirtschaftlichen Literatur beschreiben, die sich reaktiv zwischen dem Vorrang hierarchischer Planung und der Beschwörung leistungsfördernden *Commitments* hin und her bewegt.

Das Kapitel zu Wandel, Verstetigung und Arbeiterbefragungen wird für den Leser ein Höhepunkt der Lektüre sein, insoweit die Verknüpfung von Restrukturierung der Hierarchie und organisationalem Wandel – sehr wichtig die Unterscheidung von direkten Arbeitern und indirekten Arbeitern – zur Idee eines aktiven Projektmarketings führt, die für die Nutzung dieser Arbeit wohl von entscheidender Bedeutung sein wird. Das Verhältnis zwischen Wandel, Verstetigung und *Commitment* kann nie abschließend geklärt werden. Aber es ist klar, dass sich konzernweite Restrukturierung auf lokale Mitarbeiterbefragungen und andere Führungsinstrumente auswirkt. Man kann auch lokale Erwartungen produzieren, die dann transnational dementiert werden, um am Ende mehr Schaden als Nutzen anzurichten. Die Verknüpfung lokaler und globaler Motive, für die Globalisierung im Ganzen eines der zentralen Motive, wird von Belegschaften, Führungskräften und Unternehmensleitung sehr unterschiedlich eingefärbt. Die Mitarbeiterbefragung ist nur ein Moment einer offenen Unternehmenskultur, die den permanenten Wechsel zwischen den lokalen, regionalen, nationalen und globalen Perspektiven abfedert. Die Globalisierungsfähigkeit der mittleren Führungskräfte mag deshalb zu einer strategischen Größe heranwachsen, weil die Beherrschung der ganzen Kette von der lokalen zur globalen Ebene weder *bottom up* noch *Top-down* geleistet werden kann. Entscheidend ist, glaube ich, der Hinweis, dass die Leistungsträger, wie Helm schreibt, die sich bereits überdurchschnittlich stark für das Unternehmen engagieren und sich deshalb vermutlich auch vermehrt in die Ideeneinbringung im Zuge der MAB eingebracht haben, nicht enttäuscht werden. Das zentrale Motiv ist das der Vermittlung von organisationalem Wandel und *Commitment* auf Dauer. In wettbewerbsorientierten Organisationen und Unternehmen ist Dauer zweifellos ein ebenso kreatives wie prekäres Gut. Es ist unabdingbar, aber auch Quelle der Stagnation. Unternehmensphilosophien von oben – integrierte Technologie- oder differenzierte Weltunternehmen – oder Miteigentumshoffnungen von unten sind nicht von Natur aus auf Dauer gestellt, sondern bedürfen des Ideen- und Motivationsmanagements. Das zu lernen, war weder von oben noch von unten einfach. Empirische Forschung ist dafür da, diese Wahrnehmungs- und Austauschprozesse von oben, von unten und aus der Mitte der Organisation im Detail zu erfassen. Die Untersuchung der Mitarbeiterbefragung sollte nicht überschätzt werden, was die Komplexität dieser Reihe von Prozessen betrifft, aber sie ist ein wichtiger Indikator für den Zustand von Organisationskommunikation. Sehr selten sind in Organisationen Mittel nichts anderes als Mittel, sondern sie erlauben ein Eigenleben und Wechselwirkungen, die die Nutzer dieser Instrumente vielleicht gar nicht beabsichtigt haben.

Andreas Helm spürt die Ambivalenz seiner Materialien – darin liegt die soziologische Phantasie – ohne sich der Ambivalenz auszuliefern, sondern er hat nach den Entscheidungsregularien gefragt, die nun einmal für eine Organisation unabdingbar sind. Zu Recht weist er darauf hin, dass sich Führungskräfte der zentralen Bedeutung von Fairness beim Prozess der Entscheidungsfindung im Zuge der Maßnahmenerarbeitung bewusst sein müssen. Fairness ist mittlerweile eine sozialphilosophische Kategorie geworden, die weit über ihre alltagssprachliche Bedeutung hinaus die Angemessenheit von Zielen und Mitteln zum Thema hat. Fairness ist nicht Gerechtigkeit, weil Gerechtigkeit eine sehr viel rigidere institutionelle Anordnung verlangt, als sie auf dem Markt operierende Unternehmen bieten können. Sie ist aber auch mehr als die betrugsfreie Nutzung von Führungs- und Implementierungsinstrumenten. Sie verlangt einen Sinn für *Commitment*, der nicht von Anfang an technokratisch kastriert ist. Die ideenpolitische Strategie dieser Schrift zielt zweifellos auf eine solche weder technokratische noch gerechtigkeitsphilosophische, sondern auf eine ebenso nüchterne wie engagierte Betrachtung von Führungsqualität. Es ist kein Zufall, dass im deutschen Sprachraum immer noch *leadership* der Differenzierung von Führung als Leitmetapher vorgezogen wird, weil das Abgleiten in Autoritarismus auf der einen und entscheidungsarmes *laissez-faire* auf der anderen Seite befürchtet wird. Je mehr wir empirisch über die Nutzung, Interpretation und weitere Entwicklung von Führungsinstrumenten wie der Mitarbeiterbefragung wissen – einschließlich der komplexen Gegenreaktion – umso mehr werden wir ein gewissermaßen natürliches Verhältnis zu der Qualität – und zu den verschiedenen Qualitäten – von Führung entwickeln.

Prof. Dr. Hermann Schwengel

Vorwort

Siegen wird der, dessen Armee in allen Rängen
vom gleichen Geist beseelt ist.

- Die Kunst des Krieges. Sunzi

Die vorliegende Arbeit wäre nicht möglich gewesen ohne die vielen helfenden Hände und vor allem Köpfe, welchen ich mit großer Anerkennung danken möchte.

Meiner Frau Kathrin für die Liebe und Geduld während aller Phasen meines Abenteuers Dissertation und bei der Fertigstellung des Buches – ich liebe Dich! Meinen Eltern für die vielen Stunden des Korrekturlesens, ohne euch beide wäre ich nicht hier.

Prof. Dr. Hermann Schwengel, meinem Doktorvater für die vielen Hinweise, Tipps und das Vertrauen in meine Fähigkeiten. Dr. Boike Rehbein, der mir mit seinem hilfreichen und vor allem schnellen Rat stets eine große Unterstützung war.

Dr. Bernd Remmele für die fachliche und persönliche Unterstützung mit einem offenen Ohr zum Thema und allen damit mehr oder weniger verbundenen Fragen des Lebens.

Michael J. Pistecky für die Unterstützung und das Vertrauen, Alfred Gröber für den Optimismus und die Zuversicht in das Projekt Promotion, Michael Meyer für die tatkräftige Unterstützung bei allen mit dem Projekt auftauchenden Fragen, Alexandra Steinhart und Bettina Dihlmann sowie allen Mitarbeitenden der Mercedes-Benz Niederlassung Freiburg der Daimler AG.

Axel A. Schmidt aus der Vertriebszentrale Berlin für Tipps und Informationen rund um die Vertriebsstruktur Deutschland und den Überblick über die Geschichte von Mitarbeiterbefragungen im Vertrieb von DaimlerChrysler in Deutschland.

Brit Barthelmeh für die Organisation des Forschungsauslandsaufenthalts bei MBUSA in Montvale, NJ. Allen Mitarbeitenden bei MBUSA für das bereitwillige Teilen von Informationen und Wissen.

Dr. Johann Häußler von TNS Infratest für die vielen wertvollen Daten, Hintergrundinformationen und Feedbacks und den Einblick in die weite Welt des wissenschaftlichen Arbeitens in der Umfrage- und Meinungsforschung.

Ergebnisse dieser Forschungsarbeit sind entstanden mit Unterstützung eines DAAD-Doktorandenstipendiums.

Inhaltsverzeichnis

Einleitung

Die Ergebnisse der Mitarbeiterbefragung (MAB) im Jahr 2006 in den Niederlassungen der DaimlerChrysler Vertriebsorganisation Deutschland (DCVD) sind geprägt von einem *bundesweiten Rückgang des TRI*M-Index*[1], der Kennziffer für das Mitarbeitercommitment von TNS Infratest. Das Mitarbeitercommitment beschreibt, wie stark sich die Mitarbeiter ihrer Organisation oder Teilen der Organisation, zum Beispiel Abteilungen oder Arbeitsgruppen, zugehörig und verbunden fühlen.[2] Auf der Ebene des generellen Verhältnisses zum Unternehmen lässt sich – bei der Frage nach der Wiederbewerbung beziehungsweise Weiterempfehlung – eine gesunkene Zufriedenheit und damit eine Zunahme der Distanzierung zum Unternehmen feststellen. Sowohl das Commitment zu den Niederlassungen DCVD als auch zur DaimlerChrysler AG (DCAG) liegt 2006 im Vergleich zu den vorhergehenden Messungen auf einem niedrigeren Niveau.

In dieser Untersuchung steht somit die Frage im Mittelpunkt, *welches Verhältnis zwischen Wandelverstetigung, Commitment und Mitarbeiterbefragungen existiert.* Im Zeitraum zwischen 2004 und 2006 wurden auf Konzernebene drastische Umstrukturierungen inklusive Personalabbau beschlossen und durchgeführt. Wir können also Hinweise darauf erkennen, dass das grundsätzliche Verhältnis zum Unternehmen derzeit eher durch übergeordnete allgemeine Entwicklungen innerhalb der DCAG bestimmt wird. Die Aspekte, welche die tägliche Arbeit im Bereich und in der Abteilung betreffen, sind offensichtlich für die Entwicklung des TRI*M-Index weniger bestimmend. Dennoch wird im Folgenden das Hauptaugenmerk auf die lokalen Gegebenheiten und Strukturen gelegt, denn diese können durch die Akteure im Handlungsfeld „vor Ort" mit gestaltet werden. Anhand einzelner Antwort-Ausprägungen auf Fragen der MAB 2004 im Vergleich zu den Antworten von 2006 wird untersucht, wie sich im Zeitverlauf in der Niederlassung Freiburg die subjektive Einschätzung der Mitarbeiter bezüglich verschiedener Gegebenheiten entwickelt hat.

Die Prozesskette von MAB verläuft von der *Feststellung eines Befragungsbedarfs* über die *Konzeption und Durchführung der Befragung* hin zum anschließend geführten *Wandel im Zuge der Folgeprozesse.* Auf jeder Prozessstufe gibt es Probleme im Hinblick auf die Folgeprozesse: welche Voraussetzungen müssen erfüllt sein, um die

---

[1] TRI*M steht dabei für die drei mit M beginnenden Wörter Measuring, Managing, Monitoring und bezeichnet dabei das Ziel der Kennziffer von TNS Infratest: Messen meint dabei die Ermittlung der Kennziffer für das Mitarbeitercommitment und damit die Analyse der Ist-Situation, Managen meint die Erarbeitung von handlungsorientierten Maßnahmen und Monitoring meint die Überwachung der Wirkung der ergriffenen Maßnahmen. Hier wird der intervenierende Charakter des MAB-Konzepts von TNS Infratest deutlich, der auf eine Verbesserung des betrieblichen Umfelds durch MAB abzielt.

[2] Vgl. Allen/Meyer 1990, Dick 2004.

effektive und erfolgreiche Nachbetreuung der MAB inklusive partizipativer Verbesserungsworkshops, Erarbeitung und dauerhafte Umsetzung von Verbesserungsmaßnahmen zu ermöglichen? Bei der Konzeption und Durchführung einer MAB gibt es zu bedenken, welche inhaltlichen Anforderungen an den Fragebogen sowie an die Erarbeitung von Verbesserungsmaßnahmen gestellt werden müssen. Der Fragebogen muss dabei dem lokalen Handlungsfeld vor Ort genügend Raum geben, und die Verbesserungsmaßnahmen müssen für alle Akteure möglichst partizipativ und fair verlaufen, um bei ihnen eine Verpflichtung zur Umsetzung zu erzeugen. Der Wandel im Zuge der Folgeprozesse wird erforscht im Hinblick auf Veränderungsbarrieren, Erwartungsmanagement und Schaffung einer stabilen Koalition des Wandels zur Sicherung von dauerhafter Veränderung der Organisationsstrukturen und des Handelns der Akteure.

Zunächst gilt es als *ersten Prozessschritt* festzustellen, dass es seitens der Unternehmen einen *Bedarf an MAB* gibt. Die hohen Lohnkosten am Standort Deutschland erfordern eine höhere Produktivität und Effizienz, um wettbewerbsfähig zu bleiben. Deshalb sind die Firmen vermehrt auf Mitarbeiter angewiesen, die sich dem Betrieb verpflichtet fühlen und sich für ihn einsetzen. Für die Schaffung und Ergänzung einer gesunden Führungs- und Kommunikationskultur wird das *Führungsinstrument MAB* vermehrt eingesetzt. Die Unternehmensleitung erhofft sich als Mehrwert, durch Kommunikation für die Mitarbeiter[3] *die Möglichkeiten der Partizipation* zu verbessern und das *Expertenwissen der Mitarbeiter* zu nutzen. Es können wertvolle Informationen erhoben werden, die Aufschluss darüber geben, wo das Unternehmen strategisch weiterentwickelt und das betriebliche Umfeld operativ verbessert werden kann. Letztlich sollen dabei Hinweise gewonnen werden, die Rückschlüsse auf Stellhebel zulassen, mit denen das Betriebsklima optimiert und dadurch das Ziel realisiert wird, mit verbesserter *Kundenorientierung Wettbewerbs- und Konkurrenzfähigkeit* zu erzielen. So korreliert beispielsweise in den Niederlassungen der DCVD der TRI*M-Index, der das Mitarbeitercommitment abbildet, stark mit Kennziffern der Wirtschaftlichkeit. Einen linearen Zusammenhang zwischen Mitarbeitercommitment und Unternehmenserfolg lässt sich zwar nicht postulieren. Dennoch ist es plausibel anzunehmen, dass Mitarbeiter, die sich vom Unternehmen gebraucht fühlen, auch mehr in dieses einbringen. Von einer MAB erhoffen sich die Mitarbeiter, dass die Unternehmens- und Abteilungsleiter die Ergebnisse der Befragung ernst nehmen und sich für ihre Auskünfte interessieren. Deshalb müssen die Folgeprozesse von MAB professionell durchgeführt werden. Wir werden sehen, welche Fragen aus dieser Problemstellung resultieren.

---

[3] Selbstverständlich gelten alle genannten Begriffe für weibliche wie männliche Mitarbeiter. Für die leichtere Verständlichkeit wählen wir für diese Arbeit jeweils nur eine Bezeichnung.

Mittels einer oder mehrerer aufeinander folgender MAB können Informationen über die Situation der Mitarbeiter gesammelt werden. Der *Informationsaustausch zwischen Mitarbeitern und Führungskräften* wird durch ermittelte Kennziffern und nicht zuletzt bei der Präsentation der Ergebnisse und der *Erarbeitung von Verbesserungsmaßnahmen* erhöht und Handlungsbedarf wird aufgedeckt. Gleichzeitig bekommt die Unternehmensleitung die Möglichkeit, bereits durch die Wahl der Themen in der Befragung ein *Agenda-Setting* zu betreiben. In Großkonzernen findet Führung vor allem über lange Prozessketten hinweg statt und es ist die Aufgabe der Unternehmensleitung, die Kommunikation zwischen den Hierarchieebenen sicherzustellen und aufrechtzuerhalten. MAB können dafür eingesetzt werden, den Informationsfluss innerhalb des mikropolitischen Geflechts zu ergänzen und zu optimieren. Die Mitarbeiter und Führungskräfte bekommen dabei die Chance, ihre Gedanken und Meinungen zu äußern. Durch die Ermittlung einer Kennziffer für das Mitarbeitercommitment wird zudem möglich, die Leistung der jeweiligen Führungskraft transparent und vergleichbar zu machen. Gleichzeitig erhält die Führungskraft auch Anhaltspunkte für Verbesserungsmöglichkeiten.

Die Messung des Mitarbeitercommitments impliziert, dass diese Kennziffer beeinflusst werden kann, auch und vor allem durch die Führungskraft. Aber schafft es ein Abteilungsleiter überhaupt, durch Verbesserungen – also Wandel auf in erster Linie operativer Ebene – Commitment bei den Mitarbeitern zu erzeugen? Welche Faktoren einer MAB wirken sich auf das Mitarbeitercommitment aus? Dabei spielt vor allem eine Rolle, wie die MAB positioniert ist und wie die daraus resultierenden Erwartungen seitens der Teilnehmer aussehen. Im Falle einer intervenierenden MAB, wie sie der hier vorliegenden Untersuchung zugrunde liegt und die auf die Verbesserung des betrieblichen Umfelds abzielt, gibt es zu bedenken, wie sich bei Mitarbeitern Commitment und Verbesserungen, die Wandel bedeuten, in Beziehung setzen lassen. Wir werden sehen, dass es starke Überstrahleffekte des strategischen Wandels auf Konzernebene gibt, die sich auf das Commitment in den einzelnen Organisationseinheiten auswirken. Dennoch schaffen es manche Abteilungsleiter, ihr Mitarbeitercommitment auf hohem Niveau zu halten. Es sind vor allem jene, die einen partnerschaftlichen Umgangston mit ihren Mitarbeitern kultivieren. Wir werden sehen, welche Konsequenzen daraus für erfolgreiche Folgeprozesse resultieren.

Die genannten Punkte, die bei der Unternehmensleitung einen Bedarf an MAB erzeugen, zeigen bei den Erwartungen ein *Spannungsverhältnis zwischen Unternehmensleitung, Führungskräften und Mitarbeitern.* Die Unternehmensleitung ist an motivierten und kritischen Mitarbeitern interessiert, allerdings gibt es auch eine gewisse Abneigung gegenüber der MAB hinsichtlich des zeitlichen Aufwandes und der Partizipationsmöglichkeiten, die den Handlungsspielraum der Unternehmensleitung einschränken kann. Führungskräfte fühlen sich zum einen durch die MAB in Bezug auf ihre *Führungsleistung kontrolliert*, zum zweiten kann die Fülle an Informationen und Anregungen durch die Mitarbeiter zu einem *Gefühl der Überforderung* führen. Mitarbeiter wiederum erwarten von einer MAB, dass die Unternehmensleitung durch die Informationen ihrer Antworten *Verbesserungen spürbar einleitet*. Dabei wird jedoch oft vergessen, dass Unternehmensleitung und Führungskräfte eine andere Vorstellung von der Art der Verbesserungen haben können, als dies bei Mitarbeitern der Fall ist. Beispielsweise kann eine Arbeitsverdichtung zu einer kostengünstigeren Arbeitsweise führen, was für die Unternehmensleitung interessant ist. Mitarbeiter hingegen sind mit großer Wahrscheinlichkeit gegen eine solche Verbesserung, da eine Verdichtung der Arbeit eine höhere Arbeitsbelastung zur Folge hat. Diese Interessenskonflikte können Veränderungen lähmen und wir werden sehen, welche Reibungspunkte zu beachten sind und welche Lösungsmöglichkeiten existieren.

Konzeption und Durchführung der Befragung ist der zweite Prozessschritt. Die Unternehmensleitung kann sich aus genannten Gründen dazu entschließen, eine MAB durchzuführen. *Konzeption und Durchführung der Befragungen* werden in der Regel von einem externen Institut realisiert, in unserem Fall in Zusammenarbeit mit dem Beratungsinstitut TNS Infratest. So können die wissenschaftliche Fundierung der Konzeption und der Auswertung sowie der Datenschutz gesichert werden. Dieser Prozessschritt wird in der vorliegenden Untersuchung nur als nachgelagerte Aktion bearbeitet. Wir werden sehen, dass Konzeption und Durchführung einer MAB an die Erfordernisse der Folgeprozesse angepasst werden müssen. Das Ergebnis sind Handlungsempfehlungen, die sich aus unseren Forschungsergebnissen herleiten lassen. Die Ausgestaltung des Fragebogens sollte dabei eine ausgeglichene Mischung aus lokal und global zu bearbeitenden Themenfeldern aufweisen, damit die Akteure vor Ort konstruktive Hinweise für Verbesserungspotenziale in ihrem direkten Handlungsumfeld erhalten. Zudem sollte die Implementierung der Befragung derart in die Zeitleiste der Führungsprozesse eingebettet werden, dass die Bearbeitung der Folgeprozesse in die Zielvereinbarungen der Führungskräfte mit aufgenommen werden kann. Die Bewertung des Umsetzungsstandes bietet eine wichtige Kontrollmöglichkeit.

Der dritte Prozessschritt, der geführte *Wandel im Zuge der Folgeprozesse der MAB* folgt der Befragung und Auswertung der Ergebnisse. Die vorliegende Untersuchung legt hierauf das Hauptaugenmerk. MAB sind zu einem *wesentlichen Bestandteil der modernen Unternehmensführung* geworden, das Instrument ist regelrecht in Mode. Nach den Prinzipien des Stakeholder Managements werden alle am Unternehmen beteiligten Interessensgruppen berücksichtigt. Neben Gruppen wie Kunden, Lieferanten oder Eigentümern ist das auch die Gruppe der Mitarbeiter. Allerdings gibt es nach wie vor eine entscheidende Schwierigkeit: der richtige Umgang mit den Befragungs-Ergebnissen. Sie stellen ein wichtiges Potenzial von MAB dar, werden jedoch im Unternehmen häufig nicht zufrieden stellend aufgearbeitet. Gerade die erzeugten Erwartungen, an Entscheidungsprozessen aktiv partizipieren zu können, werden oft nicht erfüllt. Vor diesem Hintergrund ist es nicht verwunderlich, dass sich viele Mitarbeiter nach wie vor über *fehlende Möglichkeiten der aktiven Teilnahme an Veränderungsprozessen* beklagen. Und auch die Führungskräfte fühlen sich oft damit überfordert, angesichts der Herausforderungen des operativen Tagesgeschäfts eine erfolgreiche Umsetzung von Veränderungsprozessen wirksam zu gestalten.

MAB stehen deshalb in der Kritik und sind nicht allgemein akzeptiert.[4] Der Vorwurf, die Unternehmen seien Konzeptionsriesen und Umsetzungszwerge, wird auch in diesem Zusammenhang laut. Vor allem dann, wenn sie als Instrument zur Intervention in einer Organisation implementiert werden. Durch diese Form der MAB sollen neben der Messung des Arbeitsklimas neue Ansatzpunkte für Verbesserungen im betrieblichen Umfeld ermittelt werden. Wenn allerdings dabei die *Hoffnungen und Erwartungen hinsichtlich Veränderungen zu stark geschürt werden*, schadet ein falscher Umgang mit Befragungsergebnissen sogar mehr, als er nutzt. Ein weiterer Vorwurf ist die *Schaffung und Beibehaltung von Tabus*. Wenn sich die Unternehmensleitung bereits bei der Zusammenstellung der Fragenkataloge und im Anschluss an die Folgeprozesse nach der MAB eine Deutungshoheit über die thematisierten Schwachpunkte in der Organisation sichert, kann es zu einer Form von Zensur dahingehend kommen, dass erstens wichtige Fragen nicht oder zu ungenau gestellt werden, zweitens Vorschläge zur Verbesserung ignoriert werden oder drittens erarbeitete Maßnahmen über die Zeit nicht konsequent genug umgesetzt werden. Zudem wird Kritik laut, die darauf abzielt, dass MAB als Ersatzhandlung für Kommunikation verwendet werden. Wenn die Führungskräfte sich zu weit von den Mitarbeitern entfernt hätten, so die Kritiker, dann bliebe ihnen nur noch eine MAB, um über sie etwas zu erfahren.

Die vorliegende Untersuchung stellt die Frage in den Mittelpunkt, wie sich durch MAB Wandel initiieren lässt, wie sich dieser Wandel verstetigen lässt und welche Auswirkungen er auf das Mitarbeitercommitment hat. Die Beantwortung dieser Fragen erlaubt vor dem genannten Hintergrund eine Darstellung der wichtigsten Eckpfeiler für eine erfolgreiche Durchführung von Folgeprozessen.

Die Perspektive der Organisationssoziologie bietet uns Einblicke, die eine wichtige Ergänzung und Anreicherung leisten, um zahlreiche technokratische Lösungsansätze zu relativieren. Die Bedeutung von Akteuren in Handlungsfeldern wird dabei zentral:

jeder technische Ansatz spielt die Rolle der Individuen im Handlungsfeld herunter und postuliert eine zu sehr mechanisch geprägte Machbarkeit des Wandels. Dabei wird oft wenig berücksichtigt, dass sich die Akteure auch weigern können, Veränderungen anzunehmen. Wir werden sehen, dass die *Machtbeziehung zwischen Führungskraft und Mitarbeiter dabei eine zentrale Rolle einnimmt.* Macht wird dabei als ein Tauschverhältnis verstanden, das von einer asynchronen Verteilung von Machtressourcen zugunsten der Führungskraft ausgeht, jedoch auch auf Seiten der Mitarbeiter essentielle Machtressourcen wie zum Beispiel Veränderungsbereitschaft annimmt. Die Veränderung von Strukturen wirkt sich auf das Handeln der Akteure aus – doch die Strukturen werden von den Akteuren verändert. Also müssen die Akteure in ihrem Umgang mit den Veränderungen beobachtet werden. Auf diese Weise sehen wir, ob und wie sich die Veränderungen auf die Organisation ausgewirkt haben oder ob sich hinter den Veränderungskonzepten nicht eine betriebliche Realität eingespielt hat, die den Veränderungen informell so weit wie möglich aus dem Weg geht und damit den alten Status Quo wiederherzustellen versucht. Die Beobachtung der Akteure findet auf zwei Ebenen statt: zum einen werden die Mitarbeiter im Zuge der Maßnahmenumsetzung mit Leitfadeninterviews zu ihrer Einschätzung der Umsetzungsaktivitäten befragt. Dabei sollen in einem möglichst offen geführten Gespräch Informationen über die Bewertung der Umsetzungserfolge gesammelt werden. Zum anderen werden wir die Ergebnisentwicklung hinsichtlich Einzelfragen aus den MAB 2004 und 2006 auswerten und miteinander vergleichen.

Die Folgeprozesse einer MAB rücken die Aspekte *Führungsverhältnis, Hierarchisierung durch Ent-Hierarchisierung, strategischer Akteur, organisatorischer Wandel, Wissensmanagement, Umsetzung der Maßnahmen* und *Organisationale Gerechtigkeit* in den Mittelpunkt.

Das *Verhältnis zwischen Führungskräften und Mitarbeitern* ist auf zwei Ebenen problematisch. Zum einen ist fraglich, ob Wille und Fähigkeit zur Veränderung – letztere braucht ein Machtverhältnis zu Gunsten der Führungskraft – wirklich bei der Führungskraft oder nicht vielmehr beim Mitarbeiter liegen und ob die Machtbeziehung auch für die Veränderungen gewinnbringend eingesetzt wird. Phänomene wie Arbeits- und Informationszurückhaltung weisen uns hier die Richtung. Nach den Annahmen der Prinzipal-Agenten-Theorie[5], die unter anderem das von HEGEL entwickelte Verhältnis von Herr und Knecht[6] teilweise formalisiert, können wir von einer asymmetrischen Informationsverteilung zwischen Führungskraft (Prinzipal) und Mitarbeiter

[4] Vgl. Gabler 2000.
[5] Saam 2002, auch Jost/Backes-Gellner 2001.
[6] Hegel/Wessels 1999.

(Agent) ausgehen. Der Mitarbeiter hat durch sein Expertenwissen Einblicke in Prozesse und Arbeitsabläufe, die ein Abteilungsleiter nicht in der gleichen Tiefe für alle seine Mitarbeiter hat. Dadurch ergibt sich ein Ungleichgewicht an Information, das Mitarbeiter als wichtige Ressource in die Verhandlungen der Machtbeziehung mit der Führungskraft einbringen können.

Die Machtbeziehung zwischen Führungskraft und Mitarbeiter ist entscheidend, um das Ziel eines erfolgreichen organisationalen Wandels zu erreichen. Hier kommen die Elemente Macht und legitime Herrschaft ins Spiel. Nach WEBER[7] ist *Macht jede Chance, innerhalb einer sozialen Beziehung den eigenen Willen auch gegen Widerstreben durchzusetzen.* Macht ist dabei jedoch soziologisch amorph, da alle denkbaren Qualitäten eines Menschen und alle denkbaren Konstellationen jemanden in die Lage versetzen können, seinen Willen in einer gegebenen Situation durchzusetzen. Der soziologische Begriff der *Herrschaft hingegen ist präziser,* er bezeichnet „...die Chance, für einen Befehl bestimmten Inhalts bei angebbaren Personen Gehorsam zu finden."[8] Herrschaft ist ein Sonderfall von Macht. Die Legitimität ist dabei ein Prinzip der „Geltung" der Herrschaft, auf den sich der Anspruch auf Gehorsam stützen kann. Die Herrschaftsform ist dann legitim, wenn sie durch mindestens eines der drei letzten Prinzipien selbstrechtfertigen kann: erstens *rationale Regeln*, zweitens *persönliche Autorität* oder drittens in der Hingabe an das Außerordentliche, im *Glauben an das Charisma.*

Eine Führungskraft verfügt auf ihrer Position zunächst durch rationale Regelungen über Herrschaft, sie wurde nach den unternehmensinternen Bestimmungen mit den Aufgaben der Position betraut. Sie selbst ist ebenfalls diesen Regelungen unterworfen und muss sich durch die Erfüllung der zugeschriebenen Aufgaben bewähren, um auf ihrer Position bleiben zu dürfen. Es kommt also zur Machtbeziehung ein zeitlicher Horizont hinzu. Wenn eine Führungskraft Veränderungen herbeiführen will, so unsere These nach Weber, dann benötigt sie im Verhältnis zu ihren Mitarbeitern legitime Herrschaft. Nur dann kann Macht zur Veränderung entstehen. Das Führungsverhältnis entsteht dabei zum einen aus den immer wieder neu verhandelten Machtbeziehungen zwischen Führungskraft und Mitarbeiter, zum anderen aus der legitimen Herrschaft, über welche die Führungskraft in erster Linie durch rationale Regeln, des Weiteren aus persönlicher Autorität und Charisma verfügt. Wie bereits gezeigt, ist die Sicherung von Wandel durch Herrschaft über rationale Regeln in der hierarchischen Positionierung der Führungskraft möglich. Allerdings ist fraglich, ob die Legitimation lediglich über die in den betrieblichen Vereinbarungen definierte Führungsposition ausreicht.

---

[7] Weber 1984, 89.
[8] Ebd.

Wir werden sehen, dass für die Wandelumsetzung zusätzlich die persönliche Autorität bedeutend ist, die sich darin zeigt, dass die Führungskraft permanent an der Umsetzung der Maßnahmen interessiert und in der Lage ist, durch ihr Einwirken auf die Akteure Veränderungen anzutreiben. Der Glaube an das Charisma kann insofern bedeutend sein, als sich viele Mitarbeiter eine Art „Alpha-Chef" wünschen, der als starke Führungspersönlichkeit über Entschlusskraft, Durchsetzungsstärke und Souveränität verfügt.[9] Diese Eigenschaften dürfen allerdings nicht so stark sein, dass Partizipationsmöglichkeiten der Mitarbeiter bei Entscheidungen zu stark unterbunden werden.
Auf den verschiedenen Hierarchiestufen gibt es Probleme hinsichtlich des Commitments gegenüber MAB. Führungskräfte sind mit der Nachbetreuung von Ergebnissen aus MAB oft überfordert, vor allem das Zeitbudget ist meist knapp bemessen. In Großkonzernen sind Abteilungsleiter zudem Befehlsempfänger, die sich mit übergeordneten Stellen auf Zielvereinbarungen einigen. Damit sind sie nicht Initiatoren einer Befragung und fühlen sich dadurch auch nicht im selben Maße gegenüber den Ergebnissen und den Folgeprozessen verpflichtet, wie es der Initiator und Auftragsgeber einer MAB wäre. Im konkreten Fall kommt hier auch noch ein Gefühl der Machtlosigkeit hinzu: Sparmaßnahmen durch Stellenstreichungen sorgen für Verunsicherung, wodurch das Mitarbeitercommitment negativ beeinflusst wird. Was kann ein Abteilungsleiter mit Verbesserungsmaßnahmen im unmittelbaren Umfeld gegen eine konzernweite Politik der Umstrukturierungen unternehmen? So kann es schwierig sein, bei Führungskräften ein Commitment zum effektiven Umgang mit Folgeprozessen einer MAB hervorzurufen. Mitarbeiter haben gegenüber MAB eine hohe Erwartungshaltung, sie wünschen sich, dass sich nach der Auswertung ihrer Antworten „was tut" im Hinblick auf die von ihnen identifizierten Verbesserungspotenziale. Hinzu kommt, dass Führungskräfte der oberen und mittleren Management-Ebene in großen Organisationen zumeist selbst geführt werden. Sie befinden sich dabei in einer Sandwich-Position: Die Führungskraft ist für die Mitarbeiter in ihrer Abteilung verantwortlich, gleichzeitig ist sie selbst ein Mitarbeiter ihrer Führungskraft. Der Führungskraft ist an einem guten Arbeitsklima gelegen, was ihr auch durch einen partizipativen Führungsstil gelingen kann. Gleichzeitig kann es aber auch Ängste geben, dass sich die Orientierung an Mitarbeiterpositionen als Machtverlust entpuppen kann.
Es tritt eine komplexe Dialektik der *Hierarchisierung durch Ent-Hierarchisierung* auf: Eine MAB, als Führungsinstrument und damit auch interventionistisch eingesetzt, impliziert oder erweckt die Erwartung, dass Mitarbeiter in Entscheidungsprozesse mit einbezogen werden. Diese Ent-Hierarchisierung hat zur Folge, dass Hierarchien für

---

[9] Vgl. dazu Ergebnisse einer internationalen Mitarbeiterbefragung des Münchner geva-Instituts. http://www.profirma.de/newsDetails?newsID=1186385369.87&d_start:int=0, besucht am 03.09.2007.

den Prozess der Problemdefinition und Lösungsfindung aufgebrochen werden, um Ideen zu generieren und Maßnahmen zu entwickeln. Gleichzeitig werden jedoch im Folgeprozess auch die Mitarbeiter darauf festgelegt, dass die erarbeiteten Problemlösungen von allen gemeinsam abgearbeitet werden. Außerdem hat die Führungskraft letztlich wieder das „letzte Wort“ und kann sich gegen eine Maßnahme aussprechen. Daraus folgt die Re-Hierarchisierung, die Mitarbeiter werden wieder „ins Glied“ zurückgeschickt. Im Anschluss daran ist die Führungskraft gefordert, die vereinbarten Veränderungsvorhaben als Veränderungsunternehmer anzutreiben. Die Mitarbeiter werden also zunächst aufgefordert, Maßnahmen und Ideen in einem „Bottom-up-Ansatz“ zu entwickeln, die Priorisierung und Umsetzung findet dann aber wieder „Top-down“ statt.
Dabei verfolgen alle Akteure eine spezifische Strategie zur Wahrung ihrer Interessen. Organisationen sind Handlungsfelder von *strategischen Akteuren.* Jeder Akteur verfolgt seine Strategie und hat die Kontrolle über jeweils spezifische Ungewissheitszonen. FRIEDBERG nennt als wesentliches Element des politischen und sozialen Konstrukts „Organisation“ den strategischen Akteur, der aktiv sein Umfeld strukturiert, ein aktives Wesen, das, indem es sich den Spielregeln seines Handlungsfeldes anpasst, diese seinerseits durch sein Handeln modifiziert.[10] Jeder Akteur hat dabei eigene Ungewissheitszonen, die er sich schafft und die er auch verteidigt. Seine Strategie ist darauf ausgerichtet, sich Kontrolle über die von ihm beherrschten Ungewissheitszonen zu verschaffen. Jeder handelt aus seiner Sicht rational, es gibt also vordergründig kein irrationales Handeln in Organisationen. Aus diesen Annahmen resultiert, dass soziale Wirklichkeit immer nur „zwischen“ den subjektiven Perspektiven liegen kann.[11]
Der Angst vor drohendem Machtverlust kann durch Ignoranz und subjektives Verdrängen begegnet werden, um Veränderungen, wenn auch nur unbewusst, zu sabotieren. Und auch die Mitarbeiter einer Abteilung könnten durch Veränderungen, deren Ergebnisse sie – noch – nicht überblicken können, erarbeitete Machtpositionen verlieren. Jeder Akteur im Handlungsfeld Organisation hat bei Veränderungen Angst vor einem drohenden Kontroll- und Machtverlust. Das kann bei allen Beteiligten zu Blockaden führen und erklärt, warum häufig den Folgeprozessen nicht die notwendige Bedeutung zukommt. Eine weitere Beobachtung ist, dass die Maßnahmen meist gruppen- oder projektbezogen sind: sie beziehen sich auf die Aktionen, die sich im unmittelbaren Umfeld der Mitarbeiter und der Führungskräfte abspielen. Gleichzeitig werden jedoch strategische Maßnahmen, die beispielsweise die Positionierung einer MAB umfassen, von den Mitarbeitern nicht genügend wahrgenommen. Ebenso sind Verän-

---

[10] Friedberg 1995, 203.
[11] Vgl. Berger/Luckmann 2001.

derungen, die eine Führungskraft aufgrund von Befragungsergebnissen auf individueller Ebene, beispielsweise im persönlichen Umgang mit Mitarbeitern, erarbeitet, nicht so leicht mit einer MAB in Verbindung zu bringen, die schon Monate zurückliegt.
Zwischen MAB und organisatorischem Wandel besteht also ein Spannungsverhältnis. Die Grenzen und Potenziale einer Befragung verlaufen an den Linien zwischen *Verbesserungsmaßnahmen, organisatorischem Wandel* und *Mitarbeitercommitment.* Für die Untersuchung dieses Phänomens werden wir das Führungsinstrument MAB in eine Theorie von Wandel in Organisationen verorten. Wir werden sehen, dass die Unvereinbarkeit von MAB und Wandel prinzipiell gegeben und nicht leicht zu beheben ist. Es ist nicht klar, wie weit MAB überhaupt in eine Organisation hinein wirken können. Die Antwort auf diese Frage hängt stark mit der strategischen Ausrichtung der MAB sowie mit dem Commitment, also der Verpflichtung der Führungskräfte gegenüber der MAB, zusammen. Zudem ist entscheidend, welche *Vorgeschichte eine Organisation mit Veränderungsvorhaben* hat und wie sich die Mitarbeiter auf Veränderungen einlassen, wie hoch also ihre *Veränderungsbereitschaft* ist. Diese Faktoren können wir als *Unternehmenskultur* bezeichnen und sie wirken sich in direkter Weise auf die folgende Frage aus: Welche Folgeprozesse werden aufgrund von MAB angestoßen und wie groß ist deren Auswirkung auf die Organisation?
Wir sehen also, dass MAB Chancen und Risiken bergen. Dies verdeutlichen zwei Schichten des Problems bei intervenierenden MAB: Zum einen benötigen wir bei den Führungskräften für eine erfolgreiche Umsetzung von Folgeprozessen nach einer MAB ein *Commitment zum Wandel*, eine Verpflichtung, Veränderungen anzugehen und dadurch Verbesserungen einzuleiten. Wenn dies gelingt, können wir von einem *Veränderungsunternehmer*, der neben der Führungskraft auch Mitarbeiter aus dem zu verändernden Bereich umfassen muss. Dieser Unternehmer des Wandels besteht also aus einer kritischen Menge von zur Veränderung bereiten Akteuren, die dazu in der Lage sind, die weiteren beteiligten Personen beim Umbau mitzunehmen. Braucht dieser Veränderungsunternehmer einen Ansporn für sein Engagement? Von sich aus eigentlich nicht, denn ihm ist sehr daran gelegen, dass die Mitarbeiter der Abteilung gut arbeiten können. Nur so stimmt am Ende des Jahres sein Ergebnis. Es stellt sich die Frage, *inwiefern eine Kennziffer wie das Mitarbeitercommitment von den Akteuren vor Ort beeinflusst werden kann.* Es handelt sich also um die Frage, inwieweit das Verhältnis von *Commitment und Wandel* gestaltet werden kann durch die Akteure in ihrem Handlungsfeld oder wie weit diese Effekte überstrahlt werden von konzernweiten Entwicklungen.
Die Umsetzung der Maßnahmen ist eine komplexe Aufgabe, zu deren Erfüllung *Veränderungsunternehmer* unbedingt notwendig sind. Wie bereits gezeigt sind diese nicht

einzelne Personen, sondern sie können als Fiktion, als Geschichte verstanden werden: für die Umsetzung von Maßnahmen braucht es in einer Organisation eine stabile und über die Zeit effektive *Koalition des Wandels*.[12] Sie besteht aus Akteuren, die den Wandel nach vorne treiben und ist der wichtigste Taktgeber für die Umsetzung von Maßnahmen. Die Koalition ist – analog dem Veränderungsunternehmer – auch als eine virtuelle Koalition zu verstehen, sie findet sich aber gleichzeitig auch in den konkreten Akteuren. SCHIRMER spricht in diesem Zusammenhang von einem *inner circle*, der sich seiner Ziele, Meilensteine und Leitbilder im Zuge der Umsetzung stets bewusst sein muss und diese aktiv nach vorne treibt. Die Umsetzung der Maßnahmen bedarf einer Veränderungsstrategie, die auf zwei Ebenen gleichzeitig realisiert werden muss:[13] Das *Einwirken auf Menschen* und die *Veränderung von Strukturen*. Dabei müssen der Kontext des zu verändernden Handlungsfelds sowie die historisch gewachsenen Spiele um Macht analysiert und in der Reorganisationsstrategie berücksichtigt werden.

Hierbei ist vor allem die Frage wichtig, wie hoch die *Verlustaversion* der beteiligten Akteure in der Organisation ist. Jeder Akteur in einem Handlungsfeld herrscht über jeweils spezifische Ungewissheitszonen und er versucht, diese zu verteidigen und zu vergrößern. Wenn Aktionen im Zuge einer MAB anstehen und dabei eine Erarbeitung und Umsetzung von Veränderungs- und Verbesserungsmaßnahmen geplant sind, besteht für jeden Akteur das Risiko, *Kontrolle über seine Ungewissheitszonen abgeben zu müssen*. Das hat zur Folge, dass alle beteiligten Akteure erst einmal abwarten und versuchen werden, ihre bislang erreichten Positionen zu halten. Die Unternehmenskultur entscheidet darüber, inwieweit sich die Akteure auch ermutigt fühlen, aus der Deckung herauszukommen und sich aktiv an Veränderungen zu beteiligen. Dies weist uns auf ein grundlegendes Problem hinsichtlich des Widerspruchs zwischen Mitarbeiterbefragungen und Wandel durch Verbesserungsmaßnahmen hin. Eng damit verwoben ist die Frage, wie sich Wandel verstetigen lässt. Wir werden sehen, dass sich Veränderungen durch Verbesserungen nur schwer in Verbindung bringen lassen mit Kennziffern zum Mitarbeitercommitment. Die Fragen zur Ermittlung von Commitment zielen auf abstrakte und allgemeine Komplexe der Organisation ab und betreffen das Führungsverhältnis eher im Generellen. Erzielte Erfolge und erreichte Verbesserungen werden nicht durchgängig abgefragt und sind deshalb in ihrer Wirksamkeit auf das Mitarbeitercommitment schwer zu dokumentieren. Zudem werden sie schnell zu einem Status Quo und damit zur neuen Ausgangslage, vor deren Hintergrund sich dann neue Verbesserungen erst wieder abheben müssen. Das birgt die Gefahr, dass

[12] Vgl. Schirmer 2000, 363.
[13] Vgl. Crozier/Friedberg 1979, 263.

sowohl bei den Mitarbeitern als auch bei den Führungskräften ein Gewöhnungs- und Ernüchterungseffekt entsteht. Gleichzeitig kann es geschehen, dass vor lauter Wandel und Organisationsentwicklung die eigentliche Aufgabe, im konkreten Fall der Dienst am Kunden durch Vertrieb von und der Service an Fahrzeugen, zu kurz kommt, was sich letztlich auf den wirtschaftlichen Erfolg der Organisationseinheit und damit auch auf das Mitarbeitercommitment auswirken kann. Es erscheint uns evident: mit MAB können wichtige Anhaltspunkte für Optimierungen im betrieblichen Umfeld identifiziert werden. Gleichzeitig ist jedoch eine MAB auch mit Eigenschaften behaftet, die eine solche Optimierung gefährden können.

Bei MAB und Wandel stößt man auch auf Fragen des Wissensmanagements: Wenn eine Mitarbeiterbefragung durchgeführt wird, entstehen drei verschiedene Informationen. Erstens wird seitens der Unternehmensleitung durch die Auswahl der Fragen ein *Agenda-Setting* betrieben. Zweitens erhalten die Abteilungsleiter durch die Antworten ihrer Mitarbeiter *Kennzahlen* über ihre Leistungen als Führungskraft.[14] Und drittens wird bei den Ergebnispräsentationen sowie im Folgeprozess *Handlungsbedarf aufgezeigt*. Die gesammelten *Verbesserungsvorschläge* werden in Handlungsfeldern aufgegriffen, die in den Abteilungen in Verbesserungsmaßnahmen münden sollen. Dieses Management von Wissen muss dabei drei entscheidende Voraussetzungen erfüllen: Erstens müssen die Führungsbeziehungen an den Schlüsselstellen derart ausgestaltet sein und auch genutzt werden, dass aus dem vorliegenden Wissen eine *dauerhafte Veränderung* hervorgehen kann. Damit wird deutlich, dass das Commitment der Führungskräfte zum Wandel essentiell ist. Wenn diese sich nicht dazu verpflichtet fühlen, durch Veränderungen die Arbeitssituation zu verbessern, nutzen sie auch nicht ihre Möglichkeiten zur Veränderung, und nichts bewegt sich. Dennoch kann es nicht sein, dass sich allein die Führungskräfte für die Verbesserung des Unternehmens verantwortlich fühlen müssen. Gleichzeitig sollten auch die Mitarbeiter darin geschult werden, sich mit Verbesserungspotenzialen in ihrem Umfeld konstruktiv auseinander zu setzen. Die Verantwortung einfach „auf den Chef" abzuschieben, ist zu kurz gegriffen und nimmt die Mitarbeiter aus der Verantwortung. Zweitens muss das *Erwartungsmanagement* derart ausgestaltet sein, dass bei den Mitarbeitern durch realistische Zusagen *nicht falsche Erwartungen in Bezug auf den Umsetzungserfolg entstehen*. Hierbei ist vor allem wichtig, dass Termine eingehalten und Ziele des Umsetzungserfolgs nachvollziehbar ermittelt werden. Drittens muss das Wissensmanagement sicherstellen, dass ein effektives *Wahrnehmungsmanagement* betrieben wird. Dabei ist das Ziel zu verfolgen, dass die beteiligten Akteure fortlaufend über den Stand der Bearbeitung informiert und über die Umsetzungserfolge unterrichtet werden. Auf diese Weise wird

sichergestellt, dass die Akteure die Veränderungen in Verbindung mit den Folgeprozessen der MAB wahrnehmen.
Mitarbeiter reagieren sensibel auf gerechte und ungerechte Entscheidungen im Unternehmen. *Organisationale Gerechtigkeit* und das Bewusstsein, Entscheidungen mit beeinflussen zu können und gebraucht zu werden, sind wichtige Triebfedern für Mitarbeitercommitment. Eine Führungskraft kann sich mit Respekt *legitime Herrschaft* in Form von persönlicher Autorität und Charisma verschaffen. Der Umgang mit den Befragungsergebnissen, vor allem, wenn Prozesse – zum Beispiel MAB und Wandel daraus – als gerecht empfunden werden, ist von erheblicher Relevanz für das Commitment. Prozessuale Gerechtigkeit spielt dabei eine entscheidende Rolle: Untersuchungen zeigen, dass sich das Commitment eines Mitarbeiters gegenüber seinem Unternehmen mit der Gerechtigkeit bei Entscheidungen, die ihn betreffen, korreliert.[15] Dafür spricht auch, dass Führungskräfte mit rüdem Führungsstil, die mit Druck Ergebnisse von ihren Mitarbeitern erreichen wollen, bis zu 50 % weniger Produktivität erzeugen.[16] Also müssen wir unser Augenmerk auf jene Vorgänge richten, die zu Entscheidungen führen und untersuchen, unter welchen Vorgaben diese Entscheidungen getroffen werden und wie die Konsequenzen dieser Entscheidungen von den beteiligten Akteuren erfahren werden.

Ziel der Untersuchung

In den Niederlassungen der DCVD wurden von TNS Infratest im Zeitraum von 2001 bis 2006 drei MAB und eine so genannte „Blitzlichtbefragung" durchgeführt. In der Vertriebszentrale von Mercedes-Benz USA (MBUSA) in Montvale, NJ wurden 2000 und 2002 MAB durchgeführt. Wir sehen: innerhalb der Vertriebsstrukturen der DCAG in Deutschland und den USA wurden und werden MAB als Führungsinstrument eingesetzt.[17] Durch alle Befragungsergebnisse zieht sich ein von den Mitarbeitern oft genannter Kritikpunkt, der auf die Verbesserung von optimierungsbedürftigen Bereichen bezogen ist. Es geht dabei einerseits um *fehlende Möglichkeiten zur Ideeneinbringung* und andererseits um *die unzureichende Nachhaltigkeit bei der Umsetzung von Verbesserungsmaßnahmen*. MAB haben in der Mitarbeiterführung den Charakter einer Intervention. Das Ziel, der Unternehmensleitung Informationen über die Beschäftigten zu liefern und deren Expertenwissen fruchtbar zu machen, dient letztlich dazu, erfolgreiche Verbesserungen im Unternehmen herbeizuführen. Im Unternehmensalltag kommt

---

[14] Beteiligungsquoten und, je nach Art der MAB, Kennziffern zur Mitarbeiterzufriedenheit.
[15] Vgl. Brockner et al. 1992, auch Van den Bos et al. 1999.
[16] Vgl. http://www.n24.de/wirtschaft_boerse/wirtschaftspolitik/article.php?articleId=94655&teaserId=95567, besucht am 24.01.07.
[17] Borg 2003, 30.

den MAB-Ergebnissen oft nicht die angemessene Bedeutung zu und wenn doch, dann werden Verbesserungsmaßnahmen nur halbherzig umgesetzt oder versanden schnell.[18] Zudem sind die Auswirkungen von Verbesserungen, also von organisatorischem Wandel, auf das Mitarbeitercommitment bislang nicht ausreichend erforscht, ebenso die *Verbindung von MAB und organisationalem Wandel.*[19] Die vorliegende Arbeit ist ein Beitrag, um diese Lücke zu schließen.

Forschungsstand

MAB werden von der Unternehmensleitung lanciert und dienen als *Meinungsumfragen, Benchmarkingumfragen,* als *Klimabefragung mit Rückspiegelung* und als *Systemische Mitarbeiterbefragungen.*[20] Seit den 1990er Jahren werden MAB in den meisten Fällen als Controlling-Instrument verwendet, wofür Kennziffern für Mitarbeiterzufriedenheit, Mitarbeitercommitment oder Arbeitszufriedenheit ermittelt werden.[21] MAB werden gleichzeitig als unternehmensstrategische Entwicklungs- und Anpassungsprozesse[22] als Teil eines Auftau- und Einbindungsmanagements verwendet[23]. Wenn MAB als Interventionsinstrument verwendet werden, dann ist ein Kerngedanke die Initiierung und Aufrechterhaltung eines Veränderungsprozesses. Die angewendeten Verfahren entsprechen dem Survey-Feedback-Ansatz der Organisationsentwicklung.[24] JÖNS (2000) unterstreicht, dass es sich bei MAB ähnlich wie Vorgesetztenbeurteilungen hauptsächlich um ein Feedback der Mitarbeiter an den Vorgesetzten handelt, während es sich bei Mitarbeitergesprächen und Zielvereinbarungen primär um ein Feedback der Vorgesetzten an die Mitarbeiter handelt. JÖNS/BUNGARD (1998) machen darauf aufmerksam, dass Mitarbeiterbefragungen ein Führungsinstrument darstellen, das es uns erlaubt, etwas von den Mitarbeitern direkt zu erfahren. Die Anonymität der Befragung sorgt dafür, dass die Kommunikation nicht in das mikropolitische Geflecht der betrieblichen Strukturen eingebunden ist. Das macht sie zu einem starken Instrument, allerdings müssen dann auch die mikropolitischen Machtbeziehungen in einer Organisation genau untersucht werden. Wie wir also sehen, erreichen wir durch MAB ein Innehalten vom Tagesgeschäft und ein Nachdenken über grundlegende Fragen der Zusammenarbeit in einer Organisation. So thematisieren die meisten MAB zum Beispiel das Führungsverhalten des direkten oder nächst höheren Vorgesetzten und die Zusammenarbeit mit den Kollegen in der Abteilung. Die Akteure können sich prinzipiel-

[18] Vgl.: Bungard 2000, auch Krüger/Becker 2001.
[19] Bungard 2000.
[20] Borg 2003, 25 f.
[21] Bungard 2000.
[22] Bungard 2002, 4.
[23] Borg 2003.
[24] Comelli 1997; French/Bell, 1994; Jöns 1997.

le Gedanken machen, wozu allerdings eine konstruktive Atmosphäre wichtig ist. GABEL (2000) untersuchte die Akzeptanz von MAB in Dienstleistungsunternehmen in Deutschland und zeigt, dass die Bewertung des Nutzens entscheidend von der *inhaltlichen Ausrichtung und Ausgestaltung der Befragung* abhängt. Die Unternehmensleitung ist demnach angeraten, sich über die strategische Ausrichtung der MAB bereits im Vorfeld hinsichtlich der abgefragten Themenblöcke aktiv mit den Mitarbeitern auszutauschen.

Das wesentliche Ziel einer MAB ist und bleibt die *Identifizierung von Schwachstellen und von Stärken.* Damit soll die Leistungsfähigkeit und Effizienz eines Unternehmens erhöht werden.[25] Dem Verbesserungsprozess können durch MAB wichtige Informationen der Mitarbeiter zugeführt werden. MAB betreiben auch damit organisatorischen Wandel, wenn sie nicht nur als rein messende Befragungen durchgeführt werden, sondern in Form von intervenierenden MAB (iMac)[26]. Ist das der Fall, dann kommt der Nachbetreuung eine entscheidende Rolle zu. Allerdings deuten Ergebnisse aktueller Studien darauf hin, dass nur etwa ein Drittel der Mitarbeiter klar erkennen, welche Maßnahmen und Veränderungen aus MAB abgeleitet werden.[27]

Aus diesem Grund verlegt sich die Forschung vermehrt auf die Folgeprozesse von MAB.[28] Denn in der Regel erwarten die Mitarbeiter, dass die Geschäftsleitung im Anschluss an eine MAB Folgeprozesse implementiert, dass also mit den durch die Befragung gesammelten Informationen „was passiert". Die Folgeprozesse von MAB können unterteilt werden in verschiedene Dimensionen: DEITERING (2006) schlägt eine operative und eine strategische Ebene vor.[29] Die operativen Folgeprozesse sind demnach die Schritte, die nach Umfrage und Datenanalyse folgen, bis einschließlich zur Evaluation der MAB. Er macht darauf aufmerksam, dass die meisten Autoren bei den Folgeprozessen eher die operativen Aspekte, vor allem die Aktionsplanung und –umsetzung, in den Mittelpunkt rücken. Allerdings gibt es auch mahnende Stimmen, die vor einem übereilten Aktionismus warnen. So merkt BORG (2003) die Gefahren an, die davon ausgehen und weist darauf hin, dass die Typen von Reaktionen auf eine MAB nicht nur in sichtbaren Folgeprozessen ablaufen können. Er unterteilt die Folgen in *individuelle Reaktionen, dialogische Reaktionen* und *öffentlich-offizielle Reaktionen.* Zum Beispiel kann eine Führungskraft sich Gedanken machen über persönliche Formen der Reaktion auf die gegebenen Antworten der Mitarbeiter in ihrem Bereich. Diese Schritte können mit Gesprächen innerhalb des Teams ergänzt werden, bei denen der Abtei-

---

[25] Vgl. Neugebauer 2003.
[26] Borg 2003, 30 f.
[27] Kein Autor (2007): Mitarbeiterbefragungen – Die Trends 2007. Bericht zur großen Umfrage von Hewitt Associates und Kienbaum, liegt dem Verfasser vor.
[28] Vgl. Deitering 2006, Bungard 2007, Borg 2003.

lungsleiter bei einzelnen oder mehreren Mitarbeitern des Teams nachfragt und konkrete Hinweise erwünscht, wie sich beispielsweise negativ wahrgenommene Verhaltensweisen seinerseits verbessern lassen. Diese Reaktionen können also implizit sein, was bedeutet, dass sie nicht Teil der öffentlichen Agenda der Folgeprozesse einer MAB werden. Für die Folgeprozesse sind prinzipiell die folgenden Ansätze möglich: Top-down (also von oben initiiert), Bottom-Up (Ideen und Maßnahmen werden von den Mitarbeitern entwickelt und dann implementiert), Task-Force (ein Team kümmert sich um die Realisierung der Folgeprozesse), Bombenabwurf und Variationen aus diesen Elementen. DEITERING (2006) kommt in seiner Untersuchung zum Schluss, dass die meisten Autoren bei den Folgeprozessen eher die operativen Aspekte wie Aktionsplanung und –umsetzung sehen, weniger werden Folgeprozesse in einem strategischen und integrierten Gesamtzusammenhang gesehen, der geplant und umgesetzt wird.

TÖPFER/GABEL (2000) zeigen, dass in Deutschland nur die Hälfte aller Unternehmen, die MAB durchführen, bei der Ableitung von Verbesserungsmaßnahmen systematisch vorgeht.[30] Demnach gelingt es nur 30 % der Unternehmen, die abgeleiteten Maßnahmen mit nachvollziehbarem Erfolg umzusetzen. Laut Angabe der Autoren gelingt dies am ehesten, wenn in den Folgeprozessen systematisch vorgegangen wird. Sie kommen zum Schluss, dass neben der Standardisierung die Verbindlichkeit in den Folgeprozessen vor allem durch die Integration der MAB-Ergebnisse in das Ziel- und Managementsystem des Unternehmens unterstützt wird.

Wir können also einen Trend beobachten hin zu einer Aufnahme von Kennziffern von Commitment oder Arbeitszufriedenheit in Ziel- und Managementsysteme. Dies kommt dem Modell der Balanced Scorecard nahe, das vorsieht, neben „harten" Kennzahlen wie Umsatzrendite oder Gewinn auch „weiche" Kennziffern wie eben zum Beispiel das Mitarbeitercommitment in die Beurteilungssysteme der Führungskräfte mit aufzunehmen. Wenn diese Überlegungen angestellt werden, dann drängt sich uns die Frage auf, wie sich die Beeinflussbarkeit von Mitarbeitercommitment durch Folgeprozesse darstellt? Um diesen Punkt zu klären, betrachten wir zunächst die Kennziffer Mitarbeitercommitment. Diese wichtige Kennziffer ist auch in den empirischen Daten enthalten, die der vorliegenden Untersuchung zu Grunde liegen. Um messbare Größen für Benchmarking- und Zeitreihenstudien zu erreichen, wird bei einer MAB in der Regel eine Kennziffer ermittelt: das Mitarbeitercommitment, das in der Verwendung mehr und mehr die Mitarbeiterzufriedenheit ablöst.

Ein erklärtes Ziel der Folgeprozesse ist, *das Mitarbeitercommitment zu erhöhen*. Damit wäre Mitarbeitercommitment als Kennziffer auch geeignet als eine Vereinbarung

---

[29] Vgl. Deitering 2006.
[30] Vgl. Deitering 2006.

eines gewählten Zielwertes für die periodisch durchgeführten Zielvereinbarungsgespräche. Doch ist eine positive Beeinflussung überhaupt möglich und wenn ja, mit welchen Handlungsempfehlungen wäre diese versehen? Der Zusammenhang zwischen Maßnahmenumsetzung und Mitarbeitercommitment ist bislang noch nicht hinreichend erforscht. Bei Sichtung der Literatur wird deutlich, dass die Anbieter von MAB mit wissenschaftlich wenig fundierten Studien ihre Umsetzungserfolge präsentieren. Das dient in den meisten Fällen als Marketinginstrument, kann uns jedoch nur bedingt weiterhelfen. Wir wollen uns auf die wenigen Untersuchungen beschränken, die dem wissenschaftlichen Anspruch genügen.

Zum einen gibt es Studien, die verschiedene Faktoren für die Akzeptanz von MAB thematisieren. MAYER/JÖNS (1998) untersuchen, wie sich die Beteiligung der Mitarbeiter am Feedback-Prozess einer MAB auf ihr Erleben auswirkt. Sie kommen zum Ergebnis, dass Beschäftigte durch eine MAB angestoßene Veränderungen besser bewerten, je mehr sie selbst an der Entwicklung dieser Veränderungen beteiligt wurden.[31] Die Beteiligungsebene ist also hinsichtlich der Akzeptanz von Veränderungen wichtig, doch die Auswirkungen auf das Mitarbeitercommitment sind hier nicht näher beleuchtet. GUTKNECHT (2006) untersucht Arbeitszufriedenheit und Commitment in Zeiten organisationalen Wandels und beschränkt sich dabei auf den Einfluss von Persönlichkeitsmerkmalen. Sie macht dabei einen wichtigen Zusammenhang aus: die Ergebnisse bestätigen ihre Hypothese, dass der Einfluss von Persönlichkeitsmerkmalen gegenüber Eigenschaften der Arbeit (Aspekte der Führung, Inhalts- und Kontextfaktoren) von geringerer Bedeutung ist. Dies gibt uns Hinweise darauf, dass *erst das Miteinander zwischen Vorgesetzten und Mitarbeitern* sowie die *Inhalte und Zusammenhänge des Betätigungsfeldes* entscheidend beeinflussen, ob sich ein Mitarbeiter mit dem Unternehmen identifiziert.

Dieses Miteinander zeigt sich in der Art und Weise, wie Folgeprozesse im Zuge von MAB angegangen werden. Vor allem dann, wenn sich daraus Veränderungen ergeben sollen, kommt es ganz entscheidend darauf an, welche *Veränderungsbereitschaft der beteiligten Akteure* wir beobachten können. Wie sehen die bisherigen Studien zu diesem Forschungsgebiet aus? RIDDER et al. (2001) untersuchen die Veränderungsbereitschaft von Mitarbeitern im Zuge von MAB. Sie zeigen, dass MAB, die als Instrument des betrieblichen Innovations- und Qualitätsmanagements verwendet werden, stark auf Interventionsfunktion ausgerichtet sind. Dabei untersuchen sie die Veränderungsbereitschaft von Mitarbeitern im Zuge von MAB und kommen zu dem Ergebnis, dass *diese keine gegebene Größe ist, sondern sich im Laufe des Feedback-Prozesses entwickelt.* Den Prozessverlauf unterteilen sie in drei Stadien: *Gestaltungsbereitschaft,*

Gestaltungskompetenz und *Anpassungsfähigkeit*. RIDDER/BRUNS (2000) machen deutlich, dass das Feedback-Design im Anschluss an MAB mit der Umsetzung von Gestaltungsmaßnahmen funktional im Zusammenhang steht. Die Rolle der Führungskraft für erfolgreiche MAB wird als wichtiger Faktor dargestellt. FEUCHT/JÖNS (1998) zeigen, dass mitarbeiterorientiertes Führungsverhalten sowie kooperative Führungskultur nicht nur Ziel, sondern auch Voraussetzung eines Veränderungsprozesses sind. Ihre Analyseergebnisse sprechen dafür, dass es vor allem auf die *konstruktive Durchführung von Feedbackprozessen* ankommt. Aus Sicht der Mitarbeiter komme es allerdings bei Feedbackprozessen im Anschluss von MAB auf die *eingeleiteten Veränderungen* und weniger auf ihre eigene *direkte Partizipation* an der Maßnahmenableitung an. Sie schlagen vor, den Prozess der Veränderung *transparenter zu gestalten*, indem durch schriftliche und mündliche Erhebungsverfahren der Feedbackprozess begleitet wird.
Zum zweiten gibt es eine Studie von GENZWÜRKER (2006), sie untersucht Organizational Commitment[32] unter dem Fokus betrieblicher Umbruchsituationen und kommt zu folgendem Ergebnis:

> „…gerade Personen mit großer Führungsverantwortung (sollten sich) bewusst sein, wie wesentlich ihr eigener Umgang mit der Umbruchsituation, ihr Handeln (…) und ihre Unterstützung der Mitarbeiter bei der Bewältigung der Situation für ihr Gelingen ist.“[33]

GENZWÜRKER stellt also die Führungskräfte an die Spitze einer Bewegung, die ihre Mitarbeiter durch den Umbruch in einem Unternehmen führen sollen. Wandel, Umbruch und Krise sind hier jedoch eher externe Faktoren wie Fusionen, Konkurse, Neugründungen und Entlassungen.[34] Ihre Auswirkungen auf das Organizational Commitment werden erforscht. Eine aktive Gestaltungspolitik auf Abteilungs- und Teamebene, wie wir sie im Zuge einer intervenierenden MAB haben, ist hier nicht Gegenstand der Untersuchung. Es werden aber Dimensionen wie Fairness und Informationspolitik untersucht, deren Ergebnisse wir berücksichtigen werden. Zudem wollen wir festhalten, dass GENZWÜRKER in ihrer Untersuchung die Bindung von Mitarbeitern in den Mittelpunkt stellt und weniger ein Commitment im Sinne von Engagement, Zufriedenheit und Motivation, wie sie für die Kennzahl des TRI*M-Index von TNS Infratest

---

[31] Mayer/Jöns 1998, 41.
[32] Organizational Commitment ist eine Form des Mitarbeitercommitments, die sich stärker auf die Verbindung des Individuums zur jeweiligen Organisation, in der es tätig ist, konzentriert. Vgl. Meyer et al. 1989.
[33] Genzwürker 2006, 219.
[34] Ebd., 14.

erhoben wird, das dieser Untersuchung zu Grunde liegt. Das macht uns auch bereits auf eine Unschärfe des Begriffs Commitment aufmerksam, die wir in dieser Studie thematisieren werden.

Eine MAB wird in einer Organisation durchgeführt, und wenn in Folge einer MAB auch Konsequenzen aus den Befragungsergebnissen gezogen werden sollen, befassen wir uns mit den Fragen des organisationalen Wandels. Dieser stellt sich als ein komplexer Sachverhalt dar, der sich auf der Makroebene des Systems Organisation aber auch der Mikroebene in den mikropolitischen Verzweigungen zwischen den Akteuren einer Organisation abspielt. In Folge dessen sind auch die Definitionen des Wandels je nach eingenommener Perspektive unterschiedlich. In der vorliegenden Untersuchung werden wir die Strategische Organisationsanalyse von CROZIER/FRIEDBERG zu Grunde legen. Für die theoretische Einordnung und die Hintergründe dieser Theorie verschaffen wir uns aber zunächst einen kurzen Überblick über die einzelnen Stränge der Organisationstheorien und ihre jeweilige Annäherung an den organisatorischen Wandel.

Wandel und Verstetigung des Wandels nehmen in der Managementliteratur einen breiten Raum ein.[35] Das verwundert nicht, wenn man die fortlaufende Anpassung eines Unternehmens bedenkt, welche die immer wieder aufs Neue veränderten Rahmenbedingungen mit sich bringen. Kirsch et al[36] kann als Klassiker in der Literatur über den geplanten Wandel von Organisationen gesehen werden. Vielfach wird angenommen, dass es allein der richtigen Vorgehensweise bedarf, um Wandel in Organisationen erfolgreich zu beherrschen.[37] WIMMER (2004) vermutet die Ursache dafür darin, dass viele Beiträge von Beratern und Praktikern stammen. Diese haben natürlich ein verstärktes Interesse daran, ihren Beratungsprozess als erfolgreich darzustellen. Eine Definition von organisationalem Wandel erscheint schwierig vor dem Hintergrund eines uneinheitlichen Organisationsverständnisses mit seinen unterschiedlichen Perspektiven. Im Scientific Management spielen menschliche Beziehungen also so gut wie keine Rolle. Wandel findet hier hauptsächlich durch die Gestaltung der Aufbau- und Ablauforganisation statt, ein aktuelles Beispiel dafür ist der „Wandel durch Anordnung" von SCHREYÖGG (2003).

Das *Scientific Management,* auch *Taylorismus* genannt, hat sich vor allem auf das produzierende Gewerbe spezialisiert und kommt heute nur noch für „manuelle Routinearbeiten" in Betracht.[38] Vertreter des Ansatzes gehen von Zentralisierungs- und Automatisierungskonzepten aus, in denen Individuen nicht Aktivposten sind, sondern als Feh-

[35] Vgl. Gomez et al. 1994, auch Schreyögg/Conrad 2000.
[36] Kirsch et al 1979.
[37] Z.B. Vahs 2003; Schreyögg 2003.

lerquellen wahrgenommen werden. Die ideale Organisation wird so geplant, dass menschliche Irrtümer oder menschliche Interventionen keine Rolle spielen und im Selbstlauf Produktionsergebnisse und vorhersagbaren Gewinn abwerfen.[39] Eine Weiterentwicklung der einfachen und eindeutigen Regeln des Scientific Management ist das Harzburger Modell, das zwischen 1950 und 1970 sehr verbreitet war und in einigen Unternehmen heute noch angewendet wird.[40]

Die „weichen" Faktoren der menschlichen Beziehungen hielten Einzug durch die *Human Relations-Bewegung und die Organisationspsychologie.* Durch Experimente wie zum Beispiel die in den Hawthorne-Werken[41] wurde wissenschaftlich legitimiert, dass der Faktor „menschliche Arbeit" eine bedeutende Rolle in der Produktion spielt. Nach dem Aufblühen der sich immer weiter ausdifferenzierenden Organisationspsychologie[42] entstanden Ansätze der Organisationsentwicklung und der Humanisierung der Arbeit. KIESER (2006) schlägt eine Unterteilung in acht verschiedene Perspektiven der Organisationstheorie vor, der wir folgen wollen.

Demnach gibt es erstens die *Verhaltenswissenschaftliche Entscheidungstheorie*, als deren klassische Vertreter gelten BARNARD (1938), SIMON (1976, erstmals 1945), MARCH/SIMON (1958) und CYERT/MARCH (1963). Zentrale Fragestellung ist, wie Organisationen ihren Bestand durch Anpassung an eine komplexe und veränderliche Umwelt sichern. Wandel entsteht hier durch die schrittweise Anpassung der Ziele, der Aufmerksamkeitsregeln (gegenüber der Umwelt) und der Suchregeln an die organisatorischen Erfahrungen. Daraus ergibt sich ein Lernen der Organisation. Eine Erweiterung ist das Mülleimer-Modell („garbage can"), in denen Prozesse der Entscheidungsfindung in mehrdeutigen Situationen untersucht werden. Zweitens den *Situativen Ansatz*, der im Gegensatz zur verhaltenswissenschaftlichen Theorie nicht auf die Entscheidungsprozesse abzielt, sondern auf die Organisationsstruktur fokussiert und damit an die Managementtheorie anknüpft. Das Hauptaugenmerk liegt hier auf der formalen Organisationsstruktur, und es wird davon ausgegangen, dass diese einen starken Einfluss auf die Effizienz einer Organisation hat. Die Wurzeln des Ansatzes sind Max Webers Bürokratiekonzept und daran anschließende Studien unter anderem von WOODWARD (1965, 1958), LAMMERS (1978), CHILD (1970). Die Bezeichnung des situativen Ansatzes wurde von STAEHLE (1973) in die deutsche Literatur eingeführt, ebenso gibt es die Begriffe „Kontingenzansatz" oder „Kontingenztheorie".[43] Die

[38] Kieser 1999, 96.
[39] Ebd. 1999, 95, vgl. Kanter 1983, 17 f.
[40] Kieser 1999, 96; vgl. Höhn 1987.
[41] Siehe Roethlisberger/Dickson 1939, 15 ff., Walter-Busch 1989, 83 ff., Gillespie 1991.
[42] Die daraufhin immer unübersichtlicher wurde und dadurch an Wert für die Praxis verlor, vgl. Kieser 1999, 101.
[43] Vgl. Kieser 1999, 171.

zentrale Annahme ist, dass die Situation, in der sich eine Organisation befindet, eine bestimmte Struktur determiniert. Eine Organisation ist dann erfolgreich, wenn ein „fit“ – eine Passung – zwischen ihr und ihrer Situation hergestellt wird. Die Erweiterung zu früheren Modellen ist, dass angenommen wird, die Situation verändern zu können. Wandel wäre demnach durch ein Modifizieren der Situation möglich. Als dritter Ansatz werden die *Institutionenökonomische Theorien der Organisation* („New Institutional Economics“) genannt. Hier steht die Analyse von Institutionen im Vordergrund, zum Beispiel Verfügungsrechte, Verträge, Hierarchien und Märkte. Ziel der Analyse von Institutionen ist es, die Struktur, die Verhaltenswirkungen, die Effizienz und den Wandel von ökonomischen Institutionen zu erklären. Die Annahmen über das Verhalten der Akteure blenden die Verhaltensweisen aus, die auf Macht, normativen Bindungen, Identitätsansprüchen oder intrinsischer Motivation beruhen. Wir werden aber sehen, dass sich bei Wandel gerade diese Verhaltensweisen nicht grundsätzlich ignorieren lassen,

> „(...) zumal ihre Bedeutung für die Funktionsweise und die Effizienz von Organisationen durch die Beiträge über Mikropolitik, informale Organisation, Organisationskultur und Arbeitsmotivation belegt wird.“[44]

Der vierten Kategorie gehören die *Evolutionstheoretischen Ansätze* an. Deren Vertreter gehen davon aus, dass Organisationen zu komplex sind, um durch geplante Eingriffe in berechenbarer Weise in einen gewünschten Zustand überführbar zu sein. Wenn Gestalter hier mit bestimmten Absichten eingreifen, dann sind das zunächst einmal nur Varianten. Letztlich entscheiden aber nicht die Gestalter, sondern die Auslese der Natur bestimmt, welche organisationalen Variationen von Nutzen sind und überleben.

Der fünfte Theoriestrang, die *Neoinstitutionalistischen Ansätze*, geht davon aus, dass die formale Struktur einer Organisation weniger ein technisch-rationales Werkzeug zur Koordination der Austauschbeziehungen zwischen Organisation und ihrer Umwelt sowie zur Steuerung der Aktivitäten in der Organisation ist. Vielmehr sind die Elemente der formalen Struktur Manifestationen von Regeln und Erwartungen in der Umwelt, die einen verbindlichen Charakter entfalten. Institutionalistische Ansätze reagieren auf Modelle, in denen die formale Organisation als rein technisch-rationales Instrument betrachtet wurde. Die Institutionalisten betonen, dass Organisationen auch durch die gesellschaftliche Umwelt konstruiert werden. Veränderungen in der formalen Struktur von Organisationen werden demnach immer weniger durch den Wettbe-

[44] Ebers/Gotsch 2006, 308.

werb oder durch Effizienzerfordernisse, sondern vermehrt durch Regeln, Erwartungen und Anforderungen in der Umwelt der Organisation bestimmt werden. Für den Wandel von Organisationen werden hier verschiedene Erklärungsansätze angeboten. Zum einen wird die Möglichkeit des Wandels in der Beschaffenheit der institutionellen Struktur angelegt gesehen. Zum zweiten kann institutioneller Wandel durch das bewusste oder unbewusste Abweichen von institutionalisierten Erwartungen ausgelöst werden. Und drittens können Konflikte zwischen technischen und ökonomischen Erfordernissen auf der einen Seite, institutionalisierten Erwartungen auf der anderen Seite zu einem Wandel von Organisationen und der institutionellen Struktur führen.

Der sechste Ansatz, die *Strukturationstheorie,* hat das Anliegen, den Dualismus zwischen Handeln und Struktur in der Sozial- und Organisationstheorie zu überwinden.[45] Dabei sollen den beiden Perspektiven Handeln und Struktur durch Vermittlung Rechnung getragen werden.[46] Die Kernsätze der Strukturationstheorie sind demnach erstens, dass die sozialen Akteure durch ihre Handlungen die Bedingungen (Struktur) sind, die ihr Handeln ermöglichen. Und zweitens, dass die Strukturen sowohl das Medium als auch das Ergebnis sozialen Handelns sind.[47] Dabei stehen sich Handlung und Struktur einander nicht konkurrierend gegenüber, sondern sie setzen sich wechselseitig voraus und beeinflussen sich gegenseitig. Die Entstehung von Struktur ist also ein Prozess und die Zeit spielt hier eine entscheidende Rolle. Die Struktur lebt erst dadurch, dass sie jemand strukturiert.

Siebtens schließlich werden Organisationen auch in Luhmanns *Systemtheorie* betrachtet.[48] Er definiert die Prämisse von Organisationen wie folgt: „Die Prämisse von Organisationen ist das Unbekanntsein der Zukunft und der Erfolg von Organisationen liegt in der Behandlung dieser Ungewissheit…“.[49] Er denkt Organisationen funktionalistisch und stellt auf Problem und Problemlösung ab. Dabei sorgt die Organisation für Reduktion der Komplexität und fragt, was die Funktionen von Entscheidungen, Strukturen und Hierarchien sind, die Organisationen in der modernen Gesellschaft auszeichnen. WIMMER (2004) greift im Systemzusammenhang den Ansatz Shareholder und Stakeholder auf und definiert damit den Selbstzweck eines Unternehmens. Organisationen als ganz charakteristische Systemtypen eignen sich überall dort, wo es um die Erbringung allgemein zugänglicher Leistungen geht. Er definiert Unternehmen als höchst eigensinnige soziale Systeme, die unentwegt nach Chancen Ausschau halten, innerhalb der Rahmenbedingungen unseres Wirtschaftssystems für die eigene Zu-

---

[45] Giddens 1991, 201.
[46] Walgenbach 2006, 403.
[47] Giddens 1979, 5; vgl. Walgenbach 2006a, 406.
[48] Vgl. Kieser et al. 2006, 427 f.
[49] Luhmann 2000, 10.

kunftsfähigkeit Sorge zu tragen. Kritikpunkt an der systemtheoretischen Perspektive ist, dass Akteure und Praxis nicht im Blick sind.[50] Ihre Stärke gewinnt die Theorie aus der Perspektive der autopoietischen Geschlossenheit sozialer Systeme. Diese lassen sich demnach von der Umwelt nur irritieren, nicht kontrollieren oder steuern. Das verhilft uns zur Annahme, dass Management und Steuerung als „Kontingenzmanagement" betrachtet werden können. Viele verschiedene Wege können die Lösung für ein in der Organisation bestehendes Problem sein. Vor der Illusion der Plan- und Steuerbarkeit sozialer Systeme wird demnach gewarnt.
Wie erkennbar wird, gibt es je nach Theorie einen spezifischen Blick auf Organisationen. Dem liegt dann jeweils auch ein eigenes Verständnis von Wandel zugrunde. Wir wollen für eine genauere Begriffsklärung eine Unterscheidung des Wandelverständnisses anhand der Art des Wandelbegriffs vollziehen. TÜRK (1989) schlägt eine Unterteilung in *drei Grundmodelle* der Veränderung vor: Entwicklungsmodelle, Lernmodelle und Selektionsmodelle. Demnach gehen *Entwicklungsmodelle* davon aus, dass Organisationen immanente Triebfedern haben und sich daher endogen, also von innen verursacht entwickeln. *Selektionsmodelle* hingegen postulieren eine exogene Dynamik: die Organisation produziert Variationen und die Umwelt selektiert dann nach Tauglichkeit auf ihre Anforderungen. *Lernmodelle* schließlich nehmen an, dass Organisationen mittels reflexiver Fehlerkorrektur lernen. Wandel lässt sich dabei noch aufgliedern in eine grundlegende Unterscheidung: Ist der Wandel von außen oder von innen organisiert? Einerseits gibt es den fortlaufenden Wandel von Organisationen, die getrieben sind von den sich permanent verändernden Umweltbedingungen, der gleichzeitig auch die in ihr tätigen Akteure immer wieder aufs Neue mitnehmen muss. Wenn wir vom unmittelbaren Handlungsfeld der Akteure vor Ort ausgehen, kommen viele der Impulse zum *Wandel von außen*: Darunter fallen zum Beispiel Programme zur Kostenoptimierung oder Effizienzsteigerung. Andererseits gibt es den partizipativen Wandel, der in diesem Zusammenhang dann jene Form des Wandels darstellt, die bei Abteilungs- und Organisationsentwicklung entsteht: Führungskräfte und Mitarbeiter nehmen ihr direktes Handlungsumfeld unter die Lupe und entscheiden, welche Maßnahmen zur Optimierung des betrieblichen Umfeldes ergriffen werden sollen. Sicherlich werden auch hier Impulse von außen gegeben und diese sind vor allem für die Objektivierung von Sachlagen sehr bedeutend. Aber die grundsätzliche Ausrichtung lässt sich eher als Bottom-Up-Ansatz, wohingegen der von außen kommende Wandel sich eher als Top-Down-Ansatz begreifen lässt.

[50] Martens/Ortmann 2006, 459.

Wie bereits angekündigt, werden wir dieser Untersuchung die Strategische Organisationsanalyse von CROZIER/FRIEDBERG zu Grunde legen. Für einen ersten Überblick fassen wir zusammen, welche Grundlagen aus dieser Perspektive für eine Veränderungsstrategie geschaffen werden müssen. Die Autoren gehen davon aus, dass sozialer Wandel sich als ein Prozess kollektiven Lernens darstellen lässt. Dieser ermöglicht es, neue Konstrukte kollektiven Handelns zu implementieren, die ihrerseits eine neue Strukturierung des oder der Handlungsfelder zugleich schaffen und ausdrücken.[51] Jeder Lernprozess setzt demnach einen Bruch voraus und jeder wirkliche Wandel ist für die, die ihn erleben, eine Krise. Sie legen zudem das Hauptaugenmerk auf die Kenntnisse des Kontextes, in dem der Wandel vollzogen werden soll:

> „Das Veränderungsvorhaben, das nicht auf einer genügend vernünftigen und abgestützten Einschätzung der Spiele und Regulierungen beruht, die das zu beeinflussende System steuern, führt ganz natürlich zu Verteidigungsreaktionen."[52]

Die Veränderungsstrategie sollte zudem auf zwei Ebenen gleichzeitig ansetzen:[53]

1. Das Einwirken auf Menschen. Dazu bedient man sich der verschiedenen Teilaspekte der Personalpolitik und stützt sich auf die wissenschaftlichen Erkenntnisse der Psychosoziologie (technische und allgemeine Aus- und Fortbildung, Einstellungs- und Beförderungsmöglichkeiten.
2. Die Veränderung von Strukturen, die auf das oder die rationalen, aus den Gegebenheiten der Technologie, der wissenschaftlichen Arbeitsorganisation und der Betriebswirtschaftslehre entwickelten Modelle aufbaut.

Die Autoren gehen davon aus, dass eine vernünftige Veränderung nur dann entwickelt werden kann, wenn beide Ebenen eng in derselben Veränderungsstrategie kombiniert werden, ansonsten gibt es ein Höchstmaß von kontra-intuitiven Wirkungen.
Wir wollen zeigen, inwiefern geplanter Wandel von Organisationen möglich ist und welche spezifischen Voraussetzungen im Umgang mit MAB und Wandel erfüllt sein müssen. Die *Möglichkeiten eines geplanten Wandels* in Organisationen wird auch von den Vertretern des Change Management untersucht. Hier können wir grob in zwei Richtungen unterteilen. Einmal das technische Garantieren von Prozesssicherheit durch *Standardisierung und Auditierung mit Kennzahlen.* Dabei werden Strukturen

---

[51] Vgl. Crozier/Friedberg 1979, 19 f.
[52] Crozier/Friedberg 1979, 258.
[53] Ebd., 263.

verändert und dadurch auf das Handeln der Akteure eingewirkt. Der personenzentrierte Ansatz stellt auf die *Eigenschaften der Führungsperson* und deren *Verhältnis zu den Mitarbeitern* in ihrer Abteilung ab. Wir vertreten die Annahme, dass nur eine effektive Verknüpfung von technischen Tools mit der Macht und dem Willen zur Veränderung seitens der beteiligten Akteure zu einer Veränderung in Organisationen führt. Denn letztlich ist immer entscheidend, ob technische Modelle der Kontrolle von Veränderungsprozessen auch tatsächlich gelebt werden.[54] Wir finden zahlreiche Hinweise auf die wichtige Bedeutung der Akteure auch bei FRIEDBERG (1995), der zeigt, dass für Wandel in Organisationen „Veränderungsunternehmer" existieren müssen. DOPPLER (2005) und GREIF et al. (2004) bezeichnen diese als „change agents" oder „change manager". Dadurch wird deutlich, dass die Führungskraft eine wichtige Rolle spielt. Veränderungen bedeuten allerdings auch Rollenkonflikte vor allem für das mittlere Management, denn diese befinden sich in einer Sandwich-Position zwischen ihren Mitarbeitern und ihren Vorgesetzten. Der Schlüssel für den Interventionserfolg wird im Verhalten der Führungskräfte gesehen. Es scheint evident, dass der technische mit dem personenzentrierten Ansatz kombiniert werden sollte, um ein möglichst optimales Ergebnis des organisationalen Wandels herbeizuführen. Dennoch sind auch die Mitarbeiter an einem erfolgreichen Wandel maßgeblich beteiligt. Für die Untersuchung dieses Spannungsfeldes stellen wir - der Perspektive aus der Strategischen Organisationsanalyse folgend - den Akteur und sein Handlungsfeld in den Mittelpunkt der Untersuchung. Denn, so die Annahme, jede Veränderung in einer Organisation geht von den Akteuren in ihr aus und/oder wirkt sich auf die Handlungen der Akteure aus. Selbst beim Wandel von außen, wenn die Organisation durch verändernde Umweltbedingungen unter Wandlungsdruck gerät, müssen die in ihr handelnden Akteure den Wandel vollziehen.

Für ein genaueres Bild von Wandel und deren Voraussetzungen stellen KIRSCH et al. (1979) neun thesenartige Anforderungen an die Führung, die für einen geplanten Wandel von Organisationen erfüllt sein sollten:[55]

- Geeignetes Klima für Innovationen schaffen und dieses auch laufend pflegen
- Den tief greifenden Wandel der Organisation durch systematische Planung steuern
- Die zu bewältigenden Reorganisationsprobleme abstimmen auf die begrenzte Kapazität und das begrenzte Wissen der Beteiligten
- Die Reorganisation durch eine strategische Planung steuern

[54] Vgl. Kirsch et al. 1979.
[55] Kirsch et al. 1979, 48 ff.

- Durch Autorisierung von Zwischenergebnissen des Reorganisationsprozesses „Sperrklinken" im Interesse des Prozessfortschritts schaffen, die freilich flexibel zu handhaben sind
- Das neu zu entwickelnde System muss den strukturellen und personellen Gegebenheiten der bestehenden Organisation Rechnung tragen
- Bei der Planung von Reorganisationen von vornherein den Fragen Aufmerksamkeit widmen bezüglich der Durchsetzung, Konfliktbewältigung und der Konsensbildung und dem geplanten Wandel laufend hinreichend Impulse zuführen, die ein Versanden verhindern und den Prozess trotz vielfältiger Widerstände und Schwierigkeiten vorantreiben
- Für das außergewöhnliche Vorhaben innerhalb der laufenden Reorganisation ein geeignetes Anpassungssystem entwickeln bzw. Eine Projektorganisation errichten, die das Reorganisationsproblem trotz der vielfältigen Ad-hoc-Probleme der laufenden Organisation bewältigen können
- Das Projekt der Reorganisation muss den Aufbau eines funktionierenden, projektbezogenen Ausbildungssystems mit einbeziehen

Die den Wandel betreffenden Forderungen an die Führung sind also offenbar sehr umfassend. Eine weitere Schwierigkeit kommt hinzu, wenn wir das Wesen der bürokratischen Organisation genauer betrachten. Nach dem Bürokratieansatz von WEBER findet die Rationalisierung auf der Ebene der Institutionen seinen Ausdruck in der Bürokratie.[56] Der Vorteil der Bürokratisierung liegt vor allem im „... Optimum an Möglichkeit für die Durchführung des Prinzips der Arbeitszerlegung in der Verwaltung nach rein sachlichen Gesichtspunkten, unter Verteilung der einzelnen Arbeiten auf spezialistisch abgerichtete und in fortwährender Übung immer weiter sich einschulende Funktionäre."[57] Dabei kommt es nicht auf das Ansehen der Person an, und die Erledigung erfolgt nach berechenbaren Regeln. Der Rationalisierungsprozess hat jedoch aus den Institutionen „stahlharte Gehäuse" werden lassen, die vom Mittel der Daseinsbewältigung zu selbständigen Zwecken werden. Bewegungsspielräume werden eingeengt, Entscheidungsfreiheit und Selbstverantwortung der Menschen wird durch Bürokratien in Frage gestellt. Wege aus den „stahlharten Gehäusen" sind nur durch charismatische Führer und selbstverantwortliche Unternehmer möglich.[58] Wir sehen, dass auch hier Wandel „von oben" kommen muss. Charismatische Führer brauchen zudem

[56] Vgl. Kieser 1999, 46 f.
[57] Weber 2000, 562.
[58] Vgl. Kieser 1999, 53.

auch eine Anhängerschaft, die ihr Charisma annimmt. Charisma entsteht also – ähnlich der legalen Herrschaft – nur als charismatische Beziehung.
Damit wir erkennen können, aus welcher Richtung die Haupt-Kritikpunkte an MAB kommen, wollen wir - den Forschungsstand damit abschließend - eine Zusammenstellung der wichtigsten Kritiken vornehmen und uns gegenüber diesen positionieren. Die Literatur über das Was und Wie einer MAB ist umfangreich. Weniger oft kommen kritische Töne über MAB vor, die wir jedoch hier ebenfalls thematisieren müssen. Kritik an MAB fassen wir aus zwei Hauptrichtungen zusammen: Zum einen wird beanstandet, dass MAB nur als Surrogat für fehlende Kommunikation verwendet werde. Zum anderen wird angemerkt, dass den Abteilungsleitern mit dem spezifischen Design des Fragebogens ermöglicht wird, Tabus aufrechtzuerhalten. Die Kritiker, die MAB als Ersatzhandlung für eine fehlende Kommunikation halten, merken an, dass Mitarbeiter dann befragt werden, wenn die Unternehmensleitung den Kontakt zu ihren Führungskräften verloren hat.[59] GABEL (2000) weist darauf hin, dass die Akzeptanz von MAB nicht verallgemeinert werden kann und dass MAB mit sehr viel Augenmaß, Wissen und Bereitschaft, Konsequenzen zu ziehen eingesetzt werden müssen. Nur so könne Business Excellence im Unternehmen auch wirklich gefördert werden. Sie spricht sich damit gegen halbherzige Anwendungen von MAB aus, wenn von einem einfachen Instrument mit einer hohen und problemlosen Umsetzungswirkung ausgegangen werde. BORG (2002) erweitert diese Einwände noch und sieht bei MAB zwei beliebte Trends: Überformalisierung und Übervereinfachung. Beide führten dazu, dass allzu mechanisch vorgegangen wird. Für das Verstehen von Zusammenhängen und die Priorisierung brauche es allerdings menschliche Intelligenz. Oft werde im Anschluss an eine Befragung jedoch „etwas gemacht“, was dann nicht selten hektischer Aktionismus sei. BUNGARD (2002) verweist darauf, dass der Professionalität der Datenerhebung oft eine Provinzialität in der Feedbackphase gegenübersteht.[60] MAB seien also jährliche Rituale, bei denen keiner so richtig wisse, was mit den Ergebnissen anzufangen sei. RIDDER/BRUNS (2000) untersuchen die Rolle der Führungskräfte bei MAB und unterstreichen, dass ihre Rolle als zentral für eine erfolgreiche MAB angesehen werden sollte. Dieser Hinweis macht uns aufmerksam auf den zweiten Haupteinwand gegen MAB: Die Möglichkeit der Tabuisierung durch die Führungskräfte. Diese Schranken können durch das Machtungleichgewicht zwischen Führungskraft und Mitarbeitern entstehen, und zwar auf den folgenden drei Ebenen: *Erstens* bestimmen bereits die Auswahl und die Art der Fragen, welche Antworten die Mitarbeiter geben. Hier können gewisse, vielleicht auch unangenehme Themen ausgelassen werden.

[59] Vgl. Leciejewski 2000,
[60] Bungard 2002, 5.

Zweitens kann bei den Ergebnispräsentationen mit anschließenden Ergebnisworkshops die Führungskraft Veränderungsvorschläge ihrer Mitarbeiter, die sie nicht wünscht, unterbinden. Die Frage ob dies dann auch sinnvoll ist oder nicht auch die Motivation der Belegschaft untergräbt, darf gestellt werden. Sicher ist jedoch, dass dies oft vorkommt. Und drittens kann die Führungskraft Maßnahmen zur Umsetzung verkünden, diese aber dann im Laufe der Zeit versanden lassen und so dazu beitragen, dass der Status Quo ante in etwa wieder erreicht wird. Vor allem Punkt drei, der in der Praxis im Zuge der Folgeprozesse von MAB oft beobachtet werden kann, wenn nicht systematisch an den Veränderungen in den Abteilungen gearbeitet wird, führt uns zum nächsten Forschungsgebiet, das diese Untersuchung bearbeitet: Wandel und Wandelverstetigung in Organisationen.

Bei der vorliegenden Untersuchung zeigt sich, dass die meisten Veränderungen, die aus den Folgeprozessen von MAB resultieren, auf die operativen Maßnahmen fokussieren, die sich im direkten Umfeld von Mitarbeitern und Führungskräften befinden. Auf dieser Ebene können alle Akteure direkt auf ihr Handlungsfeld einwirken. Dabei kommt allerdings der Perspektive der mikropolitischen Mechanismen, die hier ihre Kräfte entfalten, eine zentrale Bedeutung zu. Jedes Mitglied der Organisation ist ein Akteur, der sich bei Veränderungen in seinem Handlungsumfeld auf die Sicherung der Kontrolle über seine von ihm kontrollierte Ungewissheitszone konzentriert.

Methodenauswahl und Aufbau der Untersuchung

In dieser Untersuchung steht die Frage im Mittelpunkt, welches Verhältnis zwischen Wandelverstetigung, Commitment und Mitarbeiterbefragungen besteht. Für die Untersuchung dieser Beziehungen verwenden wir empirische Daten aus zwei verschiedenen Quellen: Zum einen werden die MAB 2001 bis 2006 von TNS Infratest herangezogen, die in den Niederlassungen der DCVD durchgeführt wurden. Zum zweiten greifen wir auf die Antworten eines Leitfadeninterviews zurück, das wir in Freiburg bei Mitarbeitern aller Hierarchieebenen und in allen Fachbereichen der Niederlassung durchgeführt haben. Für ein möglichst vollständiges Bild wird dabei sowohl die Perspektive des Mitarbeiters als auch die der Führungskraft eingenommen. Vor allem die Voraussetzungen und Fragestellungen für ein *effektives Erarbeiten und nachhaltiges Umsetzen von Verbesserungsmaßnahmen* werden erarbeitet. Die wichtigsten Reibungspunkte können wir durch eine Begleitung der Bearbeitung aufzeigen. Jede erarbeitete Verbesserungsmaßnahme kann nur dann wirksam werden, wenn sie konsequent und nachhaltig realisiert wird. Deshalb untersuchen wir zudem, welche *Kontroll- und Anreizinstrumente* eingesetzt werden können, um die Nachhaltigkeit von Verbesserungsprozessen zu garantieren. Durch einen Vergleich aus organisationssoziologischer Perspektive zwischen Niederlassungen innerhalb der DCVD aber auch zwischen DCVD-Niederlassungen und Vertriebsorganisationen in den USA werden Übereinstimmungen und Unterschiede hinsichtlich der Verwendung von MAB erkennbar. Darauf aufbauend wird ein Konzept für die *nachhaltige Umsetzung von Verbesserungsmaßnahmen* in den verschiedenen Bereichen der Niederlassungen diskutiert.

In *Kapitel eins* untersuchen wir das *Verhältnis von Mitarbeiterbefragungen und Wandel in Organisationen* und rücken dafür MAB als Instrument für Wandel in den Mittelpunkt. Neben den Arten von Mitarbeiterbefragungen stellen wir die Kennzahlen Arbeitszufriedenheit, Mitarbeiterzufriedenheit und Mitarbeitercommitment, MAB als Führungsinstrument und MAB als Instrument für Wandel in Organisationen in den Mittelpunkt. Wir werden zeigen, welche Voraussetzungen erfüllt sein müssen für Veränderungsbereitschaft sowie Verstetigung des Wandels und welche Korrelationen zwischen Commitment und Wandel wir erkennen können. Dabei nehmen wir die Forschungsperspektive der Strategischen Organisationsanalyse ein, die auf einer Theorie des Akteurs gründet.[61]

Im zweiten Kapitel beleuchten wir, *wie Mitarbeiterbefragungen bei der DaimlerChrysler AG strategisch implementiert sind.* Dazu zeigen wir auf, wie die Eckpunkte der Betriebsvereinbarung bezüglich der Anwendung von MAB aussehen. Anschließend beschreiben wir, wie MAB im Vertrieb von DaimlerChrysler eingesetzt werden. In den Niederlassungen der DaimlerChrysler Vertriebsorganisation Deutschland (DCVD) wurden von TNS Infratest im Zeitraum von 2001 bis 2006 drei Mitarbeiterbefragungen und eine so genannte „Blitzlichtbefragung" durchgeführt. Durch alle Befragungsergebnisse zieht sich eine von den Mitarbeitern oft genannte Kritik, die auf die Verbesserung von optimierungsbedürftigen Bereichen bezogen ist. Es geht dabei einerseits um *fehlende Möglichkeiten zur Ideeneinbringung* und andererseits um *die unzureichende Nachhaltigkeit bei der Umsetzung von Verbesserungsmaßnahmen.* In der Vertriebsorganisation MBUSA wurden ebenfalls MAB durchgeführt, die Erfahrungen, Ergebnisse und Erkenntnisse aus dem Vergleich zwischen USA und Deutschland werden vorgestellt.

In *Kapitel drei* untersuchen wir empirisch, *ob und wie sich die durch die MAB angestoßenen Veränderungsprozesse auf das Mitarbeitercommitment auswirken.* Dabei stützen wir uns zum einen auf die Ergebnisse der MAB 2001, 2004 und 2006, bei denen ein Index für Mitarbeitercommitment erhoben wurde. Zum anderen verwenden wir Daten aus Leitfaden-Interviews mit Mitarbeitern aus allen Hierarchieebenen und allen Bereichen in der Pilot-Niederlassung Freiburg. Die qualitative Methode Leitfaden-Interview verwenden wir, weil wir auf diese Weise die subjektiven Einschätzungen der relevanten Akteure (Mitarbeiter und Führungskräfte) erfassen können.[62] Die Resultate unserer Analysen werden uns Hinweise auf die Problemfelder von Mitarbeitercommitment und Wandel in Organisationen geben.

Im *vierten Kapitel* konzentrieren wir uns auf das *Verhältnis von Wandelverstetigung und Mitarbeiterbefragungen.* Hier schildern wir, was bei den jeweiligen Prozessschritten der Folgeprozesse einer MAB beachtet werden muss. Wir ziehen also erste Schlussfolgerungen aus den Erkenntnissen der vorherigen Kapitel und zeigen konkrete Möglichkeiten der Partizipation auf. Abschließend diskutieren wir, wie sich Incentives[63] auf MAB-Prozesse auswirken könnten und welche Rolle Eigenverantwortung und Bildung der Mitarbeiter und Führungskräfte spielen.

In *Kapitel fünf* schließlich stellen wir die Ergebnisse der Untersuchung zusammen und reflektieren deren Bedeutung für den Arbeitsalltag von Mitarbeitern und Führungskräften. Es wird deutlich: Anspruch dieser Untersuchung kann und soll es nicht sein, für erfolgreiche Verbesserungsprozesse durch Mitarbeiterbefragungen einfache Lösungswege zu präsentieren. Vielmehr wollen wir mit der Strategischen Organisationsanalyse die soziologischen und machtpolitischen Gegebenheiten in Organisationen untersuchen. Mit diesen Erkenntnissen werden wir die Voraussetzungen und Fallstricke interpretieren, die bei MAB und Wandelverstetigung auftreten. Wir werden die Chancen und Risiken untersuchen, die in einer partizipativen und kooperativen Mitarbeiterführung verborgen liegen, also das Führungsinstrument MAB hinsichtlich der Ebenen Commitment UND Wandel sowie Commitment ZUM Wandel problematisieren.

---

[61] Vgl. Friedberg 1995, 197;auch Muhr 13.

[62] Dabei sei auf die Forschungsperspektive von Bourdieu verwiesen, der gegensätzliche Weltsichten nebeneinander stellt. Dadurch müssen eindimensionale Bilder, durch eine komplexe, mehrdimensionale Vorstellung, die auf Äußerung derselben Realitäten in unterschiedlichen, manchmal nicht zu vereinenden Diskursen gründet, siehe Bourdieu 1997.

[63] Anreize zur Leistungserbringung, zum Beispiel in monetärer Form.

1 Mitarbeiterbefragungen (MAB) und Wandel

„Wenn der Wind des Wandels weht, bauen die Einen Schutzmauern, die Anderen bauen Windmühlen." Dieses chinesische Sprichwort zeigt gut die beiden Pole auf, an denen wir die Reaktionen von Mitarbeitern im Hinblick auf anstehende Veränderungen einordnen können. Unser Untersuchungsgegenstand sind die Chancen und Risiken, die verbunden sind mit dem Ziel der Organisationsveränderung durch MAB. Um die theoretischen Grundlagen zu klären, werden wir zunächst die Theorien zur MAB und anschließend die Theorien des Wandels in Organisationen beleuchten. Es gibt verschiedene *Arten und Ziele von MAB*, meist bestimmt das Ziel der Durchführung einer MAB auch deren Ausgestaltung. Wir klären also zunächst, welche Gründe für die Durchführung einer MAB genannt werden, welche Ziele von MAB sich daraus ableiten lassen und welche Arten von MAB daraus in der Praxis resultieren.

Die strategische Positionierung einer MAB bestimmt, ob und wie sich der Folgeprozess auf das organisationale Lernen und die Verbesserungsmaßnahmen auswirkt. MAB werden immer zur Messung eingesetzt, das bedeutet, dass Kennziffern erhoben werden. Für Mess- und Kontrollzwecke werden üblicherweise Kennziffern zur Mitarbeiterzufriedenheit und/oder zum Commitment der Mitarbeiter ermittelt. Wir klären, welche Kennziffern verwendet werden und wie sie in der Theorie verankert sind. Das Konstrukt Mitarbeiterzufriedenheit stellt dabei eine ältere Variante dar, heutzutage wird das um die Komponenten *Identifikation*, *Bindung* und *Treue* erweiterte Modell *Mitarbeitercommitment* vermehrt eingesetzt.

MAB reihen sich in ein Set aus *Führungsinstrumenten* ein: Neben Zielvereinbarungen, Regelkommunikation, Mitarbeiter-Feedback und anderen Institutionen zur Führung von Mitarbeitern werden von der Unternehmensleitung auch MAB verwendet. Wir werden dabei vor allem zwei Punkte herausstellen, die oft für die Legitimation der Anwendung von MAB herangezogen werden: Zum einen ist es die Hoffnung, durch MAB und effektive Folgeprozesse *Partizipationsmöglichkeiten* zu gewährleisten. Die Mitarbeiter einer Organisationseinheit sollen die Möglichkeit erhalten, an Entscheidungen, die ihr Aufgabenumfeld betreffen mitzuwirken. Damit soll auch das Expertenwissen der Mitarbeiter fruchtbar gemacht werden. Zum zweiten wird das Ziel verfolgt, durch MAB *Organisationale Gerechtigkeit* zu schaffen. Darunter verstehen wir die Wahrnehmung und Einschätzung von Fairness bei Entscheidungsverfahren. Diese empfundene Fairness korreliert hoch mit der Zuschreibung von Vertrauen in eine Organisation.[64] Das Konzept ist also, durch Partizipationsmöglichkeiten die Entscheidungsfindung auf eine breite Wissensbasis zu stellen und dabei die Veränderungen zu unterfüttern mit einer möglichst großen Akzeptanz in der Organisationseinheit. Wir werden die Fragen der Partizipationsmöglichkeiten ausloten sowie das Konstrukt Organisationale Gerechtigkeit aufarbeiten.

In jüngerer Zeit werden MAB von den Unternehmensleitungen hauptsächlich mit dem Ziel einer Intervention eingesetzt.[65] Dadurch werden *MAB als Instrument für Wandel in Organisationen* verwendet. Wandel in Organisationen hat einen erheblichen Umfang in der Managementliteratur, wir können daran erkennen, dass die Suche nach Antworten auf die Fragen nach geplantem Wandel enorm ist. Eine Verknüpfung von MAB, also der systematischen Erhebung von Mitarbeiterinformationen[66], mit geplantem Organisationswandel wirft Probleme auf, die wir zunächst theoretisch aufarbeiten werden. Denn sobald MAB auch Organisationswandel, also *Wandel und Verbesserungen in Organisationen*, bedeuten soll, müssen wir die Fragen nach Voraussetzungen und Problemen des Wandels in Organisationen stellen. Zunächst werden wir den Wandel von Organisationen definieren. Die von uns eingenommene Akteursperspektive der strategischen Organisationsanalyse von FRIEDBERG (1995) geht davon aus, dass für die Art und Weise erfolgreicher Veränderungseingriffe in Organisationen mindestens drei Konsequenzen gezogen werden müssen.[67] Erstens bezieht sich jeder Eingriff auf ein System von Akteuren, die zusammen und auch unabsichtlich durch ihre Interaktion diese Funktionsweise oder dieses „Problem" erzeugen und aufrechterhalten. Deshalb müssen organisatorische Veränderungen immer auf das Verhalten der Organisationsmitglieder abzielen. Als zweite Konsequenz der menschlichen und kontingenten Natur des organisatorischen Konstrukts muss der Bruch zwischen Analyse und Diagnose anerkannt werden, und drittens müssen alle aporistischen Denkweisen und ex ante festgelegten Lösungen strikt abgelehnt werden. Wir werden sehen, wie wir den Überbegriff *Wandel* vom Begriff *Verbesserungen* abgrenzen können.[68]

Wir sehen, dass wir die *Folgeprozesse* einer MAB nur unter den spezifischen Voraussetzungen des Wandels in Organisationen betrachten können. Die schon erhaltenen Erkenntnisse machen uns deutlich, dass wir bereits im Vorfeld, aber auch während und vor allem nach Umsetzung der Veränderungen mit Schwierigkeiten und Widerständen

[64] Vgl. Tyler/Degoey 1996.

[65] Wobei oft vergessen wird, dass eine MAB, auch wenn nur das Mitarbeitercommitment gemessen werde soll, immer schon eine Intervention darstellt. Denn auch hier sind Konsequenzen wahrscheinlich, zum Beispiel auf individueller Ebene der Führungskraft, die aus den Befragungsergebnissen Informationen erhält über ihr Wirken als Führungskraft. Wenn diese sich dann im Umgang mit Mitarbeitern ändert, dann ist das bereits eine Intervention durch die MAB.

[66] Vgl. Jöns 1997, 15.

[67] Vgl. Friedberg 1995, 331 f.

[68] Vgl. Kapitel 1.4.1 Wandel und Verbesserungen in Organisationen.

beim Wandel rechnen müssen. Die *Veränderungsbereitschaft* seitens der Führungskräfte und Mitarbeiter spielt dabei eine entscheidende Rolle. MAB, die strategisch implementiert sind als Interventionsinstrument, werden konfrontiert mit den Herausforderungen des Wandels in Organisationen. Eine der größten Aufgaben besteht dabei darin, *Wandelverstetigung und Organisationsentwicklung* miteinander zu verbinden. Wir werden sehen, dass eine Veränderungsstrategie eine Gesamtheit von Veränderungsschritten erarbeiten muss. Dem komplexen Gefüge von Organisationen muss mit einem globalen Ansatz begegnet werden. Dieser sollte eine Technisierung des Interventionsprozesses vermeiden und vielmehr Bezug nehmen auf die Rekonstruktion der Akteursysteme, ihrer Machtstrukturen, Spielregeln und Funktionslogiken. Dadurch lassen sich, so FRIEDBERG, „... die komplexen, mehrdimensionalen Verknüpfungen erkennen, die ein zu technischer und zu linearer Blick nicht erfassen kann."[69] Die Intervention muss sich durch die echten Zwänge des jeweiligen zu verändernden Handlungsfelds begründen. Dabei erkennen wir außerdem, dass für eine erfolgreiche Veränderung Veränderungsunternehmer und das soziale Entrepreneurship eine zentrale Rolle spielen.

Welche Rückschlüsse sich dabei auf das Verhältnis von *Commitment und Wandel* ziehen lassen, werden wir im letzten Abschnitt dieses Kapitels sehen. Zudem klären wir, was beachtet werden muss bei der Ermittlung von Kennziffern für das Commitment von Mitarbeitern und Situationen des Umbruchs und Wandels, und wie diese Kennziffern beeinflusst werden können durch eine MAB und deren Nachbetreuung. Letztlich stellt sich für uns die Frage, welche Voraussetzungen erfüllt sein müssen, damit die Beziehung zwischen Führungskräften und Mitarbeitern dazu führt, dass Veränderungen umgesetzt werden und bestehen bleiben. Welche Voraussetzungen müssen erfüllt sein, damit Führungskräfte zu Veränderungsunternehmern werden? Und welchen Zusammenhang zwischen Verbesserungen und Commitment können wir beobachten?

1.1 Arten und Ziele von MAB

MAB gehören mittlerweile zu einem der meist genutzten Instrumente der Organisationsführung und Organisationsentwicklung.[70] Sie sind seit der ersten Hälfte des 20. Jahrhunderts ein *klassisches Instrument des Managements und auch der empirischen Industrie- und Betriebssoziologie*.[71] MAB dienen erstens dazu, das *Betriebsklima zu evaluieren* und zweitens werden damit *neue Ansatzpunkte für Verbesserungen* im betrieblichen Umfeld ermittelt. Vor allem auch der Benchmarking-Vergleich mit anderen

---

[69] Friedberg 1995, 339.
[70] Vgl. Neugebauer 2003.
[71] Gottschall 1988.

Unternehmen gleicher und unterschiedlicher Branchen ist wichtiger geworden im sich schnell wandelnden wirtschaftlichen Umfeld. DOMSCH/LADWIG[72] beschreiben eine MAB als:

- Ein Instrument der partizipativen Führung und Zusammenarbeit, mit dem
- Im Auftrag der Unternehmensleitung
- In Zusammenarbeit mit den Arbeitnehmervertretungen
- Durch den Einsatz von standardisierten und/oder teilstandardisierten Fragebögen
- Anonym und auf freiwilliger Basis
- Bei allen Mitarbeitern (oder einer repräsentativen Stichprobe oder bei bestimmten Zielgruppen)
- Unter Beachtung methodischer, organisatorischer und rechtlicher Rahmenbedingungen
- Informationen über Einstellungen, Erwartungen, Bedürfnisse und Veränderungsvorschläge der Mitarbeiter
- Bezogen auf bestimmte Bereiche der betrieblichen Arbeitswelt und /oder der Umwelt gewonnen werden
- Um daraus möglichst konkrete Hinweise auf betriebliche Stärken und Schwächen zu erlangen
- Deren Ursachen im Dialog zwischen Mitarbeitern und Führungskräften sowie der Unternehmensleitung zu klären sind,
- Um gemeinsam konkrete Veränderungsprozesse im Rahmen des Change Management einzuleiten, durchzuführen
- Und letztendlich zu evaluieren

Da das Misstrauen der Belegschaft in Bezug auf den vertraulichen Umgang mit den Daten in der Regel sehr groß ist, werden MAB zur Sicherung des Datenschutzes meist durch ein externes Institut durchgeführt. Ein elementarer Punkt bei der erfolgreichen Durchführung ist eine nachvollziehbare Vermittlung der Gründe für die Durchführung und die Garantie, dass alle erhobenen Daten absolut vertraulich gehandhabt werden. Ansonsten besteht die Gefahr, dass, aus Angst vor Sanktionen des Vorgesetzten, ehrliche Antworten zurückgehalten werden.

Arten und Ziele von MAB unterscheiden sich auch im geschichtlichen Verlauf. So wurden bereits im 18. Jahrhundert in der preußischen Infanterie Soldaten befragt, um

[72] Domsch/Ladwig 2000, 1f.

die Stimmung in der Mannschaft zu ermitteln.[73] Anfang des 19. Jahrhunderts wurden in Frankreich Fabrikarbeiter systematisch befragt mit dem Ziel, etwas über deren Lebenssituation zu erfahren. Nach 1945 rückte das Modell des Betriebs- bzw. Organisationsklimas in den Mittelpunkt. In den 1970er Jahren wurden im Zuge der Humanisierungsdebatte Kennziffern zur Ermittlung der Arbeitszufriedenheit entwickelt. Dazu wurden der Job Description Index (JDI) von SMITH et al. (1969) oder auch der Arbeitsbeschreibungsbogen (ABB) von NEUBERGER/ALLERBECK (1978) eingesetzt. In den 1980er Jahren wurde hauptsächlich das Paradigma von der Organisationskultur angewendet (VON ROSENSTIEL (1983); CONRAD/SYDOW (1984)). BUNGARD (2002) weist darauf hin, dass mit den sich ändernden Zielsetzungen auch die verwendeten Methoden variierten. So wurden in der Phase der Arbeitszufriedenheit hauptsächlich quantitative Instrumente eingesetzt, wohingegen beim Organisationskulturansatz neben quantitativen auch mit qualitativen Methoden gearbeitet wurde.[74]
Bei den *Zielen einer MAB* können wir eine grundsätzliche Unterscheidung treffen: Wird mittels der MAB nur gemessen (Mitarbeiterzufriedenheit, Mitarbeitercommitment) oder ist geplant, mit der MAB zu intervenieren? Je nach Ziel der MAB kann eine rein messende, aber auch eine interventionistisch konzipierte MAB (iMac) sinnvoll sein. Auch eine messende MAB greift in die Organisation ein, da sie Informationen liefert, die Grundlage für individuelle Veränderungen bieten können. Allerdings ist die strategische Ausrichtung nicht auf die Organisationsentwicklung fokussiert und wird demnach von der Unternehmensleitung nicht mit einem vergleichbaren Veränderungsdruck versehen. Wir können aber davon ausgehen, dass diese in der Regel die Anwendung von MAB damit begründet, im Anschluss anhand der erhaltenen Informationen das betriebliche Umfeld zu verbessern. Dies ist in der Regel der erwartete Nutzen, der von den Aufwendungen für eine MAB erwartet wird.
BUNGARD (2000) weist darauf hin, dass sich durch alle MAB eine Assymetrie zieht, die sich aus der Erhebungssituation ableiten lässt. In dieser seien die Mitarbeiter durch fehlende Feedback-Prozesse im Befragungsdesign zu abstrakten Daten-Lieferanten degradiert worden. Dieser Entwicklung steuerte die Bewegung des Survey-Feedback-Ansatzes entgegen, die als eine der Wurzeln der Organisationsentwicklung bekannt wurde.[75] Hier besteht der Kerngedanke des survey guided feedback darin, die Resultate von MAB in einer Organisation an die Beteiligten rückzukoppeln und die Befunde in Workshops aufarbeiten zu lassen.

[73] Bungard 2002, auch Neuberger 2000, Warburg 1997.
[74] Tiefeninterviews, Gruppendiskussionen, narrative Interviews, vlg. Bungard et al. 1996.
[75] French/Bell 1994.

Ab Anfang/Mitte der 1990er Jahre begann schließlich eine Entwicklung, die sich nochmals deutlich von den bisherigen MAB-Methoden absetzte.[76] Im Rahmen der Philosophie des Total-Quality-Managements (TQM) wurden neue Systeme zur Steuerung und Bewertung von Unternehmen erarbeitet. Vorbild für das EFQM-Modell der European Foundation for Quality Management war der US-amerikanische Baldridge-Award.[77] Mit der Eingliederung in ein ganzheitliches System spielen MAB als Führungsinstrument eine wichtiger werdende Rolle.
Die verschiedenen Arten von MAB können wir nach dem Ziel, das mit der Durchführung erreicht werden soll, unterscheiden. Als Ziele von MAB können wir aus heutiger Sicht nennen[78]:

- Informationsgewinnung
- Veränderungsprozesse beschleunigen
- Verstärkung des Dialogs zwischen Führungskräften und Mitarbeitern
- Identifizierung von Schwachstellen und Handlungschancen
- Kontrolle/Beurteilung von Arbeitsabläufen
- Benchmarking, d.h. Erheben von Vergleichsdaten

Demnach teilt NEUGEBAUER (2003) MAB in fünf Haupttypen ein:

- Meinungsumfrage
- Benchmarkingumfrage
- Klimabefragung mit Rückspiegelung
- Auftau- und Einbindungsmanagementprogramm oder
- Systemische MAB

BORG (2003) unterscheidet zwischen MAB als Meinungsumfragen, als Benchmarkingumfragen, als Klimabefragungen mit Rückspiegelung sowie MABs als Auftau- und Einbindungsmanagement-Programme. MAB werden auch in einem systemischen Kontext eingesetzt. Diese Systemischen MAB sind damit zu einem integralen Bestandteil der normalen Systeme (Messsysteme, Führungssysteme, Gehaltssysteme, Personalsysteme usw.) Geworden.[79] Klimabefragungen und Meinungsumfragen sind

[76] Vgl. Bungard et al. 1997, Töpfer/Gabel 2000.
[77] Casey 2003 untersuchte den Nutzen der drei populärsten Qualitätspreise (Deming-Preis, MBNQA- und EFQM-Preis). Er konnte jedoch bei keiner Firma feststellen, dass sich die Vorbereitungen auf den Preis auswirken konnten auf ihren wirtschaftlichen Erfolg.
[78] Neugebauer 2003.
[79] Vgl. Borg 2003, 29 f.

älter, Benchmarking-MAB, iMAB und systemische MAB sind neuere Formen.[80] Heutzutage werden die meisten MAB interventionistisch eingesetzt, die Rolle der Umfrageprozesse in Organisationen hat sich gewandelt von einem passiven Stimmungsbarometer hin zu einem proaktiven Werkzeug zur Umsetzung einer Strategie der Humanressourcen.[81]

Zusammenfassend können wir sagen, dass heute die meisten MAB den Prinzipien des Survey-Feedback-Ansatzes folgend vom Anspruch her intervenierend implementiert werden.[82] Damit werden MAB verbunden mit dem Wandel von Organisationen. Aus diesem Grund bedeutet die Etablierung einer MAB eine nicht zu unterschätzende Gratwanderung.[83] Wenn eine Organisation bislang keine ausreichenden Erfahrungen mit Feedback hat, dann müssen die Akteure in ihr erst lernen, damit umzugehen. Wenn die Führungskräfte nicht ausgebildet werden im Umgang mit dem Instrument MAB,

> „... dann werden die Mitarbeiterbefragungs-Aktivitäten nicht in die vorhandene Organisationskultur hinein passen, der „kommunikative Quantensprung“ findet nicht statt, die MAB wird unterlaufen und löst nicht weiter sanktionierte Gegenaktivitäten aus. An deren Ende werden die Gegner einer Mitarbeiterbefragung aufgrund des offensichtlichen Scheiterns dieser „basisdemokratischer Umtriebe“ als Sieger dastehen.“[84]

Gleichzeitig werden durch die MAB Kennzahlen erhoben für die Messung von Mitarbeitercommitment und Mitarbeiterzufriedenheit in Organisationen. Sie nehmen damit auch die Funktionen eines Controlling-Instrumentes wahr. Wir werden deshalb zunächst klären, wie die Konstrukte für die Kennziffern bei MAB gebildet werden und wie wir sie interpretieren können. Dabei gehen wir auch auf die spezielle Kennziffer TRI*M-Index ein, die von TNS Infratest zur Messung des Mitarbeitercommitments für das Stakeholder Management eingesetzt werden. Anschließend untersuchen wir, wie MAB als Führungsinstrument und als Instrument für Wandel in Organisationen verwendet wird.

1.2 Kennziffern bei MAB

Die im Zuge von MAB ermittelten Kennziffern betreffen meist die Mitarbeiterzufriedenheit und das Mitarbeitercommitment. Der Grund dafür ist die Funktion des Cont-

[80] Vgl. Borg 2003, auch Bungard 2000.
[81] Borg 2003, auch Hinrichs 1991, 301.
[82] Vgl. Borg 2003, 30; auch Neugebauer 2003.
[83] Vgl. Bungard 2002.
[84] Bungard 2002, 7.

rolling: zum einen lassen sich einzelne Organisationseinheiten überwachen mittels Zeitreihenanalyse in der Entwicklung von Zufriedenheit und Commitment der Mitarbeiter. Die Wirkung von Verbesserungsmaßnahmen soll in Folgebefragungen direkt mit der Entwicklung der Kennziffern dokumentiert werden. Zum anderen können ganze Betriebsteile nach der Benchmarking-Methode verglichen werden. Die Unternehmensleitung erhofft sich durch das Heranziehen von so genannten Best-Practice-Beispielen neue Anhaltspunkte für Verbesserungen. Die Forschung auf dem Gebiet der Kennziffern von MAB betreibt hauptsächlich die Organisationspsychologie, wobei auch die Organisationssoziologie und die Betriebswirtschaftslehre daran beteiligt sind. Je nachdem variieren dadurch die Bezeichnungen, werden jedoch auch synonym verwendet. Es ist deshalb notwendig, eine kurze Begriffsdefinition vorzunehmen.

1.2.1 Mitarbeiterzufriedenheit

Die Zufriedenheitsforschung können wir bis in die 1920er Jahre zurückverfolgen. Die meisten Aktivitäten erkennen wir in den Zeiträumen 1920er und 1930er Jahre, zum Beispiel HOPPOCK (1935), ROETHLISBERGER&DICKSON (1939) sowie in den 1960er und 1970er Jahre (NEUBERGER (1974), HERZBERG (1971), BRUGGEMANN (1975)).[85] Wegweisend waren auch die HAWTHORNE-Studien, aus denen unter anderem die Human-Relations-Bewegung hervorging. In den letzten Jahren tritt die Mitarbeiterzufriedenheitsforschung wieder vermehrt in den Mittelpunkt. Die Bezeichnung „Mitarbeiterzufriedenheit“ und „Arbeitszufriedenheit“ werden oft gleichbedeutend verwendet. In früheren Veröffentlichungen war eher „Arbeitszufriedenheit“ gebräuchlich[86], während in neueren Studien häufiger „Mitarbeiterzufriedenheit“ verwendet wird. [87] Die Arbeitszufriedenheitsforschung gründet in der Arbeits- und Organisationspsychologie, deren Erkenntnisse sowohl hier als auch in der Betriebswirtschaftslehre und in der Organisationssoziologie verwendet werden.

LOCKE (1969) definiert Mitarbeiterzufriedenheit wie folgt: „Job satisfaction and dissatisfaction are a function of the perceived relationship between what one wants from one's job and what one perceives it as offering or entailing".[88] Damit entsteht die Zufriedenheit immer aus einem Vergleich zwischen den Erwartungen und der Erfüllung dieser. Zur Theorie der Entstehung von Mitarbeiterzufriedenheit gelten zwei Theorien als bedeutend. Zum einen die *Zwei-Faktoren-Theorie* von HERZBERG (1971), in der für Arbeitszufriedenheit („job satisfaction“) zwei unterschiedliche Arten von Faktoren bedeutsam sind: Hygienefaktoren und Motivatoren. Hygienefaktoren sind beispiels-

[85] Vgl. Winter 2005, 7.
[86] Vgl. Winter 2005; auch Neuberger 1974; Neuberger 1974a; Bruggemann 1975;
[87] Vgl. Vom Holtz 1998; Grund 1998; Meffert/Schwetje 1998; Stock 2003.
[88] Locke 1969, 316.

weise Entlohnung, Gehalt und Führungsstil, ihr Fehlen führt zu Unzufriedenheit. Hygiene bedeutet, dass der Einsatz von Hygienefaktoren dazu führt, dass Unzufriedenheit aus dem Leben des Menschen entfernt wird. Sie verhindern also Unzufriedenheit, werden aber als selbstverständlich vorausgesetzt. Wenn die Hygienefaktoren allerdings nicht vorhanden sind, dann wird das als Mangel empfunden. Motivatoren wie Anerkennung, Erfolg, Arbeitsinhalt und Verantwortung beeinflussen demnach die Motivation zur Leistung selbst und verändern ebenfalls die Zufriedenheit, ihr Fehlen führt aber auch nicht unbedingt zu Unzufriedenheit. Zum anderen gibt es die *Bedürfnispyramide* nach MASLOW (1954). Demnach sind die Bedürfnisse des Individuums hierarchisch geordnet und die Menschen streben zunächst nach der Befriedigung der so genannten Grundbedürfnisse. Das kann, auf den Arbeitsalltag übertragen, materielle Absicherung oder auch positive Arbeitsbedingungen sein.[89] Wenn diese erfüllt sind, rückt das Streben nach sozialen Bedürfnissen oder auch Bedürfnisse nach sozialer Anerkennung wie Prestige oder Karrieresprung in den Vordergrund.

BRUGGEMANN et al. (1975) haben die Zwei-Faktoren-Theorie um drei Momente erweitert.[90] Demnach lässt sich Zufriedenheit noch weiter unterteilen und der zweipolige Zufriedenheitsbegriff wird mit verschiedenen Formen der Arbeitszufriedenheit (AZ) und Arbeitsunzufriedenheit (AUZ) ergänzt. Um eine Vorstellung von den dabei entstehenden neuen Dimensionen zu bekommen, wollen wir die Formen der AZ und AUZ näher untersuchen. Ausgangspunkt ist die Gegenüberstellung von Soll- und Ist-Werten. Wenn zwischen diesen beiden keine Differenz besteht, folgt eine vorübergehende Phase der Stabilisierung (stabilisierende Zufriedenheit). Darauf wird (vermutlich) mit einer Anhebung des Anspruchsniveaus in Beziehung auf die Arbeit geantwortet. Das führt zur „progressiven AZ". Wenn die Arbeit keine weiteren Anreize bietet, das Anspruchsniveau aber dennoch aufrechterhalten wird, folgt daraus eine „stabilisierte AZ". Wenn der Soll-Wert hinter dem Ist-Wert zurückbleibt, schließt dies eine „diffuse Unzufriedenheit" ein, und der weitere Verlauf hängt wiederum von der Entwicklung des Anspruchsniveaus ab. Wenn die Ansprüche gesenkt werden, sprechen wir von „resignativer AZ", wenn aber Gründe bestehen, das Anspruchsniveau aufrechtzuerhalten, können die Reaktionsformen nochmals aufgegliedert werden: bei ausreichend großer Frustrationstoleranz und neuen Lösungsmöglichkeiten in Sicht kann sich „konstruktive AUZ" einstellen, die von der Struktur der „progressiven AUZ" ähnlich ist. Sollte für alternative Lösungsmöglichkeiten keine Chance bestehen, wird „fixierte AUZ" die Folge sein, beziehungsweise wenn die Frusttoleranz gering ist und das Ans-

[89] Allerdings legen neuere Erkenntnisse nahe, dass sich die Befriedigung der Grundbedürfnisse nicht unbedingt auf die Mitarbeiterzufriedenheit auswirkt.
[90] Vgl. Meyer 1982, 179 f.

pruchsniveau dennoch nicht gesenkt werden kann und ein „Ausweg" nur noch in der Verdrängung liegt, das heißt in der Verfälschung der Situationswahrnehmung, dann ist mit „Pseudo-AZ" zu rechnen, die eine schon etwas ins Pathologische gehende Form von Zufriedenheit darstellt.
WINTER (2005) schlägt eine weitere Unterteilung zur genaueren Festlegung für das Entstehen von Mitarbeiterzufriedenheit vor:[91]

- Mitarbeiterzufriedenheit als Ergebnis eines Soll-Ist-Vergleichs
- Mitarbeiterzufriedenheit als multiattributives Konstrukt
- Mitarbeiterzufriedenheit als Einstellung

Dies wird ergänzt durch die Verschiebung von Referenzwerten. So können sich sowohl die Soll- als auch die Ist-Werte verändern: wenn beispielsweise das Anspruchsniveau steigt, muss der Ist-Wert höher sein, um Zufriedenheit hervorzurufen.
NEUBERGER (1974 und 1974a) stellt heraus, dass die eigentlich zentrale Absicht der Forschungsbemühungen

> „(...) darauf ausgerichtet (ist), die Voraussetzungen von Zufriedenheit zu ermitteln (was u. A. Die Bezugnahme auf die konkrete Arbeitssituation erfordert) und mögliche Konsequenzen der Zufriedenheit (z. B. Fluktuation, Krankheit, Leistung, Unfälle) vorherzusagen."[92]

Er vertritt die These, dass Arbeitszufriedenheit als ein motivationaler Begriff aufgefasst wird. Dies führt ihn zu einer Einteilung des Arbeitszufriedenheitsbegriffs in vier Kategorien.[93] Das *Bedürfnisorientierte Konzept* geht vom Homöostase-Prinzip aus, in dem man annimmt, dass jedes Individuum verschiedene Bedürfnisse hat, die es befriedigen möchte. Das bedeutet, dass jeder Mensch versucht, ein bestimmtes inneres Gleichgewicht wieder herzustellen, welches durch die Nichterfüllung von Bedürfnissen gestört wurde. Die *Anreiztheoretischen Konzeptionen* stellen das hedonistische Prinzip in den Mittelpunkt. Demnach hat das Individuum die Tendenz, Lust zu vermehren und Unlust zu verringern. Dabei wird jedoch nicht die Herstellung eines befriedigenden Zustands angestrebt, sondern die Maximierung von Lustgefühlen und dass ferner der „Anreizwert" von Umweltreizen im Mittelpunkt steht. Drittens die *Kognitive Konzeption*, die die Prozesse der Orientierung in der Umwelt betonen, wo-

---

[91] Winter 2005, 8.
[92] Neuberger 1974, 140.

bei die rationale Komponente des Verhaltens hervorgehoben wird: das Individuum versucht, künftige Entwicklungen gedanklich vorwegzunehmen und sich darauf vorzubereiten. Dabei tendiert es zu einem in sich stimmigen Bild und Verhaltensplan. Wenn diese gestört oder unsicher werden, wird Spannung erlebt, die zum Ausgleich aktiviert. Viertens schließlich die *Humanistische Konzeption*, die das Streben des Menschen nach Sinnerfüllung und Selbstverwirklichung in den Mittelpunkt rückt. Dabei wird isoliertes menschliches Verhalten abgelehnt, vielmehr wird versucht, den Sinnbezug des Handelns ganzheitlich zu verstehen.

Die Equitytheorie fokussiert auf die Gerechtigkeit von Austauschbeziehungen.[94] Die Theorie wurde im Kontext im Kontext der Austauschbeziehungen zwischen Mitarbeitern und dem Unternehmen entwickelt[95] und geht davon aus, dass Individuen dazu neigen, erhaltene Erträge (Outcome) und erbrachte Aufwendungen (Input) zu vergleichen mit dem Input-Outcome-Verhältnis anderer Personen. Damit einher geht auch die Vorstellung, dass die Mitarbeiter mit dem Unternehmen neben dem Arbeitsvertrag auch einen so genannten „Psychologischen Vertrag" abschließen.[96] Dieser umfasst die „Spielregeln" der Kooperation, die implizit vorausgesetzt, aber formal nicht festgehalten sind. Darin enthalten sind die reziproken Erwartungen, Prämissen, Versprechen und Verpflichtungen im Hinblick auf Arbeitszeiteinhaltung, Arbeitsinhalte, Karriereaussichten und auch Aspekte wie Arbeitssicherheit und Entlohnung. Unwesentlich ist hier, wie viele Versprechen oder Verpflichtungen gemacht wurden, sondern wie viele davon auch tatsächlich eingehalten werden. Je mehr eingehaltene Versprechen ein Arbeitnehmer erhält, desto zufriedener ist er mit der Arbeit, ist stärker an das Unternehmen gebunden und zeigt geringere Kündigungsabsichten. Das zeigt uns, dass sich zum Beispiel Kostenspar-Programme, die durch Personalkürzungen zu Arbeitsverdichtung führen, den psychologischen Vertrag gefährden und damit auch die Mitarbeiterzufriedenheit senken können. Bei Maßnahmen zur Effizienzsteigerung kommen zudem neue Aufgabengebiete für einen Mitarbeiter hinzu, wenn zum Beispiel Prozesse und Abläufe neu strukturiert werden. Sollte dies nötig sein, dann stehen für die Mitarbeiter Veränderungen an. Diese müssen so gerecht wie möglich ablaufen, was bedeutet, dass die Mitarbeiter mit ihrem Expertenwissen sich in den Veränderungen auch wieder finden müssen. Ansonsten haben sie vermehrt das Gefühl, dass sie eigentlich austauschbar sind und als Person und denkendes Individuum nicht ernst genommen werden.

---

[93] Ebd., 141 f.

[94] Vgl. u. a. Adams 1963, 1965; Homans 1961, Patchen 1961; Stouffer et al. 1949; Zaleznik/Christensen/Roethlisberger 1958. Stock 2003.

[95] Vgl. Adams 1963.

[96] Vgl. Isaksson 2006.

Nach dem Modell des Soll-Ist-Wert-Vergleichs[97] können wir Arbeitszufriedenheit durch einen Vergleich ermitteln. Die Ist-Situation ist die gegebene Situation, zum Beispiel der Arbeitsplatz, wie ihn eine Person wahrnimmt. Diesen Ist-Wert setzt man in Beziehung zum Soll-Wert, zum „Wunschbild" vom Arbeitsplatz, wie er nach den Ansprüchen der Person aussehen sollte. Der Grad des Unterschieds beziehungsweise der Übereinstimmung deutet die Zufriedenheit in Bezug auf den Arbeitsplatz an. Daraus folgt, dass das Anspruchsniveau nicht fix ist, sondern sich im Zeitverlauf ändern kann. Zufriedenheit misst sich also mit einem variablen Niveau des Anspruchs, wenn die Ansprüche steigen, dann kann die Zufriedenheit sinken. Wie das Anspruchsniveau sich auf die Empfindung der Mitarbeiterzufriedenheit auswirken kann, können wir sehen, wenn wir die Unterschiede in den Zufriedenheitswerten zwischen befristet und unbefristet Angestellten betrachten. Unbefristet Beschäftigte haben dabei eine höhere Erwartungshaltung als befristet Beschäftigte. Dadurch nehmen sie häufiger Verletzungen des Psychologischen Vertrags wahr und bringen dadurch allgemein weniger Vertrauen dem Arbeitnehmer gegenüber auf.[98]
Kritiker des Soll-Ist-Wert-Vergleichs wenden ein, dass der Soll-Wert nicht direkt mit dem Ist-Wert verglichen wird, sondern mit der subjektiven Wahrnehmung des Ist-Werts.[99] Allen Vergleichen zwischen Soll- und Ist-Werten ist eigen, dass sie voneinander unabhängige Soll- und Ist-Größen annehmen. MEYER (1982) kritisiert, dass eine konkrete Analyse des Ist-Wertes noch gar nicht die Größe angibt, mit der das betreffende Subjekt in den Vergleich eingebracht wird:

> „Der wahrgenommene Ist-Wert und der erhoffte Soll-Wert sind gar keine unabhängigen Größen, sondern sie sind beide abhängig sowohl von individuellen Standards also auch von gesellschaftlichen Normen, die sich in Wahrnehmungsdimensionen niederschlagen."[100]

Dennoch liefert uns das Modell des Soll-Ist-Wert-Vergleichs wichtige Einsichten. Dies zeigt zum Beispiel auch die Entwicklung der Lebenszufriedenheit in Europa. Die Entwicklung der Arbeitszufriedenheit gibt uns weitere Hinweise auf das Wesen dieses Modells. Wenn wir die Entwicklung der allgemeinen Zufriedenheit betrachten, dann sehen wir, dass trotz des steigenden Bruttoinlandsproduktes je Kopf in der Europä-

[97] Vgl. Bruggemann et al. 1975, 52., auch Meyer 1982, 14 f.
[98] Vgl. Isaksson 2006.
[99] Meyer 1982, 15.
[100] Ebd..

ischen Union die Zufriedenheit mit dem Leben gleich blieb, wie wir in Abbildung 1 sehen können.

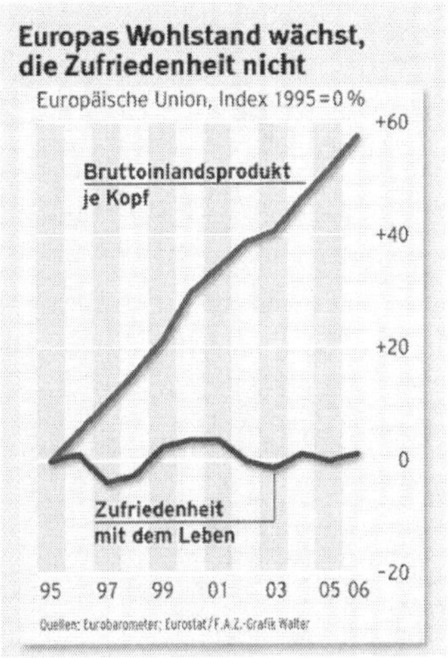

Abbildung 1, Quelle: Eurostat und www.faz.net, besucht am 21.02.2007.[101]

Es hat sich also eine wirtschaftlich verbesserte Situation entwickelt. Mit den Annahmen des Soll-Ist-Vergleichs können wir argumentieren, dass sich dadurch auch das Anspruchsniveau gehoben hat. Diese höheren Ansprüche sind schwerer zu befriedigen, was letztlich in einer gleich bleibenden Lebenszufriedenheit mündet.
Eine neue Studie im Auftrag der Europäischen Union hat ergeben, dass im europäischen Vergleich die Arbeitszufriedenheit in Deutschland mit am höchsten ist.[102] Demnach fühlen sich 90 % der Befragten in ihrem Job wohl, im EU-Durchschnitt behaupten das nur 83 % der Arbeitnehmer von sich. Entscheidend für die Zufriedenheit im Beruf sind laut der Studie Arbeitsplatzsicherheit, nette Kollegen, eine gute Arbeitsatmosphäre, eine angemessene Bezahlung und Karriereaussichten. Allerdings sollten wir hier beachten, dass sich der deutsche Arbeitsmarkt in zwei Punkten vom europäischen Durchschnitt unterscheidet: Zum einen haben die deutschen Arbeitnehmer fünf Tage mehr Urlaub als ihre europäischen Nachbarn, was zur Arbeitszufriedenheit positiv beiträgt. Zum anderen ist die Arbeitslosenquote in Deutschland um zwei Prozent höher als im EU-Schnitt. Das legt die Annahme nahe, dass sich Mitarbeiter mit weni-

[101] http://www.faz.net/s/RubEC1ACFE1EE274C81BCD3621EF555C83C/Doc~E2E36A6E6DFBD469287ED76B206447EDD~ATpl~Ecommon~Scontent.html, besucht am 21.02.2007.

ger zufrieden geben und viele auch schon froh sind, dass sie einer Erwerbsarbeit nachgehen dürfen. Eine aktuelle Untersuchung vom Allensbach-Institut gibt uns Hinweise darauf, dass es in Deutschland ein großes Sicherheitsbedürfnis im Job gibt.[103] Demnach wird die Sicherheit des eigenen Arbeitsplatzes heute wesentlich kritischer eingeschätzt als noch in den Neunzigerjahren: 59 % hielten damals den eigenen Arbeitsplatz für sicher gegenüber 21 % in 2007. Gleichzeitig halten 88 % die Sicherheit des Arbeitsplatzes für „besonders wichtig". Vor allem in der jungen Generation ist der Wunsch nach einem langfristig sicheren Arbeitsplatz von bereits hohem Niveau aus noch weiter angestiegen.

Zusammenfassend können wir festhalten, dass die Faktoren für die Entstehung von Mitarbeiterzufriedenheit sehr komplex sind. Wenn sich die wirtschaftliche Lage verschlechtert, sind Unternehmen darauf angewiesen, sich kostengünstiger zu organisieren. In den meisten Bereichen bedeutet das auch, Personalkosten zu reduzieren. Gleichzeitig ist gerade in Deutschland über die letzten Jahrzehnte die Arbeitslosigkeit auf konstant hohem Niveau gewesen. Wir können davon ausgehen, dass sich diese Tatsache in so weit auf die Mitarbeiterzufriedenheit auswirkt, dass sich das Anspruchsniveau absenkt. Ein Mitarbeiter ist dann schon mit weniger zufrieden – beispielsweise allein schon mit der Tatsache, dass er eine Festanstellung hat. Gleichzeitig weist uns eine andere Untersuchung darauf hin, dass sich zwischen 1990 und 2006 das Sicherheitsbedürfnis der Arbeitnehmer in Deutschland verstärkt hat.[104] So können wir auch überlegen, welche Auswirkungen ein Sparprogramm auf die Mitarbeiterzufriedenheit hat. Wenn weniger Mitarbeiter die gleiche Arbeit verrichten, also Arbeitsverdichtung, Umstrukturierungen etc., ist das bestimmt der Zufriedenheit nicht zuträglich. Gleichzeitig jedoch braucht das Unternehmen solche Umstellungen, um zum Beispiel gegen die Wettbewerber bestehende Kostennachteile ausgleichen zu können und dadurch am Markt zu bestehen. Also gibt es hier einen Zielkonflikt und das Messinstrument Mitarbeiterzufriedenheit kann in die Kritik geraten.

Mitarbeiterzufriedenheit bildet sich aus einem subjektiven Vergleich zwischen Soll- und Ist-Zustand. Der Soll-Zustand ist dabei die Summe der Erwartungen des Urteilenden gegenüber dem jeweiligen Qualitätsmerkmal, die Ist-Komponente ist die subjektive Beurteilung des Realzustandes durch das Individuum. Dabei entsteht Zufriedenheit immer dann, wenn der Ist-Zustand dem Soll-Zustand entspricht oder diesen übertrifft. Dabei sind die Erwartungen jedoch keineswegs statisch, sondern unterliegen Veränderungen vor allem hinsichtlich des Anspruchsniveaus, das sich im Zeitverlauf nach

[102] http://www.welt.de/data/2007/02/12/1209337.html, besucht am 13.02.07.
[103] Vgl. Köcher 2006.
[104] Köcher 2007.

oben und nach unten bewegen kann. In den Befragungen von TNS-Infratest wird mit dem TRI*M-Index das Mitarbeitercommitment ermittelt, eine erweiterte Form des Modells der Mitarbeiterzufriedenheit. Die Begriffsbestimmung der Mitarbeiterzufriedenheit haben wir vorweggenommen. Wie sich Mitarbeiterzufriedenheit und Mitarbeitercommitment unterscheiden lassen, werden wir im nächsten Schritt untersuchen.

1.2.2 Mitarbeitercommitment

Der TRI*M-Index von TNS Infratest, den wir als empirische Größe für die Studie verwenden, geht von einer Definition des Mitarbeitercommitments als Kennzahl für *Zufriedenheit*, *Motivation* und *Engagement* aus.[105] Bevor wir auf diesen Kennwert eingehen, wollen wir aber zur Verdeutlichung die Theorie des Mitarbeitercommitments skizzieren. Commitment kann wörtlich übersetzt werden mit verschiedenen Begriffen: *Bindung* und *Verbindlichkeit*, aber auch *Einsatz, Engagement* und *Hingabe*. Bereits hier können wir also eine unterschiedliche Bedeutung feststellen. Prinzipiell können wir Mitarbeitercommitment als Erweiterung des Konzeptes der Mitarbeiterzufriedenheit verstehen.[106] Dimensionen wie Zufriedenheit spielen zwar eine Rolle, werden aber mit Komponenten der Identifikation mit der Organisation und Bindung an die Organisation verbunden. In der Literatur wird der Begriff Organisationales Commitment und Mitarbeitercommitment verwendet, wir verwenden Mitarbeitercommitment und Organisationales Commitment synonym.

Mitarbeitercommitment bezeichnet also die Bindung des Mitarbeiters gegenüber dem Unternehmen. Nach PORTER et al. können wir es charakterisieren als

> „a) a strong believe in an acceptance of the organization's goals and values
> b) a willingness to exert considerable effort on behalf of the organization
> c) a definite desire to maintain organizational membership."[107]

MEYER/ALLEN (1997) unterscheiden zwischen *affektivem*, *normativem* und *fortsetzungsbezogenem Commitment*. Das affektive Commitment bedeutet, dass sich Mitarbeiter emotional der Organisation verbunden fühlen. Sie bleiben der Organisation treu, weil sie es wollen. DICK (2004) spricht hier auch von einem Zugehörigkeitsgefühl, bei dem man sich der Organisation als Teil der Familie verbunden sieht.[108] Das normative Commitment beschreibt Mitarbeiter, die sich der Organisation moralisch ver-

---

[105] http://www.tns-infratest.com/02_business_solutions/02018_TRIM.asp, besucht am 10.01.07.
[106] Vgl. Wolf 2007.
[107] Porter et al. 1974, 604.
[108] Dick 2004, 3.

pflichtet fühlen, sie bleiben der Organisation treu, weil sie es sollen.[109] Das fortsetzungsbezogene Commitment schließlich meint, dass Mitarbeiter die Kosten berücksichtigen, die bei einem Verlassen der Organisation entstehen. Sie bleiben, weil sie es müssen. In der Commitment-Forschung werden verschiedene Dimensionen und Varianten von Commitment unterschieden.[110] MOSER 2006 fasst diese diskutierten Konstrukte zu verschiedenen Interpretationsvarianten von Commitment zusammen, die wir in Abbildung 2 sehen können.

[109] Vgl. Ebd.: Zum Beispiel: „Die Firma hat meine Ausbildung bezahlt, jetzt darf ich sie nicht einfach verlassen".
[110] Vgl. Genzwürker 2006.

Arten von Commitment	**„Motivationale Grundlage"**
Strukturelles Commitment (BECKER 1960) Fortsetzungsbezogenes Commitment (STEBBINS 1970)	Abwehren des Verlusts von Seitenwetten
Austauschbezogenes Commitment, wertbezogenes Commitment (STEBBINS 1970)	Kalkulierte Reziprozität
Affektives Commitment (MEYER&ALLEN 1984); emotionales Commitment	Internalisation von Normen und Werten
Strukturelles Commitment (MEYER&ALLEN 1984)	Abwehren des Verlusts von Seitenwetten, fehlende Alternativen
Sozialpsychologisches Commitment (KIESLER 1971)	Reaktion auf Attacken
Eskalierendes Commitment (RUBUN&BROCKNER 1975; STAW 1980)	Rechtfertigung von Investitionen
Verhaltensbezogenes Commitment (RUSBULT&FARRELL 1983; RUBIN&BROCKNER 1975)	Tendenz, die Beziehung aufrechterhalten zu wollen
Organisationales Commitment (MOWDAY et al. 1982), einstellungsbezogenes Commitment	Internalisation von Normen und Werten; Wunsch, der Organisation anzugehören; Anstrengungsbereitschaft
Normatives Commitment (CALDWELL et al. 1990)	Identifikation, Internalisation
Normatives Commitment (WIENER 1980; ALLEN&MEYER 1990); moralisches Commitment (STENGEL 1987)	Loyalität; empfundene Verpflichtung
Instrumentelles Commitment (CALDWELL et al. 1990)	Nachgeben (compliance)

Abbildung 2, Quelle: Moser 1996, 47

Das Organisationale Commitment von MOWDAY et al. (1982) hat sich durchgesetzt. Deshalb wollen wir im Folgenden mit den Annahmen dieser Definition arbeiten. Demnach ist Commitment die relative Stärke der Identifikation mit und des Eingebundenseins in eine bestimmte Organisation, die sich ausdrückt im Glauben in und Akzeptanz der organisationalen Ziele und Werte, der Bereitschaft, Anstrengungen auf sich zu nehmen und dem Wunsch, der Organisation treu zu bleiben. Die Autoren beschreiben als wesentliche Inhalte von Commitment die folgenden drei Bausteine: Erstens *Identifikation*, ein starker Glaube an und die Akzeptanz von Zielen und Werten der Organisation. Zweitens *Anstrengungsbereitschaft*, sich für die Organisation einzusetzen und drittens *Geringe Fluktuationsneigung* als ein starkes Bedürfnis, die Mitgliedschaft in der Organisation aufrecht zu erhalten. Sie beschreiben organisationales Commitment als „(…) the relative strength of an individual`s identification with and involvement in a particular organisation."[111] Für DICK (2004) beschreibt Mitarbeitercommitment, inwieweit sich Menschen ihrer Organisation oder Teilen der Organisation (z. B. Abteilungen oder Arbeitsgruppen) zugehörig und verbunden fühlen.

Die Entstehung von Mitarbeitercommitment wird unterschiedlich diskutiert. In zahlreichen Studien konnte eine starke positive Korrelation zwischen Mitarbeiterzufriedenheit und Mitarbeitercommitment nachgewiesen werden (siehe zum Beispiel DUBINSKY/HARTLEY (1986), SAGER (1994), BABASKUS et al. (1999), MAIER/WOSCHÉE (2002)). Generell wird der Mitarbeiterzufriedenheit ein hoher Erklärungsbeitrag zugeschrieben.[112] WINTER (2005) weist darauf hin, dass auch Gerechtigkeit und Vertrauen eine Rolle spielen, diese beiden Dimensionen sind allerdings mit Mitarbeiterzufriedenheit interdependent.[113] Die Wirkungsrichtung des Zusammenhangs zwischen Mitarbeitercommitment und Mitarbeiterzufriedenzeit hingegen ist umstritten, es gibt Studien zu beiden Richtungen. PORTER et al. (1974), MOWDAY et al. (1982) und JOHNSTON et al. (1990) kommen zum Ergebnis, dass Mitarbeiterzufriedenheit das Commitment auslöst und beeinflusst. Den umgekehrten Zusammenhang, also Commitment als Auslöser für Mitarbeiterzufriedenheit, postulieren Studienergebnisse von SALANCIK/PFEFFER (1978) und BATEMAN/STRASSER (1984). Es gibt auch Stimmen, die den hohen Zusammenhang zwischen Commitment und Mitarbeiterzufriedenheit durch eine dritte Variable, zum Beispiel intrinsische Motivation, erklären.[114] Es gibt noch eine weitere wichtige Korrelation beim Mitarbeitercommitment, nämlich die mit dem Konstrukt „Job Involvement", das definiert werden kann als das Ausmaß, in dem sich Menschen mit ihrer Arbeit identifizieren.[115] MATHIEU/ZAJAC (1990) ermittelten eine hohe Korrelation zwischen Job Involvement und Commitment. Das wichtigste Unterscheidungskriterium ist, dass Commitment sich auf die Organisation bezieht, während sich das Involvement auf die Arbeit bezieht.[116] Gleichzeitig wird aber eine begriffliche Abgrenzung zwischen Involvement und Commitment erschwert.

Mitarbeitercommitment zeichnet sich also aus durch eine grundsätzlich positive Beurteilung der Unternehmensziele und die Absicht des Mitarbeiters, für die Erreichung

---

111 Mowday et al. 1982, 27.
112 Vgl. Mowday et al. 1974; Porter et al. 1974; Schmit/Allscheid 1995, Morgan/Hunt 1994, Martin/Bennett 1996.
113 Winter 2005, 46.
114 Eby et al. 1999. Intrinsische Motivation geht dabei davon aus, dass der Anreiz zur Leistungserbringung in der Person selbst liegt und nicht durch extrinsische Faktoren wie zum Beispiel monetäre oder materielle Anreize evoziert wird.
115 Vgl. Lodahl/Kejner 1965; Moser/Schuler 1993.
116 Vgl. Moser 1996.

dieser Ziele auch selbst einen Beitrag zu leisten.[117] Gleichzeitig umfasst das Commitment auch den Wunsch des Mitarbeiters, das Arbeitsverhältnis mit dem Unternehmen fortzuführen.[118] Das Konstrukt Mitarbeitercommitment wird als Kennziffer für das Retentionmanagement[119] verwendet. Dies zeigt auf, welcher Grundgedanke hinter dem Commitment steckt: Die Mitarbeiter sollen sich mit ihrem Fachwissen möglichst lange im Unternehmen betätigen, Fluktuation kostet Geld beim Ausfall der produktiven Arbeitskraft sowie bei der Suche und beim Einlernen eines neuen Mitarbeiters. Commitment spielt hier also vor allem dann eine Rolle, wenn das Unternehmen seine Anstrengungen forcieren will, um Leistungsträger in der Organisation zu halten. Von Mitarbeitern mit hohem Commitment erwartet die Unternehmensleitung geringe Fehlzeiten[120], hohe Teilnahmebereitschaft und hohe Leistungsbereitschaft. Der deutliche Zusammenhang zwischen Commitment und geringen Fehlzeiten konnte hier nachgewiesen werden, die Korrelation zwischen Commitment und individueller Arbeitsleistung ist jedoch nicht eindeutig.[121]

Kritiker des Konstruktes Mitarbeitercommitment wenden ein, dass die Korrelationen zwischen hohem Commitment und Unternehmenserfolg zu leichtfertig als gegeben anerkannt werden. HEIZMANN (2006) argumentiert, dass die Fluktuation von Mitarbeitern nicht immer schlecht sein muss. Wenn ein schlechter Mitarbeiter gehalten wird, dann kann das zu Demotivation der Kollegen führen. Mitarbeiterfluktuation könnte hingegen für Klarheit sorgen und die Leistungsträger motivieren. Im Allgemeinen wird also darauf hingewiesen, dass ein steigendes Mitarbeitercommitment nicht unbedingt mit wirtschaftlichem Erfolg in Verbindung gebracht werden kann. Laut internen Studien von TNS sind Korrelationen zwischen Fehltagen und Commitment nachgewiesen worden.[122] Das Beratungsunternehmen NFO Infratest hat in einer Studie unter 35.000 Beschäftigten herausgefunden, dass Mitarbeitercommitment durch die Zufriedenheit mit der Arbeitssituation und durch ein motivierendes Umfeld bestimmt wird. Demnach hängt die Verbundenheit von Mitarbeitern mit ihrem Unternehmen zu 45 % von der Führungsqualität ab.[123]

Vor allem im Moment umfassender Umstrukturierungen kann das Mitarbeitercommitment zurückgehen. Im aktuellen Fall ist bei der DCAG ein umfangreicher Wandel

---

[117] Vgl. auch Winter 2005, Kanter 1968, Sheldon 1971, Buchanan 1974, Martin/Bennett 1996.
[118] Vgl. auch Dubin et al. 1975, Morgan/Hunt 1994, Andaleeb 1996.
[119] Vgl. Jensen 2004.
[120] Hierzu gibt es eine Studie von TNS Infratest, wonach es eine starke negative Korrelation gibt zwischen TRI*M-Index, also Mitarbeitercommitment, und Fehlzeiten im Unternehmen: Je höher TRI*M-Index, desto geringer die Fehlzeiten im untersuchten Unternehmensteil.
[121] Vgl. z.B. Mathieu/Zajac 1990; Meyer et al. 2001.
[122] Die Studien liegen dem Verfasser vor.
[123] http://www.tns-infratest.de/03_presse/presse_detail.asp?ID='59', besucht am 14.07.06. Wobei hier vermerkt sei, dass NFO als Beratungsunternehmen die Ergebnisse der Studie als Werbung in eigener Sache verwendet.

zu verzeichnen. So werden von den ursprünglich 13 Vorstandsmitgliedern nur noch neun übrig bleiben. Damit wird von oben her ein Zeichen gesetzt: alle können und müssen mehr leisten, nicht nur die Mitarbeiter in Verwaltung, Produktion, Entwicklung, Forschung und Vertrieb, sondern selbst die Managementebene. Dass dieser umfassende Kulturwandel nicht unbedingt zu einer höheren Zufriedenheit führt ist evident, zumindest bei den Teilen der Belegschaft, die in der TNS-Auswertung unter dem Begriff „Bewohner“[124] firmieren. Die Veränderungen bei DaimlerChrysler sind vor allem in den Bereichen der Verwaltung zu erwarten, da es hier im Vergleich zu den Wettbewerbern einen Überhang gibt. Die Planungen sehen vor, die Verwaltung von bislang 30.000 Mitarbeitern um etwa 20 % auf 24.000 Mitarbeiter zu verkleinern. Da dies den gesamten Konzern potentiell betreffen könnte, herrscht unter den Mitarbeitern Verunsicherung über die berufliche Zukunft im Konzern. Dies wirkt sich auch auf das Mitarbeitercommitment aus, wie wir noch sehen werden.
Das Mitarbeitercommitment wird im Modell des Balanced Scorecard angewendet. Diese ganzheitlich orientierte und kennzahlenbasierte Managementmethode kontrolliert nicht nur wirtschaftliche Größen wie Gewinn, Return on Investment oder Umsatz, sondern auch andere Kennzahlen wie Mitarbeiterzufriedenheit, Fluktuation, Durchlaufzeiten von Betriebsprozessen, Fehlerraten und Kundentreue. Damit dient Balanced Scorecard als erweitertes Führungsinstrument im Rahmen des Betriebscontrollings. Im Gegensatz zu teilweise nur unscharfen Leitbildern wird hier versucht, die Erreichung von Zielen der Strategie umsetzbar und messbar zu machen. Bei der Erstellung eines Balanced-Scorecard-Systems wird versucht, die Interessen aller relevanten Stakeholder[125] einzubeziehen. Dadurch werden eine erhöhte Akzeptanz und die Treffsicherheit der Maßnahmen erreicht. Das Ziel ist die ausgewogene Kombination der richtigen Kennziffern. Kritiker wenden ein, dass durch eine starke Fixierung auf Kennzahlen die Gefahr der Manipulation steigt. Vor allem dann, wenn die Vergütung der Mitarbeiter mit den Kennzahlen verknüpft ist. Dann wird die Aufmerksamkeit nur noch auf die möglichst hohe Kennziffer gerichtet, die sich dann im Korridor der Zielvereinbarung befinden sollte. Inwieweit sich aber „weiche“ Faktoren wie die Identifikation mit der Organisation von Kennziffern abbilden lassen, bleibt umstritten. Wir sehen, dass Kennziffern für das Mitarbeitercommitment nicht als Allheilmittel dienen können, um den Erfolg eines Unternehmens zu sichern. Sehr wohl bieten diese aber Informationen über die generelle Führungs- und Mitarbeitersituation in den jeweiligen Organisationseinheiten. Deshalb leisten sie zur besseren Beurteilung von Führungsarbeit wertvolle

[124] Näheres unter Kapitel 2.2.3.
[125] Stakeholder eines Unternehmens sind alle Anspruchsgruppen: Eigentümer, Gläubiger, Staat und Gesellschaft, Kunden, Manager, Lieferanten und Mitarbeiter.

Informationen und sollten deshalb von der Unternehmensleitung im Sinne des Stakeholder Managements verwendet werden.
TNS Infratest verwendet in allen MAB-Studien weltweit das TRI*M-System. Es besteht aus 6 TRI*M-Fragen, die immer gleich gestellt werden und somit ein Benchmarking über Branchen, Sparten und Länder hinweg ermöglichen. Die 6 Fragen bezüglich des TRI*M-Index sehen wir in Abbildung 3.

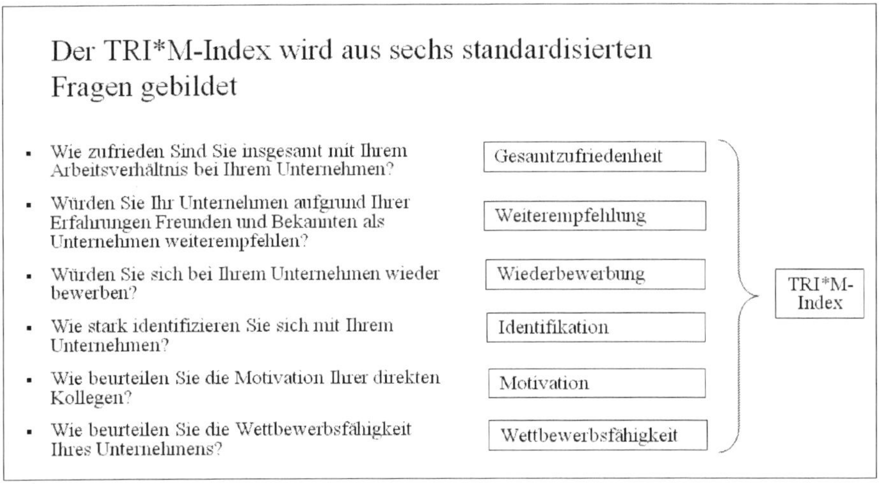

Abbildung 3, Quelle: TNS Infratest

Wie wir sehen übernimmt das TRI*M-System die wichtigsten Erkenntnisse aus der Commitmentforschung. Bei der Ermittlung des TRI*M-Index werden die Ergebnisse auf die Fragen *Gesamtzufriedenheit, Weiterempfehlung* und *Wiederbewerbung* stark gewichtet, die *Identifikation wird normal gewichtet und* die Fragen nach *Motivation* und *Wettbewerbsfähigkeit* etwas weniger stark gewichtet.
Damit wir uns ein Bild von den Zusammenhängen von Mitarbeitercommitment mit verschiedenen Unternehmenskennzahlen machen können, wollen wir mehrere Korrelationen[126] näher betrachten, deren Korrelationswerte wir in Abbildung 4 sehen können. Interessant ist beispielsweise, wie sich das Mitarbeitercommitment zur Wirtschaftlichkeit einer Organisationseinheit verhält. Zur Untersuchung dieses Zusammenhangs haben wir die Kennziffer Return on Sales (ROS), Operating Profit (OP) und das Mitarbeitercommitment der 35 Niederlassungen in Deutschland untersucht.

[126] Alle von uns untersuchten Variablen sind Intervall- beziehungsweise Ratioskalen. Deshalb verwenden wir für alle weiteren Korrelationsmaße die Produkt-Moment-Korrelation nach Pearson.

Variablen	r
TRI*M-Index und ROS	0,51
TRI*M-Index und OP	0,49
TRI*M-Index und Anzahl der Mitarbeiter	-0,11
TRI*M-Index und Beteiligung	0,45

Abbildung 4, Quelle: MAB 2004 von TNS in den Niederlassungen der DCVD

Die Untersuchung der Korrelationen zwischen Commitment und Kennziffern der Wirtschaftlichkeit (Operating Profit[127] und Return on Sales[128]) zeigt: Sowohl zwischen TRI*M-Index und OP (r=.49) als auch zwischen TRI*M-Index und ROS (r=.51) erkennen wir starke Zusammenhänge. Dies zeigt uns, dass Wirtschaftlichkeit und Mitarbeitercommitment in einer Organisationseinheit stark miteinander verbunden sind. Allerdings stellt sich uns die Frage nach der Kausalität des Zusammenhangs: Sind die Mitarbeiter zufrieden, weil es in ihrer Niederlassung wirtschaftlich gut läuft, oder läuft es in der Niederlassung gut, weil die Mitarbeiter einen hohen TRI*M-Index aufweisen? Über die Richtung des Zusammenhangs geben uns die Daten keinen Aufschluss und wir können lediglich argumentieren, dass sich TRI*M-Index und ROS sowie TRI*M-Index und OP gegenseitig zu beeinflussen scheinen.

Einen schwachen negativen Zusammenhang können wir erkennen zwischen dem TRI*M-Index und der Anzahl der Mitarbeiter in einem Bereich. Der Trend ist zwar nur schwach, gibt uns aber eine Tendenz an: Je mehr Mitarbeiter in einem Bereich arbeiten, desto geringer ist das Mitarbeitercommitment in diesem Bereich. Die dritte untersuchte Korrelation bezieht sich auf die Beteiligungsquote und den TRI*M-Index. Wenn in einer Organisationseinheit die Beteiligung an der MAB hoch ist, dann ist auch das Mitarbeitercommitment hoch, mit r=.45 lässt sich diese Korrelation so verstehen. Es kann also sein, dass sich Mitarbeiter, die sich stark mit dem Unternehmen identifizieren, auch an einer MAB teilnehmen, um die betriebliche Situation dadurch zu verbessern.

Interne Studien von TNS Infratest geben uns ebenfalls Informationen über Zusammenhänge[129]: Die Ergebnisse der MAB 2001, die in den Niederlassungen der DaimlerChrysler Vertriebsorganisation Deutschland durchgeführt wurden, lassen auf einen Zusammenhang zwischen Wirtschaftlichkeit und Mitarbeitercommitment schließen. Es scheint also so zu sein, dass sich das Commitment und die Wirtschaftlichkeit ge-

[127] Betriebsgewinn.
[128] Umsatzrendite oder auch Gewinnspanne.
[129] Die Studien liegen dem Autor vor, sind allerdings nicht veröffentlicht.

genseitig beeinflussen. Außerdem zeigt sich, dass zwischen dem Anteil von Mitarbeitern, die ein überdurchschnittliches Maß an Motivation durch ihr Umfeld erfahren – die so genannten „Erfolgsgaranten" sowie die „distanzierten Leistungsträger" – und dem Deckungsbeitrag der Niederlassung ein starker Zusammenhang besteht. Zudem gibt es einen starken Zusammenhang zwischen dem Commitment der Führungskraft und dem Commitment des Mitarbeiters. Wenn also eine Führungskraft ein hohes Commitment hat, dann ist auch der Mitarbeiter gegenüber dem Unternehmen höher verpflichtet. Kein Zusammenhang konnte ermittelt werden zwischen dem Kundensensorindex KSI und dem Mitarbeitercommitment.[130] Der KSI wird von einem externen Institut ermittelt und spiegelt die Zufriedenheit der Kunden mit der jeweiligen Niederlassung wider. Der fehlende Zusammenhang lässt darauf schließen, dass mit einer Verbesserung des Commitments der Mitarbeiter keine Verbesserung des KSI erreicht werden kann.[131] Dies ist interessant, da der häufig postulierte Zusammenhang „hohes Mitarbeitercommitment gleich hohe Leistungsbereitschaft der Mitarbeiter gleich hohe Kundenzufriedenheit" mit den uns vorliegenden Daten nicht nachvollzogen werden kann.

Bei allen hier beschriebenen Korrelationen bleibt wie bereits angedeutet die wichtigste Frage allerdings ungeklärt: die Korrelationen sind rein deskriptiver Natur, weshalb fraglich bleibt, welche Kausalitäten wir davon überhaupt ableiten dürfen. Denn eine gute wirtschaftliche Situation kann genauso auf eine hohe Zufriedenheit der Mitarbeiter einwirken. Das legt die Vermutung nahe, dass wir es hier mit einem positiven Regelkreis zu tun haben: Je besser die wirtschaftliche Situation in einer Organisationseinheit ist, desto höher auch das Mitarbeitercommitment, welches sich dann wiederum auf die wirtschaftliche Situation in der Organisationseinheit auswirkt.

BORG 2002 kritisiert mathematische Modellierungen wie die TRI*M-Analyse als naive Vorstellung.[132] Dabei wertet er die Items als interessant und überwiegend wichtig, wendet sich aber gegen den Trend zur Vereinfachung, der oft verbunden sei mit Heilsversprechungen. Er stellt die Frage, ob die Kennziffern in jedem Unternehmen und für jeden Zweck optimal seien. Er kritisiert, dass simple Kombinationen von identifizierten Best Practices keine Lösung seien. Vielmehr fordert er, dass jede MAB integral angelegt sein sollte, „... mit Instrumenten und Prozessen, die untereinander und mit dem ganzen harmonieren."[133] Allerdings geben wir zu bedenken, dass die TRI*M-

[130] In einer Studie von vom Holtz (1998) wird aber von einem Zusammenhang zwischen Mitarbeiterzufriedenheit und Kundenzufriedenheit ausgegangen.

[131] Inwieweit sich der KSI aber auch tatsächlich auf den Deckungsbeitrag und damit die Wirtschaftlichkeit einer Organisationseinheit auswirken kann, ist umstritten. TNS Infratest hat keinen Zusammenhang zwischen KSI und Deckungsbeitrag ermitteln können.

[132] Borg 2002, 13.

[133] Borg 2002, 14.

Analyse ein Benchmarking auch nur eingeschränkt vorsieht. Die Vermeidung von unproduktiven Wettkämpfen hinsichtlich des TRI*M-Index unter den Abteilungen steht im Vordergrund. Die Kennziffer gibt der Unternehmensleitung aber wichtige Hinweise auf Problemgruppen in der Organisation. Es handelt sich dabei um eine Kennziffer, die das subjektive Befinden der Mitarbeiter abbildet. Sie stellt damit eine Tatsache dar und sollte zunächst einmal ernst genommen werden.
Zusammenfassend können wir festhalten, dass wir Mitarbeitercommitment bezeichnen können als ein Konstrukt aus den Dimensionen Mitarbeiterzufriedenheit, Identifikation und Bindung an das Unternehmen. Bei jeder MAB werden Kennziffern erhoben, wobei die Zufriedenheitsforschung sich von Zufriedenheitswerten hin zu Commitment entwickelt hat. Die Kennziffern sollten in ihrer Aussagekraft nicht überbewertet werden, dennoch geben sie uns einen wichtigen Fingerzeig über die Führungs- und Mitarbeitersituation in einer Organisationseinheit.

1.3 MAB als Führungsinstrument

Für die Führung stehen den Vorgesetzten Führungsinstrumente zur Verfügung und MAB werden auch als ein solches Führungsinstrument gehandelt.[134] Wenn MAB als Instrument zur Messung und Intervention eingesetzt werden, ist der Weg nicht mehr weit, MAB auch als Führungsinstrument zu bezeichnen. Sie wird dabei eingebettet in ein sich möglichst gut ergänzendes Feld von Führungsmethoden. Dazu gehören Leistungs-Kennzahlen, Regelkommunikation, Mitarbeiterfeedback, 360°-Feedback, Ideen-Management und Kontinuierlicher Verbesserungsprozess (KVP). Ziel ist, durch die Integration der verschiedenen Elemente den Führungskräften für das erfolgreiche Leiten ihrer Abteilung einen „Werkzeugkasten“ zur Hand zu geben. Dadurch wird es möglich, ein partnerschaftliches Verhältnis zwischen Mitarbeitern und Führungskräften zu gestalten. Eine MAB übernimmt dabei die Funktion der Information. Vor allem durch die Anonymität können die Mitarbeiter auch unangenehme Antworten geben, die im normalen Tagesgeschäft nicht immer möglich sind. Diese Anonymität kann aber seitens der Mitarbeiter auch dazu verleiten, ihren Vorgesetzten mit einer schlechten Bewertung regelrecht abzustrafen. Aus diesem Grund sollten die Akteure – allen voran die Personalverantwortlichen - mit Befragungsergebnissen sehr vorsichtig umgehen und nicht zu Schnellschüssen tendieren. Die Kennziffer Mitarbeitercommitment lässt es jedoch durchaus zu, MAB als Führungsinstrument zu implementieren. MAB sind dann, nach BORG (2003), *systemische MAB*: Eine MAB ist keine Sonderaktion

[134] Vgl. Borg 2003, auch Domsch/Ladwig 2000.

mehr, sondern wird zum integralen Bestandteil der normalen Systeme (Messsysteme, Führungssysteme, Gehaltssysteme, Personalsysteme usw.).[135]

Vor allem dann, wenn Index-Werte ermittelt werden, bietet sich ein Benchmarking an. Dadurch werden Abteilungsergebnisse durch Zeitreihenanalyse und Gegenüberstellung mit Ergebnissen aus anderen Abteilungen, konzernweiten Ergebnissen oder auch Daten von Mitbewerbern in der gleichen Branche vergleichbar. Gegenüberstellungen von Abteilungsergebnissen sind allerdings auch mit Vorsicht zu genießen, da sich Zufriedenheitswerte teilweise sehr subjektiv auf verschiedene Bereiche auswirken. Parameter wie Tätigkeitsgebiet, Arbeitsbelastung und Selbstverantwortung sollten immer mit berücksichtigt werden. Im Zuge des Balanced-Scorecard-Modells werden zunehmend auch Versuche unternommen, Index-Werte aus MAB zur Ermittlung des variablen Entlohnungsbestandteils heranzuziehen. Das ist dann sinnvoll, wenn die Index-Werte sich auf konkrete Fragepunkte beziehen. Doch darüber hinaus werden hier Probleme sichtbar, die nicht leichtfertig übergangen werden sollten. Denn die Beeinflussung von komplexen Konstrukten, wie es beispielsweise die Kennziffer Mitarbeitercommitment darstellt, ist in der Praxis weitaus schwieriger, als es zunächst erscheinen mag. Eine Führungskraft kann sich leicht überfordert fühlen bei der Frage nach den Möglichkeiten, Commitment bei den Mitarbeitern seiner Abteilung zu erzeugen.

Eine MAB kann als Führungsinstrument zwei wichtige Rollen übernehmen. Das hängt davon ab, wie die MAB platziert wird. Zielsetzung kann zum einen das *reine Messen sein* (Index-Werte für Commitment) sowie die Sammlung von Daten durch die Antworten auf Fragen nach Dimensionen wie Qualität der Arbeit, Information, Kommunikation, Zusammenarbeit, Führungsverhalten des Vorgesetzten, Kundenorientierung und Veränderungsprozesse. Hier können die Mitarbeiter durch die Anonymität der Befragung ehrliche Antworten geben. Allerdings sind die Antwortkategorien vorgegeben, was die Ergebnisse selektiert und damit leidet ihre Aussagekraft. Zum anderen kann eine MAB bei der Präsentation in den Abteilungen *Diskussionen über die Arbeitssituation* anstoßen. Wir haben gesehen, dass MAB heute in der Regel als Interventionsinstrument eingesetzt werden. Daraus folgt, dass Handlungsbedarf aufgedeckt, Verbesserungsmaßnahmen erarbeitet und spürbar umgesetzt werden sollen. Damit einher geht die Empfehlung, die Ergebnisse einer Befragung mit den jeweiligen Abteilungsleitern und ihren Teams durchzusprechen. Diese Veranstaltungen sollten zudem von einem geschulten Moderator begleitet werden. Die Idee dabei ist, Maßnahmen zur Verbesserung des betrieblichen Umfelds mit den Mitarbeitern im Dialog zu erarbeiten. Der Abteilungsleiter und die Teamleiter erhalten dadurch wertvolle Hinweise auf Optimie-

[135] Vgl. Borg 2003, 29 f.

rungsmöglichkeiten. In Einzelfällen, zum Beispiel auf Wunsch der Mitarbeiter, kann es sinnvoll sein, dass Mitarbeiter auch ohne die Führungskraft Maßnahmen entwickeln.

Dieses Prinzip weist uns hin auf ein grundlegendes Dilemma von MAB, welches wir als *Spannungsverhältnis zwischen Hierarchisierung und Enthierarchisierung* bezeichnen können. Denn den Mitarbeitern wird durch die Durchführung einer MAB Hoffnung gemacht auf Partizipationsmöglichkeiten. Die Mitarbeiter werden dabei auch im Zuge der erarbeiteten Verbesserungsmöglichkeiten mit in die Verantwortung genommen. Gleichzeitig hat die Führungskraft Angst vor einem Macht- und Kontrollverlust. Bei der Umsetzung hat sie das letzte Wort und kann die Realisierung von Veränderungen auch behindern. Dies gilt auch für die Mitarbeiter, wenn sie merken, dass die Veränderungen zu ihrem Nachteil gereichen könnten. Die genannten Punkte sollten keinesfalls unterschätzt werden. Sie haben Konsequenzen für die Platzierung einer MAB im Werkzeugkasten der Führungsinstrumente und diese Positionierung sollte gut durchdacht sein. Die beiden Dimensionen, die für eine Nachbetreuung und eine souveräne Handhabung des Vorgangs Hierarchisierung durch Enthierarchisierung die wichtigste Rolle spielen, sind *Partizipation* und *organisationale Gerechtigkeit.*

1.3.1 Partizipation

Ein wichtiges Argument für die effektive Nachbetreuung von MAB sind die Workshops, in denen die Mitarbeiter bei Entscheidungen zur Verbesserung selbst Vorschläge einbringen können. Es wird argumentiert, dass sich hier Möglichkeiten zur Partizipation eröffnen und die Mitarbeiter dann auch die eingeleiteten Veränderungen besser akzeptieren.

Fraglich ist jedoch, ob sich durch MAB die Möglichkeiten der Partizipation wirklich erhöhen. Zunächst können wir festhalten, dass durch MAB Partizipationsmöglichkeiten entstehen: Die Meinung der Mitarbeiter zu den abgefragten Qualitätsmerkmalen wird aufgenommen. Allerdings sind die Folgeprozesse der MAB bezüglich der Partizipation ein heikles Thema, denn hier lauern einige Fallstricke, die man für die erfolgreiche Durchführung beachten muss. Um das zu diskutieren, wollen wir die vier Arten der Partizipation von KIRSCH et al. Als Kategorien verwenden.[136] Demnach gibt es erstens die *Pseudo-Partizipation*, die vorliegt, wenn es weder um Werte oder Bedürfnisse noch um das Wissen der Mitarbeiter geht. Hier dient die Partizipation lediglich einer Verbesserung der zwischenmenschlichen Beziehungen und man hofft, dass sich die Partizipienten in der Folge mit den Führungsentscheidungen ohnehin identifizieren. Zweitens die Partizipation im Sinne einer *Human-Resources-Strategie*, bei der

[136] Kirsch et al. 1979, 298 f.

durch Eröffnung von Partizipationschancen das Wissenspotenzial der Geführten mobilisiert werden soll, während deren Werte und Bedürfnisse andererseits als Einflussfaktor ausgeklammert werden sollen. Die Idee dahinter ist, neben der Aktivierung der Fähigkeiten und des Wissens der Geführten auch eine Zustimmung zu den Zielen zu mobilisieren, die von den Führenden angestrebt werden. Drittens die Partizipation im Sinne der so genannten *Social-Values-Strategie*. Hier werden die Geführten (oder ihre Repräsentanten) an Entscheidungen beteiligt, weil ihre Werte und Bedürfnisse berücksichtigt werden sollen. Gleichzeitig wird hier aber die Notwendigkeit eines ausreichenden Wissens der Partizipienten unterschätzt, wodurch die Entscheidungen nicht wirkungsvoll an den Werten ausgerichtet werden. Viertens schließlich die *authentische Partizipation*, wenn Partizipationschancen eröffnet werden, um sowohl eine Artikulation und Berücksichtigung der Bedürfnisse und Werte als auch eine Mobilisierung des Wissens der Geführten zu ermöglichen.

Wir gehen davon aus, dass die Folgeprozesse einer MAB derart implementiert werden sollen, dass sie eine authentische Partizipation ermöglichen. Seitens der Führung wird oft der Einwand laut, dass Partizipation die Handlungsfähigkeit der Unternehmensleitung gefährde. Allerdings wollen wir argumentieren, dass die Handlungsfähigkeit durch Partizipation sogar ausgebaut werden kann. KIRSCH et al. Sprechen dabei vom Problem der Bedürfnisberücksichtigung im Prozess des geplanten Wandels (responsiveness).[137] Wenn diese Bedürfnisse nicht ausreichend berücksichtigt werden, können zwei extreme Mitarbeiterrollen Auftrieb erfahren: „Organisationsmitglieder können sich als nutzlos empfinden, sie können aber auch gegen eine mangelnde Berücksichtigung ihrer Bedürfnisse revoltieren."[138] Als Extremfall kann dabei einerseits das Gefühl der Nutzlosigkeit (futility) und andererseits die revolutionäre Einstellung auftreten.

Mitarbeiter erkennen in der MAB und ihren Folgeprozessen durchaus das Potenzial, sich in die Prozesse der Entscheidungsfindung bei Veränderungen in der Abteilung einzubringen. Auch Führungskräfte sind an den Ergebnissen der MAB interessiert, geben sie ihnen doch Informationen über ihr Führungsverhalten, das von den Mitarbeitern anonym abgegeben wurde. Allerdings ist hier essentiell, dass die Führungskräfte mit den Erwartungen der Mitarbeiter verantwortungsvoll umgehen und hier nicht Vertrauen verspielen.

Zusammenfassend können wir festhalten, dass angekündigte Aktionen der Folgeprozesse einer MAB effektiv durchgeführt werden sollten. Wenn die Ergebnisse der MAB in Maßnahmen münden, dann haben Mitarbeiter hier indirekt an der Entscheidungsfindung partizipiert: Wenn Aktionen mit Partizipation der Mitarbeiter ausgearbeitet

---

[137] Kirsch et al. 1979, 302 f.
[138] Ebd.

oder bereits angekündigt werden, sollten sie wirkungsvoll verstetigt werden. Ansonsten wächst die Gefahr der „Befragungsmüdigkeit“. Mitarbeiterbefragungen werden oft und gerne verwendet. Allerdings geben wir zu bedenken, dass sie nicht nur zum Selbstzweck geschehen dürfen – dann sind sie eher kontraproduktiv. Denn der Mitarbeiter möchte sich einbringen, tut das auch, sieht aber dann keine Wirkung – eine Alibi-Befragung ohne Konsequenzen aus den Ergebnissen birgt die Gefahr der zusätzlichen Frustration und kostet nur eine Menge Geld.

Die Schaffung von Partizipationsmöglichkeiten im Unternehmen geht einher mit einer weiteren Voraussetzung: Die authentische Partizipation kann nur dann realisiert werden, wenn sichergestellt ist, dass Prozesse der Entscheidungsfindung fair verlaufen. Das betrifft sowohl die Entscheidungen auf Konzernebene (Umstrukturierungen, Fusionen, Entlassungen etc.) Als auch die Möglichkeiten zur Partizipation auf Abteilungsebene. Gleichzeitig können wir hier auch Zusammenhänge mit der Entstehung von Mitarbeitercommitment erkennen.

1.3.2 Organisationale Gerechtigkeit

Wie können wir das Mitarbeitercommitment beeinflussen? Untersuchungen legen nahe, dass sich prozessuale Gerechtigkeit auswirkt auf Arbeit und Engagement der Mitarbeiter. Das bezieht sich in unserem Fall insbesondere auf die Entscheidungsfindung: wenn diese in einem gerechten Prozess stattfindet, ist das Engagement der Mitarbeiter höher. Jedenfalls lassen sozialpsychologische Untersuchungen den Schluss zu, dass das Vertrauen in eine Organisation und der Eindruck und die Einschätzung von Fairness von Entscheidungsverfahren hoch miteinander korrelieren.[139] Das umfasst auch die Tatsache, dass …

> „… vertrauenswürdige Vorgesetzte in ihrem Entscheidungsverhalten als fairer wahrgenommen werden und für ihre tatsächlichen Entscheidungen mit mehr Akzeptanz rechnen können, als weniger vertrauenswürdige Führungskräfte.“[140]

KONOVSKY/PUGH (1994) weisen darauf hin, dass die Vertrauenswürdigkeit einer Führungskraft in erster Linie davon abhängt, wie diese in der Lage ist, mit der Situation der Entscheidung umzugehen. Die konkreten Konsequenzen, die mit einer Entscheidung verbunden sind, spielen hingegen eine geringere Rolle bei der Einschätzung der Vertrauenswürdigkeit einer Führungskraft. BROCKNER/WIESENFELD (1996) zeigen, dass die Fairness eines Entscheidungsverfahrens für die Beteiligten vor allem

---

[139] Vgl. Tyler/Degoey 1996.

[140] Genzwürker 2006, 60.

dann wichtig ist, wenn das Ergebnis der Entscheidung für die Beteiligten ungünstig ausfällt. Wenn die Akteure allerdings von einer Entscheidung profitieren, ist ihnen die Fairness des Verfahrens zur Entscheidung relativ gleichgültig. Wir sehen hier also, dass die Gewinner-Verlierer-Problematik hinsichtlich der Fairness beim Finden von Entscheidungen virulent wird.

BECKERT et al. (1998) machen in diesem Zusammenhang auf eine neue Entwicklung aufmerksam, die einen Widerspruch offen legt: Unternehmen müssen in immer kürzer aufeinander folgenden Zyklen Wandel vollziehen, da die Strukturveränderungen hin zu einer zunehmenden Intensität des Wettbewerbs tendieren. Diese Reorganisationsprozesse allerdings führen zu Vertrauenserosion. Dies ist umso schlimmer, als die neuen, eher dezentral und flexibel ausgerichteten Typen von Organisation Kontrolle als Integrationsmechanismus entwerten und stärker auf Vertrauen als Ressource der Handlungskoordination setzen. Diese negative Spirale kann zu Demotivation und Gleichgültigkeit führen. Wir können erkennen, dass die Organisationale Gerechtigkeit bei den Folgeprozessen einer MAB, die auf Wandel und die Steigerung des Mitarbeitercommitments ausgelegt sind, eine entscheidende Funktion einnimmt.

Was sind Merkmale der Verhaltensfairness? Nach MÜLLER (1997) können wir acht Merkmale wahrgenommener Fairness von Verhalten festmachen.[141] Diese lassen sich wiederum in personenübergreifende und personenspezifische Merkmale einteilen, wie wir in Abbildung 5 sehen.

Personenübergreifende Merkmale	**Personenspezifische Merkmale**
Beteiligung („voice“)	Zuwendung („consideration“)
Konsistenz	Kommunikative Integrität
Unvoreingenommenheit	Aufklärung
Genauigkeit	Ethisch-moralische Grundsätze

Abbildung 5: Merkmale wahrgenommener Verfahrensfairness nach Müller (1997)

MÜLLER (1997) beschreibt die *personenübergreifenden Merkmale* wie folgt: *Beteiligung* ist die Verfahrensweise, die allen Organisationsmitgliedern, die von einer Entscheidung betroffen sind, die Möglichkeit geben, sich in eigener Sache äußern zu können. Demnach ist es nicht so wichtig, ob die Aussage dann auch auf die Entscheidungsfindung einwirkt. *Konsistenz* bezeichnet die Chancengleichheit von den Mitgliedern einer Organisation bei der Behandlung von strittigen Fragen. Dabei können wir faire Verfahren in der Wahrnehmung von Individuen dann als solche bezeichnen, wenn sie erkennbar um eine objektive und stimmige Entscheidungsfindung bemüht sind. *Unvoreingenommenheit* ist dann gegeben, wenn sichergestellt ist, dass mit der Entscheidungsfindung nur solche Akteure betraut sind, die eine neutrale und unparteiische Position einnehmen. *Genauigkeit* schließlich liegt um so eher dann vor, je mehr relevante Informationsquellen für das Entscheidungsverfahren hinzugezogen werden. Bei den personenübergreifenden Merkmalen spielt im Hinblick auf MAB die Beteiligung insofern eine Rolle, als die Mitarbeiter hoffen, durch ihr Antwortverhalten sowie durch ihre Teilnahme an den MAB-Workshops die Möglichkeit zu haben, Entscheidungen auch in ihrem Interesse zu beeinflussen. Dabei spielt auch die Konsistenz eine Rolle, wenn sie sich im Entscheidungsprozess mit ihren Interessen zu positionieren versuchen. Die Unvoreingenommenheit ist dabei allerdings sehr in Frage gestellt, denn die beteiligten Akteure sind in der Regel bereits lange in ihrem Handlungsfeld tätig. Fraglich ist, wie hier der neutrale Moderator genügend Objektivierungspotenzial mitbringen kann, um neue Sichtweisen und provokante Denkweisen zu etablieren, die sich in einer geänderten Wahrnehmung der Akteure niederschlagen kann. Die Genauigkeit des Entscheidungsprozesses kann relativ gut erreicht werden, wenn sich die Akteure bei der Berücksichtigung der Interessen, Ideen und Vorschläge der Beteiligten auf eine konstruktive und sachliche Arbeitsweise festlegen. Dies ist allerdings in der Regel nicht möglich, da jede sachorientierte Kooperation überlagert ist von machtpolitischen Interessen.

Die *personenspezifischen Merkmale* hingegen können wir folgendermaßen einteilen: *Zuwendung* liegt dann vor, wenn die Entscheidungsträger auf individuelle und soziale Bedürfnisse der Betroffenen eingehen. Die *kommunikative Integrität* bezeichnet den Kommunikationsstil entscheidungsrelevanter Personen. Dabei wirkt sich fairnesssteigernd aus, wenn „… diese Entscheidungsträger begründet zu kommunizieren verstehen, dass sie weder voreingenommen noch willkürlich handeln und dass sie bei ihren Erwägungen die spezielle Situation der Betroffenen berücksichtigt haben.“[142] Der Aspekt der *Aufklärung* besagt, dass sich entscheidungsbefugte Personen zu ihren Beschlüssen äußern und über Entscheidungshintergründe informieren sollten. Schließlich gibt es die *ethisch-moralischen Grundsätze*, die Fairness im Miteinander in der Organisation definieren. Bei den personenspezifischen Merkmalen liegen die Erwartungen der Mitarbeiter hinsichtlich der Zuwendung klar bei der Möglichkeit, durch die Befragung ihre Ansichten zu äußern und dafür Aufmerksamkeit zu erlangen. Dies umfasst den gesamten Prozess der Verarbeitung der Ergebnisse inklusive Präsentation, Erarbeitung von Verbesserungsmaßnahmen wie verstetigte Umsetzung dieser Veränderungen.

---

[141] Vgl. Genzwürker 2006, 61 f.
[142] Genzwürker 2006, 63.

Wenn hier die Zuwendung seitens der Entscheidungsträger abgebrochen wird, können empfindliche Vertrauenseinbußen entstehen. Im Hinblick auf die kommunikative Integrität kommt der Führungskraft ebenfalls im gesamten Folgeprozess die entscheidende Rolle zu, glaubwürdig zu bleiben bei der Entscheidungsfindung und -umsetzung. Die Aufklärung über Entscheidungshintergründe kann auch umfassen, dass sich eine Führungskraft über nicht oder nur teilweise realisierbare Maßnahmen äußert und hier in einen möglichst offenen Dialog mit ihren Mitarbeitern eintreten kann. Schließlich können wir anhand der allgemeinen ethisch-moralischen Grundsätze erkennen, welche Unternehmenskultur in der Organisation vorhanden ist und welche Erfahrungen die Akteure bereits mit partizipativen Entscheidungsmodellen machen konnten.

Wichtig ist anzuerkennen, dass Gerechtigkeit in Organisationen kein objektivierbares Merkmal ist, sondern eine subjektive Vorstellung ist, die in erster Linie von betroffenen Personen aktiviert wird, um Entscheidungsergebnisse bewerten zu können.[143] Damit wird deutlich, dass Fairness eine verhandelbare Komponente aufweist, in der die beteiligten Akteure eine Einigung erzielen können. Diese Tauschbeziehungen sind dem Verhältnis zwischen Mitarbeitern und Führungskräften eigen und sollten von beiden Seiten nicht unterschätzt, sondern vielmehr sinnvoll für einen gewinnbringenden Wandel in der Organisation eingesetzt werden.

1.4 MAB als Instrument für Wandel in Organisationen

Neben der alltäglichen Kommunikation werden verschiedene Instrumente eingesetzt, um Mitarbeitermeinungen systematisch zu erfassen. Dazu gehören Teamgespräche, Qualitätszirkel und Mitarbeitergespräche. JÖNS/BUNGARD (1998) machen darauf aufmerksam, dass allen diesen Instrumenten die direkte, persönliche Interaktion gemeinsam ist. „Das bedeutet, dass die Kommunikation in das mikropolitische Geflecht der betrieblichen Strukturen eingebunden ist.“[144] Es ist offensichtlich, dass hieraus Nachteile entspringen. Denn die Informationen können zurückgehalten, verzerrt und gefiltert werden, sowohl durch die befragten Mitarbeiter als auch durch die Führungskräfte, welche Fragen stellen und Antworten weiterleiten.

Hier kommt der MAB eine ganz entscheidende Funktion zu. Denn durch die Anonymität der Erhebung bekommen die Vorgesetzten die Möglichkeit, direkt von den Mitarbeitern Informationen zu erhalten, die allerdings professionell verarbeitet werden müssen. Ansonsten kommt es zu einer unzureichenden Nachbetreuung von MAB, wie

---

[143] Genzwürker 2006, 63 f., vgl. Müller 1997.
[144] Jöns/Bungard 1998, 28.

sie leider zu oft der Fall ist.[145] Deshalb ist es unerlässlich, dass wir uns mit den Fragen des Wandels in Organisationen beschäftigen. Dabei müssen wir jedoch aufpassen, denn eine MAB hat durch ihre Fragenstellungen bereits eine starke Vereinfachung in der Themen- und Schwerpunkt-Setzung. Diesem Risiko sollten wir mit offenen Augen begegnen. Eine MAB nur über Fragebögen abzuwickeln ist also problematisch. Sie bringt der Geschäftsleitung, den Abteilungsleitern und Teammeistern wichtige Erkenntnisse über die „Denke" ihrer Mitarbeiter. Gleichzeitig sind jedoch auch viele Fragen bereits so gestellt, dass die wirklich wichtigen Informationen gar nicht erfasst werden. Denn die Art und Auswahl der Fragen bestimmt in hohem Maße die Antworten: in einem standardisierten Fragebogen bekommen wir die Antworten auf die Fragen, die wir gestellt haben, ebenfalls in einem standardisierten Muster. Deshalb ist eine Präsentation der Ergebnisse sehr wichtig. Zum einen wird dadurch der Hunger nach Informationen seitens der Mitarbeiter gestillt, gerade nach einer MAB ist die Belegschaft sehr ihren Resultaten interessiert. Zum anderen kann durch diese Rückspiegelung in die Abteilung das Antwortverhalten der Mitarbeiter weiter spezifiziert und verfeinert werden und zusätzliche Informationen zum Verbesserungsbedarf eingeholt werden. Gleichzeitig steigen jedoch auch die Erwartungen, dass sich im Zuge der MAB auch „was tut" im Unternehmen, sich also Veränderungen spürbar auf den Arbeitsalltag auswirken. Diese Erwartungen sind gut, sollten aber auch erfüllt werden. Ansonsten stellt sich Ernüchterung ein und in den Folgebefragungen verliert die MAB auch auf Seiten der Mitarbeiter an Bedeutung. Dabei besteht aber die zusätzliche Herausforderung, dass die Erwartungen der Mitarbeiter, dass nach der MAB sich „was tut", meist sehr hoch sind. Überhöhte Erwartungen bergen dabei die besondere Gefahr, enttäuscht zu werden. Mit einem *Management der Erwartungen* kann dem entgegengewirkt werden.

In diesem Abschnitt der Arbeit stellen wir das *Verhältnis von MAB und Wandel* in den Mittelpunkt: wie weit reicht denn das Mittel MAB überhaupt in eine Organisation hinein? Wir argumentieren, dass die strategische Ausrichtung der MAB ein Kernelement auch der Folgeprozesse ist. Wenn das erklärte Ziel die Verbesserung des betrieblichen Umfelds darstellt, so verkündet die Unternehmensleitung bereits vor der Durchführung von MAB ihr Commitment zu den Folgeprozessen der MAB. Durch die Befragung können die jeweiligen Abteilungen ihre Schwachstellen identifizieren und bekämpfen sowie ihre Stärken ausbauen. Mit den dadurch optimierten Prozessen - so die Hoffnung - bedienen sie die Kunden noch besser und tragen damit zur Erreichung der Strategieziele des Unternehmens bei. Dazu muss aber eine Veränderungsbereitschaft vorhanden sein, sowohl seitens der Führungskraft als auch seitens der Mitarbeiter. Hier

---

[145] Vgl. Bungard 2002.

spielt das Verhältnis zwischen den Akteuren eine wichtige Rolle: wie viel Risiko ist eine Abteilung bereit zu übernehmen und wie groß ist die Bereitschaft, von Bewährtem abzuweichen, um Neues auszuprobieren, wobei man immer auch scheitern kann und darf? Hier spielen Dimensionen eine Rolle, die eine Offenheit unter der Belegschaft, Risikofreude und auch eine Bereitschaft, aus Fehlern zu lernen umfasst – dem schillernden Begriff *Unternehmenskultur* immanent. Wir können davon ausgehen, dass sich Unternehmen, die einen offenen Umgang mit neuen Ideen pflegen, auch leichter tun mit den Folgeprozessen einer MAB als jene Unternehmen, in denen ein Abteilungs- und Lagerdenken sehr ausgeprägt ist und die sich mit strukturierten Veränderungsvorhaben inklusive Partizipationsmöglichkeiten noch nicht so eingehend beschäftigt haben. Vor allem die Bewegungen hin zur Zentralisierung von Prozessen und Konzepten sorgen dafür, dass die Mitarbeiter vor Ort sich bevormundet fühlen. Das Antwortverhalten bei hoher Zufriedenheit der Mitarbeiter kann allerdings auch täuschen: Mitarbeiter, die prinzipiell möchten, dass alles so bleibt, wie es ist, geben an, dass sie mit allem zufrieden sind. Wir sprechen hier von der *resignativen Zufriedenheit.* Sie möchten einfach ihre Ruhe haben und nicht durch ihr Antwortverhalten auf Missstände hinweisen. Wir werden sehen, dass sich das Verhältnis von MAB und Wandel mit Bereichen beschäftigen muss, die wir als *Beitragende Grundhaltung* und *Risikobereitschaft* bezeichnen können: Die *Veränderungsbereitschaft der Akteure* in einer Organisation, in ihrem konkreten Handlungsfeld, ist dabei entscheidend. Dabei dürfen die Veränderungsunternehmer nicht aus den Augen verlieren, dass es bei Veränderungen immer *Gewinner und Verlierer* gibt. Eine der wichtigsten Aufgaben ist es, die starke *Verlustaversion der Akteure* zu lindern, um Veränderungen möglich zu machen. Dabei muss mit fortlaufenden Widerständen und Verteidigungsbemühungen gerechnet werden. Denn die Akteure haben Angst davor, die Kontrolle über ihre spezifische Ungewissheitszone, die sie beherrschen, zu verlieren oder zumindest Einschränkungen hinsichtlich der Verfügungsgewalt über ihren Bereich hinnehmen zu müssen. Eine strategische Implementierung von MAB, die diesen Umstand in der Konzeption unterschlägt, läuft Gefahr, in den Folgeprozessen nicht den Erfolg zu zeitigen, der angedacht war.

Wir werden deshalb in den nächsten Schritten zunächst klären, wie wir die Begriffe *Wandel und Verbesserungen in Organisationen* definieren können. Dabei werden wir sehen, dass sich Wandel nur schwer abgrenzen lässt von „Nicht-Wandel", da sich Organisationen permanent verändern. Zudem wird ersichtlich, dass objektivierbare Kennziffern für Verbesserungen teilweise nur sehr schwer zu bilden sind, was fraglich macht, wie Verbesserungen auch wirklich gemessen werden können. Anschließend betrachten wir die *Folgeprozesse einer MAB* unter den Gesichtspunkten des Wandels in Organisationen. Wir werden feststellen, dass diese Folgeprozesse bislang nur wenig standardisiert erfolgen und die Aktivitäten der Organisationsentwicklung in den Organisationseinheiten sich weitestgehend in Eigenverantwortung abspielen, zumindest was die Maßnahmen der operativen Ebene betrifft. Bei strategischen Maßnahmen ist es wiederum noch schwieriger, Folgeprozesse ex ante festzulegen. Um solche – egal ob ex ante oder ex post - erfolgreich implementieren zu können, müssen eine Organisation und die in ihr handelnden Akteure *Veränderungsbereitschaft* aufweisen. Nur dann können die vereinbarten Maßnahmen auch fruchten und sich in Modifikationen und Optimierungen der Organisation niederschlagen. Wir werden erkennen, dass sich Veränderungsbereitschaft durch die Akzeptanz von vereinbarten Maßnahmen vor allem dann herstellen lässt, wenn bei der Vereinbarung der Maßnahmen die Beteiligten mitwirken konnten. Gleichzeitig werden wir aber auch erkennen, dass die Akteure bedacht sind auf die Sicherung der Kontrolle über ihre jeweils spezifische Ungewissheitszone. Dadurch lassen sich wiederum Rückschlüsse ziehen auf die Voraussetzungen von *Wandelverstetigung und Organisationsentwicklung*. Denn wenn die MAB und deren Folgeprozesse nicht Top-down von den Führungskräften getragen und kommuniziert werden, besteht die Gefahr, dass Folgeprozesse einer MAB wieder versanden und die Akteure zurückkehren zu altbewährten Handlungs- und Kooperationsmustern. Gleichzeitig wird den Folgeprozessen eine Bedeutung beim Verhältnis von *Commitment und Wandel* zugeschrieben, das wir aufteilen in die Bestandteile Commitment UND Wandel sowie Commitment ZUM Wandel. Wir werden zeigen, dass sich beide Verhältnisse im betrieblichen Alltag als problematisch bezeichnen lassen.

1.4.1 Wandel und Verbesserungen in Organisationen

Den geplanten Wandel von Organisationen und die Steuerung von Ideenmanagement und Partizipation ist heute unerlässlich für Unternehmen, die wettbewerbsfähig bleiben müssen, um zu überleben. Eine große Forschergemeinde hat sich diesen Themen verschrieben, nicht zuletzt weil dabei auch lukrative Beratertätigkeiten möglich sind. Wandel können wir dabei als eine Art Überbegriff bezeichnen, der sich auf alle Formen des organisationalen Veränderns bezieht. Dagegen sind die Aktionen, die konkret aus einer MAB erfolgen, davon zu unterscheiden. Die Möglichkeiten der Partizipation sind hier eher gegeben, da sich zumindest ein Teil der Folgeprozesse direkt auf die jeweilige Organisationseinheit bezieht.

Es gibt kein einheitliches Verständnis von Wandel in Organisationen, Begriff und Idee sind je nach verwendeter Theorie und Perspektive unterschiedlich. Die Organisationsforschung geht generell von der Machbarkeit eines geplanten Wandels aus. Barrieren der Veränderung werden thematisiert, aber letztlich auch als überwindbar angesehen, solange man nur die passenden Werkzeuge des Wandels verwendet. Der Beratungsgedanke spielt hier eine große Rolle und klingt auch plausibel. Denn bei Vorhaben von Veränderungen ist ein Anstoß von außen sinnvoll, der dem System die notwendigen Informationen und Werkzeuge für die Restrukturierungen liefert. Vor allem Führungskräfte, die sich im mikropolitischen Geflecht ihrer Organisationseinheit mit neuen Ansätzen durchsetzen müssen, bekommen damit auch die notwendige Legitimation für die Veränderungsvorhaben.

Bei der Definition stoßen wir auf die Unklarheit des Begriffes von Wandel und Wandelverstetigung: wenn sich Organisationen dauerhaft wandeln, was ist dann Nicht-Wandel? KRÜGER (1999) schlägt eine Unterteilung des Wandels in vier Formen vor, die er gemäß ihrer Wandlungstiefe zu einem Schichtenmodell des Wandels anordnet.[146] Sie überlappen sich in der betrieblichen Praxis häufig, was das Implementierungsproblem verschärft. *Restrukturierung* liegt vor, wenn Prozesse, Systeme, Strukturen und dem dazugehörigen Realisationspotenzial (zum Beispiel maschinelle Anlagen) verändert werden. *Reorientierung* ist gegeben, wenn Veränderungen in der strategischen Ausrichtung des Unternehmens vorgenommen werden, zum Beispiel die Konzentration auf das Kerngeschäft. *Revitalisierung* können wir charakterisieren als Veränderungen in den personellen Fähigkeiten und im Führungs- und Kooperationsverhalten, zum Beispiel die Veränderung des Führungsstils, der Partizipation von Mitarbeitern, Entfaltung von Eigenverantwortung und Initiative im Rahmen hierarchischer Umgestaltung, Stimulierung von Kreativität und Pioniergeist. *Remodellierung* schließlich zielt ab auf Veränderungen in den geteilten Werten und Überzeugungen. So wandelt sich beispielsweise das Selbstverständnis von einem integrierten Technologiekonzern hin zu einem Automobilhersteller. Das Management des Wandels und die darin enthaltene Implementierung stellt sich, so Krüger, als drei unterschiedliche Aktivitätsdimensionen beziehungsweise Prozesskategorien dar:[147]

1. Sach-rationale Dimension: Dabei geht es um die Analyse und Bewältigung von Wandlungsproblemen auf der Sachebene. Traditionell steht diese Ebene im Vordergrund, stellt aber nur die „Oberflächenschicht" des Managementprozesses dar. Demnach ist Wandlungsmanagement das *Management von Sachfragen*.
2. Politisch-verhaltensorientierte Dimension: Dieser Bereich macht deutlich, dass Wandlungsmanagement zudem das Verhalten der Beteiligten ergründen und beeinflussen muss, um Bereitschaft zum Wandel zu mobilisieren und Widerstände zu überwinden. Jedem grundlegenden Wandel wohnen mikropolitische

[146] Krüger 1999, 865 f.
[147] Ebd., 867.

Aushandlungs- und Koalitionsbildungsprozesse inne. Demnach ist Wandlungsmanagement *Einflussmanagement.*

3. Wertmäßig-kulturelle Dimension: Aufgabe des Managements ist es auch, vorhandene Werte und Überzeugungen zu verändern sowie neue zu schaffen. Diese Einflussnahme ist problematisch und nur in relativ langwierigen Prozessen möglich. Demnach ist Wandlungsmanagement *Management von Bewusstseinslagen.*

Wir finden es plausibel anzunehmen, dass Wandel im Zuge von MAB alle drei Aktivitätsdimensionen betrifft, allerdings in einer unterschiedlichen Ausgestaltung. Bei der Beantwortung des Fragebogens können wir davon ausgehen, dass die Akteure vor allem die sachlich-rationale Dimension berücksichtigen. Durch die Anonymität der Befragung können die Befragten sich ganz auf die Sachproblematik konzentrieren, wobei sie sich auch schon in der politisch-verhaltensorientierten Dimension bewegen: Wir können davon ausgehen, dass im Antwortverhalten immer auch schon eine strategische Komponente des Befragten mit hineinspielt. Die sach-rationale Dimension wird vor allem in den MAB-Workshops, in denen es um konkrete Verbesserungen geht, bearbeitet. Allerdings spielt hier vor allem die politisch-verhaltensorientierte Dimension eine entscheidende Rolle. Denn im Prozess der Aushandlung von Entscheidungen zur Veränderung des betrieblichen Umfelds spielt jeder Akteur mit der Sicherung der bisherigen Machtverhältnisse, um nicht nach der Veränderung zur Gruppe der Verlierer der Reorganisation zu gehören. Bei der Umsetzung und Verstetigung der Umsetzung spielen das Einflussmanagement und das Management von Bewusstseinslagen die Hauptrolle. Auch wenn noch auf der Ebene der Sachfragen gehandelt wird, spielen sich die Veränderungen im Tauschverhältnis von Bereitschaft und Widerständen von Wandel sowie in der Modifikation und Neuschaffung von Werten und Überzeugungen ab.

Verbesserungen wollen wir verstehen als Veränderungen, die im Zuge eines Vorher-Nachher-Vergleichs von den beteiligten Akteuren als optimierte Veränderung beurteilt werden. Dabei müssen wir berücksichtigen, dass Verbesserungen aus der Perspektive eines Teammitgliedes anders wahrgenommen werden als aus der Perspektive des Teamleiters, also immer subjektiv zu bewerten sind. Hierin können wir eine Asymmetrie des Gleichgewichtes zwischen Teamleiter und Mitarbeitern erkennen: Für einen Teamleiter kann die effizientere Gestaltung eines Arbeitsprozesses durchaus von Interesse sein, können so doch Personalkosten gesenkt und die Auslastung der Mitarbeiter erhöht werden. Die Mitarbeiter im Bereich können diese Interessen aber nicht teilen, zumindest dann nicht, wenn die Unternehmensleitung nicht glaubhaft versichern kann, dass der Arbeitsplatz und die Möglichkeiten zur Weiterentwicklung im Unternehmen weiterhin gesichert werden können. Dieser Zielkonflikt, der sich in jedem Stadium der Folgeprozesse einer MAB ergeben kann, birgt die Gefahr, dass die Veränderungen behindert werden. Wir sollten uns also verabschieden vom Bemühen, „es allen recht zu machen." Eine gerechte Lösung, eine Verbesserung, mit denen wirklich allen gedient ist und die keine Verlierer kennt, ist nur schwer zu erreichen. Vor allem besteht dabei die Gefahr, dass sich die Akteure mehr und mehr nur noch mit sich selbst beschäftigen und die wichtigste Sichtweise einer Dienstleistungsorganisation aus dem Blick verlieren: die Kundensicht. Für die Koexistenz der Tatbestände gewinnen wir durch die Strategische Organisationsanalyse einen Zugang: jeder Akteur hat im Handlungsfeld seine ganz spezifische Rationalität und handelt auch nach ihr in gewissem Sinne rational. Was für den Abteilungsleiter irrationale Verweigerungshaltung sein kann, ist für den Mitarbeiter Interessensicherung und damit rational.[148]

Für unsere weiteren Untersuchungen treffen wir eine Unterscheidung zwischen fortlaufendem Wandel und partizipativem Wandel: Einerseits gibt es den fortlaufenden Wandel von Organisationen, die getrieben sind von den sich permanent verändernden Umweltbedingungen, er lässt sich auch verstehen als primär exogener Wandel. Wenn wir vom Handlungsfeld der Akteure vor Ort ausgehen, kommen die meisten dieser Impulse zum Wandel von außerhalb des Handlungsfelds der beteiligten Akteure: Zum Beispiel zentral verordnete Programme zur Kostenoptimierung oder Effizienzsteigerung, die in den unteren Hierarchieebenen nur sehr begrenzten Spielraum zur Mitgestaltung lassen.

Es gibt aber noch eine andere Form des Wandels, die sich auf die globalen Entscheidungen durch Zentralbereiche auf die Niederlassungen und ihre Mitarbeiter auswirkt. Diese globale Form des Wandels stellt für Mitarbeiter, aber vor allem für Führungskräfte, ganz spezifische Herausforderungen dar. Es sind dies beispielsweise Kostensparprogramme, aber auch zentral vorgeschriebene Verhaltensrichtlinien oder strategische Veränderungen seitens der Konzernleitung. Diese Form des Wandels funktioniert „Top-Down", also von der Konzernspitze nach unten und ist von den Mitarbeitern und auch von den Führungskräften des mittleren Managements nicht oder nur sehr gering gestaltbar. Prinzipiell können wir dem Wandel von oben stärkere Kräfte zuschreiben als dem Wandel, der nach dem Bottom-Up-Prinzip funktioniert. Dafür spricht schon die Hierarchie-Position des oberen Managements. Diese Position spricht für ein asymmetrisches Machtverhältnis zwischen Führungskraft und Mitarbeiter: Die Führungskraft hat Kontrolle über eine Ungewissheitszone, die der Mitarbeiter nicht hat:

[148] Vgl. Friedberg 1995, 381.

die strategische Ausrichtung des Bereichs, das Treffen von Entscheidungen hinsichtlich der Ausrichtung der Abteilung.
Partizipativer Wandel ist in diesem Zusammenhang die Form des Wandels, die bei Abteilungs- und Organisationsentwicklung entsteht: Führungskräfte und Mitarbeiter nehmen ihr direktes Handlungsumfeld unter die Lupe und entscheiden, welche Maßnahmen zur Optimierung des betrieblichen Umfeldes ergriffen werden sollen. Beide Formen des Wandels treten in der Praxis nicht in Reinform, sondern stets in Mischformen auf. Auch der partizipative Wandel trägt Formen des fortlaufenden Wandels immer in sich: So ist beispielsweise die Implementierung einer MAB mit dem Ziel der Verbesserung des betrieblichen Umfelds letztlich auch dem fortlaufenden Wandel geschuldet, der sich durch Mitbewerber und Konsumenten stets weiterentwickelt. Die Bedeutung der Unterscheidung bezieht sich auf den grundlegenden Charakter des Wandels und auf die jeweilige graduelle Ausgestaltung der Partizipationsmöglichkeiten. Eine spezielle Form dieses partizipativen Wandels ist das Projekt MAB mit Folgeprozessen. Dieser meist durch den Anlass – die Durchführung der MAB – von oben verordnete Wandel wird auf lokaler Ebene initiiert und gibt den Akteuren die Möglichkeit zur Partizipation bei der Erarbeitung und Umsetzung von Maßnahmen. Hier setzt meine Untersuchung an: Das mikropolitische Geflecht in der Abteilung schieben wir dabei in den Vordergrund und untersuchen, wie sich die Veränderungsbereitschaft herbeiführen lässt und sich auch Führungskräfte an der nachhaltigen Umsetzung von Verbesserungsmaßnahmen messen lassen.
SCHIRMER (2000) weist darauf hin, dass in vielen Ansätzen der Organisationstheorie, aber auch der Managementliteratur, die politische Dimension von Reorganisationen vernachlässigt wird. Diese politische Dimension wird von den Vertretern der Mikropolitik in die Theorie des geplanten Wandels eingebracht.[149] Bei der Untersuchung von Mitarbeiterbefragungen in Organisationen bewegen wir uns auf einer Ebene zwischen Akteuren in ihrem jeweiligen Handlungssystem. Die Mitarbeiter bewerten je nach Gestaltung des Fragebogens ihr Arbeitsumfeld, ihren Vorgesetzten und ihre allgemeine Zufriedenheit mit ihrer Arbeit und dem Unternehmen.
Wir gehen von einem Verständnis von Organisationen nach FRIEDBERG (1995) aus: Demnach sehen wir Organisationen…

---

[149] Neuberger 1995, auch Heinrich/Schulz zur Wiesch 1998, Ortmann 1998.

> "(...) Nicht (...) Als kohärente Einheit (...), sondern als ein Gebilde, in dem eine Vielzahl von Rationalitäten miteinander im Widerstreit stehen, deren Übereinstimmung nichts Spontanes oder Selbstverständliches hat, sondern das Ergebnis des Schaffens (der Konstruktion) einer Ordnung ist."[150]

Die Wahl dieser Perspektive hat den Vorteil, dass dabei eine Organisation eine politische Arena oder ein "Markt" ist, auf dem Verhaltensweisen ausgetauscht werden oder verschiedene Machtstrategien wirksam werden, und deren Merkmale (Ziele, Strukturen, Spielregeln, "Kultur") ihrerseits das "einfache" Produkt dieses Austausches und dieser Konfrontation sind. Wir können hier auch eine Analogie zu einer Mikrogesellschaft herstellen: deren Ordnung ist eine soziale Konstruktion, sie ist daher unwiderruflich an soziale Interaktion, an Tausch- und Machtprozesse zwischen ihren Mitgliedern gebunden. Wir können damit beschreiben, welche Strategien die einzelnen Akteure verfolgen und damit Rückschlüsse auf deren Verhalten in konkreten Situationen des Wandels in Folgeprozessen von MAB ziehen.

Für die klassische Organisationstheorie stellte menschliches Verhalten noch kein Problem dar.[151] Negatives Verhalten der Mitarbeiter war dabei nicht das Ergebnis irrationalen Verhaltens der Individuen bei der Arbeit, sondern das schlecht verstandener und schlecht umgesetzter Arbeitsstrukturen. Im Zuge der Humanisierung der Arbeit wurden die Interessen der Mitarbeiter in den Mittelpunkt gerückt, was teilweise zu einer Verzerrung der Bedürfnisse hin zu einer zu starken Mitarbeiterorientierung geführt hat. Die moderne Organisationstheorie versucht, diese beiden Pole zu verbinden. Die Struktur und das in ihr handelnde Individuum üben dabei wechselseitig Zwänge aufeinander aus, denen aber sowohl die Struktur als auch der in ihr handelnde Akteur nie vollends ausgesetzt ist. Die Akteure haben durchaus das Potenzial, die Struktur einer Organisation zu beeinflussen, gleichzeitig können sie sich gegen den Wandel der Struktur zur Wehr setzen. Damit rückt das Verhalten der Akteure wieder mehr in den Fokus, ohne jedoch die grundsätzlichen Bedürfnisse der Organisation zu verklären.

Vertreter des Change Management stellen vor allem die Widerstände des Unternehmenswandels in den Mittelpunkt. Gleichzeitig liefern sie eine Vielzahl von Methoden, mit denen diesen Hindernissen begegnet werden kann. Die Theorie zum Wandel in Organisationen, auch Change Management genannt, wird in der Managementliteratur bestimmt von einem Glauben an die Machbarkeit von geplantem Wandel. Vertreter

---

[150] Friedberg 1995, 50.

des Change-Management[152] berücksichtigen dabei allerdings zu wenig, dass die Veränderungen von den jeweiligen Machthabern veranlasst, kontrolliert und über die Zeit auch vital gehalten werden müssen. Rezepte wie eine professionelle Kommunikation können nicht sicherstellen, dass Veränderungsprojekte auch erfolgreich umgesetzt werden. So zeigen Studien, dass lediglich 21 % der Befragten bestätigen, dass ihre Veränderungsvorhaben den vollen Erfolg gezeitigt haben. Die Illusion der Machbarkeit und Planbarkeit von Veränderungen stellen diese Ergebnisse in Frage.[153]
Wir können argumentieren, dass die Machtfrage in vielen Veränderungsprojekten nicht konsequent genug gestellt wird.[154] Veränderung findet aber immer nur dann statt, wenn sich Machtpositionen verschieben.[155] Ein Grund für das Scheitern vieler Veränderungsvorhaben liegt demnach in den politischen Interessen der Akteure in einem Handlungsfeld. NEUBERGER (1995) wendet ein, dass in der Debatte um geplanten Wandel die Dimension des Politischen berücksichtigt werden muss. Der politische Ansatz übernimmt demnach eine Vermittlerfunktion zwischen zwei Polen: in der Humanisierung der Arbeitswelt wurde einerseits von einem verklärten Menschenbild ausgegangen, andererseits ergänzt diese Sichtweise das Bild des Menschen als reinem Produktionsfaktor. Beide Pole des Verständnisses vom Menschen als in einer Organisation handelndes Individuum sind wichtig, und zwischen ihnen muss vermittelt werden, was die Mikropolitik sicherstellen kann. Die Theorie der Mikropolitik stellt dabei Macht als Tauschbeziehung in den Mittelpunkt. Demnach ist Einflussnahme durch Macht immer nur möglich, wenn es sowohl einen Sender des Einflusses als auch einen Empfänger dieses Einflusses gibt. Macht ohne Beziehung ist somit wertlose Macht, bei einem Veränderungsvorhaben müssen also immer die machtpolitischen Interessen aller beteiligten Akteure berücksichtigt und miteinander in Beziehung gesetzt werden.

1.4.2 Folgeprozesse einer MAB

Folgeprozesse von MAB verstehen wir als geplanten Wandel, der Elemente der Partizipation in Form von Antwortverhalten und Maßnahmen-Workshops aufweist. BORG (2003) definiert als Folgeprozesse alle Aktivitäten, die im Zusammenhang mit der Rückspiegelung der Ergebnisse in die Organisation stehen. Der Zweck der Folgeprozesse ist demnach, die Ergebnisse optimal zu nutzen. Diese Folgeprozesse können realisiert werden auf individueller, informeller und offizieller Ebene. Wir werden im vierten Kapitel darauf eingehen, wie sich die theoretischen Überlegungen in der Praxis in

[151] Friedberg 1995, 25.
[152] Doppler 2005, Kirsch et al. 1979.
[153] Pongratz/Trinczek 2006.
[154] Vgl. Schulze 1989, 125.
[155] Vgl. Lies 2003.

den von uns untersuchten Unternehmensteilen darstellten. Zunächst nehmen wir eine theoretische Verortung der Folgeprozesse vor.
Die Folgeprozesse einer MAB sind:

- Ergebnispräsentation
- Ideenworkshops
- Aktionsplanung
- Maßnahmenumsetzung
- Monitoring
- Controlling
- Evaluation
- Marketing

Prinzipiell können wir unterscheiden zwischen operativen und strategischen Folgeprozessen.[156] Operative Folgeprozesse sind demnach die Prozesse, die nach der Befragung und Datenanalyse folgen bis einschließlich zur Evaluation der MAB. DEITERING (2006) weist darauf hin, dass in den meisten Folgeprozessen die operativen Maßnahmen überwiegen. Die strategischen Folgeprozesse beginnen demnach mit der Positionierung der MAB, wobei die Grundsteine gelegt werden für die MAB bezüglich des Zwecks, der Ziele und der prinzipiellen Orientierung und Anwendung der MAB und damit auch der Folgeprozesse. Dies umfasst auch die inhaltliche Ausgestaltung des Fragebogens. DEITERING kommt zu dem Schluss, dass in den Folgeprozessen eher die operativen Aspekte wie die Aktionsplanung und –umsetzung gesehen werden. Demnach werden Folgeprozesse weniger in einem strategischen und integrierten Gesamtzusammenhang entwickelt, geplant und umgesetzt. Wir können davon ausgehen, dass die Integration von Folgeprozessen einer MAB ein systematisches Vorgehen bedingt, das nach klar definierten Schritten die Prozesse nach einer MAB regelt, inklusive einer Maßnahmen-Kommunikation auch in die höheren Hierarchieebenen. TÖPFER/GABEL zeigen jedoch in ihrer Studie, dass lediglich 50 % der untersuchten Unternehmen die Folgeprozesse systematisch angehen und dass es in lediglich 30 % der Unternehmen gelingt, die abgeleiteten Maßnahmen mit nachvollziehbarem Erfolg umzusetzen.[157]
Eine neue Studie von Hewitt und Kienbaum macht deutlich, dass nur wenige Unternehmen einen strukturierten Prozess für die Ableitung und Umsetzung von Maßnah-

---

[156] Vgl. Deitering 2006, 6.
[157] Töpfer/Gabel 2000.

men haben.[158] Demnach führen 56 % der Unternehmen Workshops durch, bei denen sich die Mitarbeiter in die Maßnahmenplanung einbringen können. Die Studie zeigt auch, dass von den Unternehmen, die eine Befragung ohne Unterstützung eines externen Beraters durchführen, lediglich 14 % einen Workshop durchführen, mit externer Beratung sind es hingegen 64 %. Ein Maßnahmen-Monitoring findet in verschiedenen Formen statt. 76 % der Befragten gaben an, die Messung der Wirksamkeit bei nachfolgenden MAB vorzunehmen, 66 % verfolgen die Umsetzung durch den HR-Bereich und 47 % machen ein Umsetzungscontrolling durch die Führungskräfte.[159] Auf die Frage nach den Verbesserungspotenzialen bei der Durchführung einer MAB fällt auf, dass das Planen und Umsetzen der Maßnahmen sowie die Erwartungshaltung der Mitarbeiter als die dringlichsten Probleme genannt werden.

BORG nennt als Grundelemente der Folgeprozesse Aktionen und Aktionismus sowie alte und neue Ziele beim Reagieren auf die MAB-Ergebnisse.[160] Er spricht sich gegen Aktionismus aus und kritisiert, dass in der Praxis und in der neuen Literatur durchwegs gefordert wird, dass nach einer MAB etwas geschehen muss. Demnach werden Aktionen oft zum eigentlichen Erfolgskriterium einer MAB erhoben. „Entsprechend konzentrieren sich die Folgeprozesse ganz auf das Ableiten von Verbesserungs- oder Veränderungsmaßnahmen oder, allgemeiner, von *Aktionen*."[161] Er warnt allerdings davor zu verkennen, dass Organisationen schon von sich aus nie inaktiv sind. Man sollte sich also zunächst eher fragen, ob es sinnvoll ist, weitere Aktivitäten aufzusetzen zusätzlich zu dem, was ohnehin schon „gemacht" wird. Es kann eventuell genügen, bereits laufende Verbesserungsaktivitäten nachzusteuern. Denn eine zu starke Fixierung auf Aktionen kann betriebswirtschaftlich teuer sein, entscheidend sei, dass „…die MAB-Ergebnisse das Handeln und Entscheiden der Mitarbeiter und der Führungskräfte des Unternehmens angemessen mitbestimmen…".[162] Man sollte deshalb bereits im Vorfeld kommunizieren, dass es neben Aktionen auch noch andere Formen der Reaktion auf eine MAB gebe.

Wir sehen, dass sich Reaktionen auf die Ergebnisse einer MAB nicht auf Aktionen beschränken dürfen. Dies wäre einseitig und birgt die Gefahr von hohen Kosten bei geringem Nutzen.

[158] Vgl. Hewitt/Kienbaum 2007.
[159] Hier waren Mehrfachnennungen möglich.
[160] Borg 2003, 259 f.
[161] Borg 2003, 259.
[162] Borg 2003, 260.

Häußler (1998) schlägt eine Unterteilung der Umsetzungsmaßnahmen und –prozesse in drei Arten vor:[163]

- Strategische
- Projektbezogene
- Gruppenbezogene

Demnach besitzen strategische Verbesserungsmaßnahmen und -prozesse unternehmensweite Relevanz und werden nur vom Top-Management entschieden. Als Beispiele können wir Veränderungen beim Gehaltssystem nennen. Projektbezogene Umsetzungsprozesse beziehen sich in der Regel auf Veränderungen in der Organisationsstruktur und Veränderungen bei übergreifenden Unternehmensprozessen, zum Beispiel die Behebung von Schnittstellenproblemen zwischen verschiedenen Organisationseinheiten. Solche Modifikationen bedürfen meistens eines Projektteams, das mit der Maßnahmenableitung und –umsetzung beauftragt wird.[164] Gruppenbezogene Umsetzungsprozesse schließlich sind jene, die die Führungskraft eines Teams mit den hier tätigen Mitarbeitern bewältigt, wie beispielsweise die Verbesserung der Teamqualität einer Gruppe.
Die meisten Verbesserungsmaßnahmen betreffen das operative Geschäft: Bereichszuständigkeiten, Schnittstellenprobleme und Kommunikations-Kaskaden. Bislang konnten noch keine effektiven Wege gefunden werden, wie diejenigen Themen, die nicht von den Mitarbeitern selbst bewegt werden können, angegangen werden können. Denn die Management-Themen können nur langsam verändert werden und hier müssen die Verantwortlichen anstreben, dennoch ein Geben und Nehmen zu realisieren. Denn es besteht die Gefahr, dass die Mitarbeiter immer wieder befragt werden, aber auf ihre Anregungen und Ideen hin *strukturell nichts geschieht.* Wenn sich allerdings auf struktureller Ebene zu lange nichts im Sinne der Mitarbeiter ändert, dann besteht die Möglichkeit, dass diese in Kapitulation und Resignation verfallen. Auf operativer Ebene werden – die Veränderungsbereitschaft der Akteure vorausgesetzt – in der Regel im Zuge einer MAB einige Veränderungen angestoßen. Über die Zeit muss allerdings realisiert werden, dass die Ergebnisse und Erkenntnisse aus einer MAB auch auf struktureller Ebene Verbesserungen herbeiführen. Die Kritik an der mangelhaften Umsetzung auf struktureller Ebene erfordert das Reflektieren über die Frage: wie und wann wer-

---

[163] Häußler 1998, 12 f.
[164] Hier ist zu bedenken, dass dieses Projektteam mit den notwendigen machtpolitischen Resourcen ausgestattet sein muss, um die Veränderungen realisieren zu können. Dazu gehört beispielsweise die Patenschaft für das Team von einer ranghohen Führungsperson oder das Credo der Unternehmensleitung, dieses Team bei der Umsetzung auch langfristig zu unterstützen.

den solche Veränderungen erlebt? Denn Veränderungen können auch sehr schnell selbstverständlich werden bei den Beteiligten. Auf operativer, aber auch auf struktureller Ebene besteht hier die Kunst darin, die Wahrnehmung der Veränderung zu managen. Gleichzeitig muss aber auch klar sein, dass ein Idealzustand nicht erreicht werden kann. Egal in welcher Situation gemessen wird, es gibt immer etwas zu verändern. Die Veränderungen in einem Unternehmen vollziehen sich auch nicht linear, sondern können sich gegenseitig überschneiden und jede Veränderung zieht wieder neue Veränderungen nach sich. Eine strikte Trennung der Folgeprozesse von den weiteren Veränderungen in einem Unternehmen ist also nicht möglich. Vielmehr ist die Unternehmensleitung dazu angehalten, die Folgeprozesse einer MAB in die bestehenden Veränderungen sinnvoll einzubetten und die Wahrnehmung der Veränderungen bei den Beteiligten zu organisieren.
Ein Leitfaden von TNS Infratest zu den Folgeprozessen einer MAB sieht vor, dass die Geschäftsleitung die Aufgabe übernimmt, die Rahmenbedingungen des Umsetzungsprozesses zu übernehmen und bei der Bearbeitung von übergeordneten Handlungsfeldern mit gutem Beispiel voranzugehen. Dabei ist wichtig, dass die Geschäftsleitung die von ihr erarbeiteten Maßnahmen und deren Umsetzung genau dokumentiert und diese der gesamten Belegschaft mitteilt.[165] Die einzelnen Aufgaben sehen wir in Abbildung 6.

Im Einzelnen übernimmt die Geschäftsleitung folgende Aufgaben:

- Festlegen und Kommunizieren der Rahmenbedingungen des Umsetzungsprozesses
  - Erwartungen an den Umsetzungsprozess
  - Zeitrahmen des Umsetzungsprozesses
  - Art und Weise der Bottom-Up Kommunikation
- Bearbeitung von übergeordneten Handlungsfeldern (zum Beispiel Gehaltssystem oder Beförderungen

Abbildung 6, Quelle: TNS Infratest

Führungskräfte übernehmen die Umsetzungsverantwortung. Die in ihrem Verantwortungsbereich tätigen Mitarbeiter übernehmen jedoch nur dann die Maßnahme und sind motiviert, diese umzusetzen, wenn sie sich sicher sein können, dass die Maßnahme die volle Unterstützung der Führungskraft findet. Demnach sollte die Führungskraft früh signalisieren, dass sie bereit ist, Verantwortung zu übernehmen und die Mitarbeiter persönlich zur Präsentation der MAB-Ergebnisse einladen. Die Anforderungen an die Führungskraft sehen wir in Abbildung 7.

Im Einzelnen übernimmt die Führungskraft folgende Aufgaben:

- Eventuell Ergebnispräsentation
- Verantwortung für die Massnahmenableitung
- Verantwortung für den Umsetzungsprozess in seinem Team
- Reports über Fortschritte an die übergeordneten Ebenen

Abbildung 7, Quelle TNS Infratest

Ein möglicherweise eingesetztes Projektteam, das sich aus Vertretern verschiedener Abteilungen zusammensetzt, fungiert als Ansprechpartner während der Befragung und des Umsetzungsprozesses. Die Aufgaben des Projektteams sehen wir in Abbildung 8.

Im Einzelnen übernimmt das Projektteam folgende Aufgaben:

- Anlaufstelle für Mitarbeiter
- Vorschläge und Anregungen von Mitarbeitern sammeln
- Bearbeitung von übergreifenden Handlungsfeldern (zum Beispiel Schnittstellenverbesserung)
- Koordination des Erfahrungsaustausches zwischen verschiedenen Abteilungen

Abbildung 8, Quelle TNS Infratest

Wichtig ist dabei zu beachten, dass die Mitglieder dieses Projektteams im Umsetzungsprozess nur beratende Funktionen übernehmen. Die Verantwortung für die Umsetzung der Verbesserungen innerhalb des Teams bleibt bei den Führungskräften.
Die MAB-Ergebnisse werden von Moderatoren präsentiert. Dies kann in Einzelfällen auch die Führungskraft selbst sein, in der Regel übernimmt diese Aufgabe aber ein neutraler Moderator. Er hat lediglich die Aufgabe, die Maßnahmen neutral zu präsentieren, er trägt keine Verantwortung für die Ableitung und Umsetzung von Maßnahmen. Der Moderator hat dabei die in Abbildung 9 zusammengestellten Aufgaben zu erfüllen.

[165] Zum Beispiel mittels der Informationsplattform Intranet.

Im Einzelnen übernimmt der Moderator folgende Aufgaben:

- Know-How der Methoden
- Konzentration auf den Prozess und nicht auf den Inhalt
- Herstellen eines Klimas des Vertrauens und der Offenheit
- Herstellen einer konstruktiven Arbeitsatmosphäre: Lösungen suchen statt Suchen von Schuldigen
- Einbeziehung aller Teilnehmer: Alle Perspektiven haben ihre Berechtigung, sind wichtig und dringend notwendig
- Anstossen des Problemlösungsprozesses durch weiterführende Fragen, Zusammenfassungen und Rückführung zum Wesentlichen
- Herausarbeiten von Schwerpunkten
- Konkretisierung und Handlungsorientierung der erarbeiteten Lösungen
- Dokumentation der Ergebnisse eines Workshops

Abbildung 9, Quelle: TNS Infratest

Die Mitarbeiter in den jeweiligen Organisationseinheiten sollten möglichst vollständig in den Prozess einbezogen werden. Vor allem gruppen- oder teaminterne Verbesserungen können nur dann effektiv angegangen werden, wenn alle Beteiligten die Möglichkeit hatten, sich in den Prozess der Entscheidungsfindung einzubringen und damit die Chance besteht, dass sie hinter den Veränderungen stehen. Dabei werden die in Abbildung 10 zu sehenden Aufgaben gestellt.

Im Einzelnen übernehmen die Mitarbeiter folgende Aufgaben:

- Mitwirken an der Massnahmenableitung
- Mitwirken beim Umsetzungsprozess
- Vorschläge für Handlungsfelder und konkrete Massnahmen für übergeordnete Ebenen

Abbildung 10, Quelle: TNS Infratest

Die Folgeprozesse können wir einteilen in drei Schritte: Ergebniskommunikation, Identifikation von Handlungsfeldern und Maßnahmenableitung sowie Kontrolle des Umsetzungsprozesses. Die *Ergebniskommunikation* sollte dabei in einer Top-Down-

Kommunikationskaskade von der Unternehmensleitung über die Abteilungs- und Teamleiter bis hin in die einzelnen Teams getragen werden. Wie bereits deutlich wurde, werden die Ergebnisse meist von einem neutralen Moderator vorgestellt, in seltenen Fällen kann auch die Führungskraft diese Rolle übernehmen. Die *Identifikation von Handlungsfeldern und Maßnahmenableitung* kann entweder direkt im Anschluss an die Ergebnis-Präsentation oder ein paar Tage später erfolgen. Handlungsfelder sind dabei entweder einzelne Aspekte oder thematisch zusammengefasste Gruppen von Aspekten, die sich aufgrund der Ergebnisanalyse als verbesserungswürdig herausgestellt haben. Die Handlungsfelder sollten auf der jeweiligen Hierarchieebene unter der Prämisse definiert werden, dass sie von den Akteuren in diesem Handlungsfeld auch bearbeitet werden können. Als Faustregel gibt TNS Infratest maximal drei Handlungsfelder vor, deren Bearbeitung priorisiert werden sollte. Die Arbeitsschritte bei der Maßnahmenableitung sind im Folgenden genannt: Zunächst werden die inhaltlich zusammenhängenden Qualitätselemente in den einzelnen Themenbereichen untersucht. Dabei können Handlungsfelder wie Information und Kommunikation auftreten, unter die mehrere einzelne Qualitätselemente, die von den Befragten als schlecht bewertet wurden, zusammengefasst werden. Dabei steht die Frage im Mittelpunkt, wie sich die Qualitätselemente so zusammenfassen lassen, dass inhaltlich und praktisch sinnvolle Handlungsfelder entstehen. Für die definierten Handlungsfelder sollten dann auch Überbegriffe gefunden werden, die die Verbesserungsbereiche griffig benennen. Die Handlungsfelder mit ihren Einzel-Items geben dem Workshop eine inhaltliche Struktur im Hinblick auf die Analyse von Stärken und Verbesserungsbereichen. Stärken sollten dabei ausgebaut werden, Verbesserungsbereiche sollten im Plenum des Teams oder in Arbeitsgruppen mit Lösungsvorschlägen bearbeitet werden.

Die Ableitung der Maßnahmen findet entweder im Plenum oder in Arbeitsgruppen statt. Die Arbeitsgruppen nehmen sich jeweils nur ein Handlungsfeld vor und erarbeiten dann Lösungsansätze, die im Plenum vorgestellt werden. Je nach Größe der Gruppe und Komplexität der Handlungsfelder können Plenum oder Arbeitsgruppen sinnvoll sein. Hier können auch Kreativitätstechniken wie Brainwriting oder Metaplan-Technik angewandt werden. Dem erhöhten Zeitaufwand in den Arbeitsgruppen steht eine intensivere Beteiligung der Akteure gegenüber, allerdings muss im Plenum das Zwischenergebnis auf weitere Meinungen im Team hin abgeklopft werden und damit geprüft werden, ob das Ergebnis der Arbeitsgruppe im Team Bestand hat. Dabei kann auch ein Perspektivwechsel sinnvoll sein, der alle Interessensgruppen am Veränderungsprozess beleuchtet, wobei es wichtig ist, ein Ziel zu definieren, das es mit Umsetzung der Maßnahme zu erreichen gilt. Die Priorisierung der Maßnahmen sollte sich auf einige wenige konzentrieren, die dann mit ganzer Energie umgesetzt werden können.

Die Zielbestimmung geht einher mit der Erfolgsmessung der Folgeprozesse, deren Messbarkeit stellt allerdings eine Schwierigkeit dar. Die Verbesserungen sind subjektiv wahrnehmbar und in nur geringem Umfang auch objektivierbar. Einige Verbesserungen finden auf individueller Ebene statt, etwa wenn sich eine Führungskraft vornimmt, aufgrund der Unzufriedenheit ihrer Mitarbeiter mit dem Handlungsfeld „Rückmeldungen zu Leistungen" in Zukunft mehr Feedback zu geben. Eine solche Maßnahme ist nur schwer messbar, hat aber unter Umständen starke Auswirkungen auf das Verhältnis zwischen Führungskraft und Mitarbeiter. Wir sprechen uns aber gegen zu umfangreiche Versuche aus, diese Messbarkeit künstlich herstellen zu wollen. Vielmehr müssen gerade auf dem Gebiet der Informationspolitik die Führungskräfte über Schulungen sensibilisiert werden. Demgegenüber lassen sich Verbesserungen bei Arbeitsprozessen wahrnehmen. Gerade hierbei könnte sich das Instrument der Zielvereinbarung als hilfreich erweisen, wenn die Folgeprozesse der MAB so weit strategisch eingetaktet werden könnten, dass die Maßnahmenerarbeitung zum Zeitpunkt der Zielvereinbarung abgeschlossen ist. Denn hier könnten die Führungskräfte vor allem des mittleren Managements ihre Freiheiten bei der Ausgestaltung des betrieblichen Umfeldes, die nicht „von oben" kontrolliert werden können, ausbauen. Das zeigt schon das Prinzip des Führungsinstruments der Zielvereinbarungen. Hier werden für einen gewissen Zeitraum (meist ein Jahr) die zu erreichenden Ziele mit der nächst höheren Führungskraft vereinbart und mit messbaren Größen beziffert (zum Beispiel Anzahl der Verkäufe, Produktivität, Umsatzrendite in einem Bereich). Bei der Erreichung dieser Ziele werden der Führungskraft Freiheiten in der Wahl der Mittel gelassen, wenn sie sich an die Gesetze und die internen Vorschriften des Unternehmens hält. Diesen Handlungsspielraum kann die Führungskraft für sich einsetzen.

Die Verstetigung der Umsetzung der Maßnahmen im Zuge der Folgeprozesse benötigt von den Akteuren viel Energie und die dafür notwendigen Macht-Ressourcen. Der Leitfaden von TNS Infratest sieht vor, dass mittels Maßnahmen- und Aktionsplänen die Verbesserungen nach den Prinzipien des Projektmanagements umgesetzt werden. Dabei sind in den Aktionsplan folgende Elemente aufzunehmen:

- Priorität
- Übergeordnetes Handlungsfeld
- Zugehörige Qualitätselemente aus dem TRI*M-Grid
- Maßnahme
- Zeitliche Perspektive
- Zeitrahmen/Deadline
- Verantwortung/Zuständigkeit für die Umsetzung

Die Betreuung dieses Umsetzungsprozesses bedarf mindestens ebenso vielen Arbeitsaufwands wie die Durchführung der Befragung mit Ergebnispräsentation und Maßnahmenableitung. In diesem Prozessschritt zeigt sich, wie ernst es der Führungsmannschaft ist und ob die MAB dem Ziel gerecht wird, das betriebliche Umfeld zu verbessern und spürbare Veränderungen einzuleiten. Dabei kann ein Projektteam die Umsetzungsverantwortlichen methodisch und beratend unterstützen. Dokumentation und Kommunikation müssen dabei konsequent sowohl Top-Down als auch Bottom-Up, also in beide Richtungen der Führungslinie, erfolgen. So können die Maßnahmen den betrieblichen Bedürfnissen fortlaufend angepasst werden. Ein Wahrnehmungsmanagement muss dafür sorgen, dass die Mitarbeiter die Verbesserungen in Zusammenhang mit der MAB bringen, um die Akzeptanz dieses Instruments zu fördern. Eine Blitzlichtbefragung, spätestens aber die kontinuierlich wieder durchgeführte Folgebefragung sollte zeigen, wie die Verbesserungen von den beteiligten Akteuren wahrgenommen wurden.

1.4.3 Veränderungsbereitschaft

Jeder noch so ausgeklügelte Verbesserungsprozess läuft ins Leere, wenn die an ihm beteiligten Akteure nicht Veränderungsbereitschaft zeigen. Wir haben gesehen, dass Folgeprozesse einer MAB das Ziel verfolgen, durch die Informationen aus der Belegschaft Ansatzpunkte für eine Verbesserung des Unternehmens herbeizuführen. Dies setzt bei allen Beteiligten Veränderungsbereitschaft voraus, die aber nicht immer gegeben ist. Wir beschreiben ein Szenario, das sich bei vielen Veränderungsprojekten und auch bei MAB mit intervenierendem Charakter einstellen kann: Mitarbeiterbefragungen werden durchgeführt, Ergebnisse werden präsentiert, bei Handlungsbedarf werden Maßnahmen abgeleitet, ein Katalog an Maßnahmen wird erstellt. Dabei fällt den Führungskräften und dem Projektteam, das sich um die Folgeprozesse kümmert, die Rolle des Veränderungsunternehmers zu, und Mitarbeiter werden um Verbesserungsvorschläge gebeten. Wenn die erste Euphorie verflogen ist, wird allerdings oft deutlich, dass sich Veränderungen nicht so leicht durchsetzen lassen. Die Bereitschaft,

gewohnte Handlungsmuster aufzugeben, kann sowohl bei den Führungskräften als auch bei den Mitarbeitern gering sein. Zum besseren Verständnis dieses Phänomens und um mögliche Folgerungen für ein erfolgreiches Veränderungsmanagement zu ziehen, wollen wir uns die wichtigsten theoretischen Erkenntnisse über die Gründe für Hindernisse von Veränderungen anschauen.
TROST et al. (1999) weisen auf folgende Umsetzungsschwierigkeiten im Folgeprozess von MAB hin:[166]

- Zeit/Personalmangel
- Zu viele Aktivitäten und mangelnde Koordination
- Mangel an finanziellen Ressourcen
- Resignation und fehlendes Engagement der Mitarbeiter
- Macht der Gewohnheit
- Innovationshemmende Führungskultur (insbesondere Umgang mit Fehlern)
- Fehlende Unterstützung durch höhere Führungskräfte
- Fehlende Zusammenarbeit zwischen den Einheiten/Bereichen

DOMSCH/LADWIG (2000) weisen darauf hin, dass bereits die Widerstände gegen eine MAB sich allgemein erklären lassen durch Angst, Unsicherheit und Fehleinschätzung seitens der Teilnehmer. Dem kann begegnet werden, indem über die Ziele und Vorgehensweisen schon im Vorfeld ausführlich informiert wird. Wenn schon das anonyme Beantworten eines Fragebogens auf Ablehnung stoßen kann, dann noch viel mehr bei der nicht mehr namenlos durchführbaren Präsentation der Ergebnisse sowie bei der Sammlung von Vorschlägen zur Verbesserung des betrieblichen Umfelds.
Aus der psychologischen Perspektive erkennen wir hinsichtlich der Veränderungsbereitschaft zwei Pole der Persönlichkeitsstruktur: Die Lageorientierung und die Handlungsorientierung.[167] Demnach trägt das Ausmaß der subjektiv empfundenen Kontrolle bei der Bewältigung von Umbruchsituationen entscheidend dazu bei, wie Mitarbeiter betriebliche Umbruchsituationen wahrnehmen und bewältigen. Das weist uns darauf hin, dass das Führungsverhältnis zwischen Führungskraft und Mitarbeiter an diesem Punkt für den Erfolg von Veränderungen entscheidend ist: wenn autoritär geführt wird, kann sich ein Mitarbeiter weniger einbringen als in einem Verhältnis, das prinzipiell durch Möglichkeiten der Partizipation geprägt ist.

[166] Trost/Jöns/Bungard (1999), 256.
[167] Vgl. Genzwürker 2006, 72 f.

Die Psychologie spricht im Zusammenhang mit Veränderungsbarrieren zudem von einer „Verlust-Aversion“: Verluste wiegen demnach stärker als Gewinne, und die Angst vor dem Verlust von Gewohnheiten und Macht verhindert eine Veränderung. Die soziologische Perspektive erweitert dieses Verständnis um den gegenseitigen Aushandelungsprozess bei der Kontrolle über Ungewissheitszonen. Nach FRIEDBERG wehrt sich zunächst jeder beteiligte Akteur gegen Veränderungen, da er fürchtet, seine erkämpften Kontrollmöglichkeiten über seine Ungewissheitszonen zu verlieren. Demnach sind alle Akteure in einem Handlungssystem darum bemüht, die Kontrolle über eine jeweils spezifische Ungewissheitszone zu erlangen. Zentrale These seiner Theorie ist die Annahme, dass kollektives Handeln eine politische Konzeption aufweist.[168] Demnach gibt es für jede Handlung eines Akteurs in einem Handlungsfeld eine für ihn spezifische Rationalität. Mit anderen Worten: Jede Führungskraft und jeder Mitarbeiter hat gute Gründe dafür, so zu handeln, wie er handelt. Vorteil dieser Perspektive ist, dass sie den Blick weitet auf die Bereiche kollektiven Handelns, die auch außerhalb des rein ökonomischen Denkens erkennbar sind. Die Kooperation der Akteure zielt auf „Probleme“ und deren „Lösungen“ und wird folglich stets durch Abhängigkeits- und Machtbeziehungen getragen, d.h. Durch verhandelte Tauschbeziehungen, über die jeder Akteur versucht, seine Verhaltensweisen den anderen so vorteilhaft wie möglich zu „verkaufen“, während er bei den anderen zu einem möglichst niedrigen Preis die Verhaltensweisen zu „kaufen“ sucht, die er für seine Vorhaben braucht. Friedberg nimmt damit soziale Interaktion als einen Verhandlungsprozess wahr.

Wir wollen deshalb mit KRÜGER (1999) die personellen Barrieren als die Kernprobleme des Wandels ausmachen und diese erweitern in *unternehmensweite Barrieren, Managementbarrieren* und *Mitarbeiterbarrieren.* Demnach sind unternehmensweite Barrieren „... Die gedankliche Summe der von allen Unternehmensmitgliedern geteilten Werte (shared values), Überzeugungen und Verhaltensmuster...“.[169] Sie enthält Kernelemente der Unternehmenskultur.[170] Die Managementbarrieren treten auf bei der Problemerkennung und bei der Problembewältigung. Die Problemerkennung wird dabei durch das Tagesgeschäft erschwert, die Problembewältigung weist vor allem auf die Angst eines Positions- oder Gesichtsverlustes hin, die Angst vor dem Unbekannten und vor Fehlern macht die Akteure vorsichtig und führt eher zu reaktivem als zu proaktivem Verhalten. Die Mitarbeiterbarrieren treten auf, wenn die Mitarbeiter nicht von der Notwendigkeit des Wandels überzeugt sind. Zudem kommen Barrieren zum Tra-

---

168 Vgl. Friedberg 1995, 111.
169 Krüger 1999, 871.
170 Vgl. Bleicher 1994, Schwarz 1989.

gen, die sich psychologisch mit der gleichen Verlustaversion wie seitens des Managements verstehen lassen. Auch hier stehen Unsicherheit und die Angst vor negativen Folgen im Vordergrund.

> „Artikuliert, vertreten und ggf. Durchgesetzt werden die diesbezüglichen Interessen einerseits im Rahmen direkter, organisatorischer Partizipation, andererseits auf der Grundlage der Mitbestimmungsregelungen, also indirekter, rechtlich geregelter Partizipation.“[171]

Die Angst vor Verlusten spielt auch bei der Strategischen Organisationsanalyse eine entscheidende Rolle. CROZIER und FRIEDBERG sprechen von einer Beziehung zwischen Akteur und System und damit auch von Freiheit und Zwang.[172] Der Text stellt eine Bürokratiekritik dar und wendet sich gegen die Vorstellung eines autonomen (quasi)rationalen Entscheiders genauso wie gegen die komplette Vorbestimmung durch „das System“. Die Autoren gehen davon aus, dass jeder Akteur in einer Organisation neben den Zwängen sich auch immer einen Freiheitsspielraum erkämpfen kann. Kein Akteur ist einem sozialen Handlungsfeld gänzlich unterworfen. Gleichzeitig kontrolliert er mit seiner Tätigkeit im Unternehmen eine ganz spezifische Ungewissheitszone: Die Macht eines Individuums oder einer Gruppe wird bestimmt durch die Größe und Relevanz der von ihr kontrollierten Ungewissheitszone. Die beteiligten Akteure haben nun Angst, dass sich durch die Veränderungen die Kontrolle über ihre jeweils spezifische Ungewissheitszone verringern könnte. NEUBERGER bezeichnet deren Position als dialektisch, „...die beiden Polen Geltung verschafft: Freiheit gibt es nur in und gegen Strukturen (Zwang); einerseits beschränken Strukturen Autonomie, andererseits ermöglichen sie sie.“[173] Damit betreten die Autoren das Feld der Mikropolitik, das die Beziehung zwischen den Akteuren in den Mittelpunkt rückt. Demnach ist Macht eine Tauschbeziehung: auf andere einzuwirken heißt, in Beziehung zu ihnen zu treten. Erst in dieser Beziehung kann sich die Macht einer Person auf eine andere Person entfalten. Macht ist dabei unlösbar an Verhandlungen gebunden, es ist eine Tausch- und also eine Verhandlungsbeziehung, an der mindestens zwei Personen beteiligt sind.

Die Erkenntnisse über die Eigenschaft dieser Tauschbeziehungen haben RIDDER et al. (2001) im Hinblick auf die Veränderungsbereitschaft von Mitarbeitern im Zuge von

---

[171] Krüger 1999, 872.
[172] Crozier/Friedberg 1979, vgl. Neuberger 1995.
[173] Neuberger 1995, 204.

MAB untersucht. Sie gehen davon aus, dass MAB, die als Instrument des betrieblichen Innovations- und Qualitätsmanagements verwendet werden, stark auf Interventionsfunktion ausgerichtet sind. Dies ist bei der MAB von TNS Infratest eindeutig der Fall, zielt sie doch auf die Optimierung des Unternehmens durch die Erhebung des Wissens der Mitarbeiter ab. Die Autoren kommen zu dem Ergebnis, dass die Veränderungsbereitschaft von Mitarbeitern *keine gegebene Größe ist, sondern sich im Laufe des Feedback-Prozesses entwickelt*. Den Prozessverlauf unterteilen sie in drei Stadien: *Gestaltungsbereitschaft, Gestaltungskompetenz* und *Anpassungsfähigkeit*. Die Gestaltungsbereitschaft der verschiedenen Gruppen, die an den Feedback-Prozessen teilnehmen, ist unterschiedlich und nicht von vorneherein positiv der MAB gegenüber. Gestaltungskompetenz trauen sich vor allem die Führungskräfte zu, sie sind allerdings zumindest zahlenmäßig in den meisten Feedback-Prozessen unterrepräsentiert. Anpassungsfähigkeit schließlich ist die Bereitschaft zur Anpassung von Leistungsbedingungen und Führungsbeziehungen. Einen hohen Stellenwert hat das Verhalten der Führungskraft bei der Vereinbarung von Gestaltungskonzepten für die Wirkung von Feedback-Gesprächen. Die Vereinbarungen zu Gestaltungskonzepten werden unmittelbar mit Veränderungen in der Arbeits- und Führungssituation in Verbindung gebracht. Somit kann bereits eine eher indifferente Beurteilung des Führungsverhaltens bei der Ergebnisvereinbarung dazu führen, dass Mitarbeiter ihre Leistungsbedingungen und Führungsbeziehungen positiver beurteilen. Die Autoren kommen zu dem Schluss, dass das Verhalten der Führungskraft bei der Ergebnisvereinbarung nachhaltig auf den Interventionserfolg einwirkt – positiv wie negativ. Dabei zählt vor allem, dass aus Sicht der Mitarbeiter brauchbare Gestaltungskonzepte vereinbart werden und beteiligte Führungskräfte die Bereitschaft signalisieren, für die Umsetzung dieser Gestaltungskonzepte die Verantwortung zu übernehmen. Ridder et al. Machen also deutlich, dass das Feedback-Design im Anschluss an MAB funktional im Zusammenhang steht mit der Umsetzung von Gestaltungsmaßnahmen. Die Rolle der Führungskraft für erfolgreiche MAB wird als wichtiger Faktor dargestellt. Die Erkenntnisse der Studie decken sich mit den von uns gemachten Erfahrungen und Erkenntnissen. Wir müssen also sicherstellen, dass sich Führungskraft und Mitarbeiter dem Ziel der Organisation, also der permanenten Verbesserung des betrieblichen Umfelds, unterordnen. Dazu muss garantiert werden, dass sich die Mitarbeiter und die Führungskräfte in den erarbeiteten Veränderungsmaßnahmen wieder finden können. Zudem müssen die Mitarbeiter in den Prozessen der Entscheidungsfindung prozessuale Gerechtigkeit erkennen. Vor allem die Führungskraft muss sich darüber im Klaren sein, dass sie die Veränderungsbereitschaft ihres Teams in einem prozessualen Verlauf erarbeiten kann.

1.4.4 Wandelverstetigung und Organisationsentwicklung

Wir wollen argumentieren, dass sich Unternehmen in einem permanenten Wandel, in einer „permanenten Revolution“[174] befinden. Wandel in der Folge von MAB können wir also lediglich als zusätzlichen Wandel zu den bereits bestehenden, andauernden Umwälzungen verstehen. Führung in Organisationen zeigt dann jene Systemqualität auf, die sich auf die Sicherung dieser Form des stetigen Wandels konzentriert. Wir können erkennen, dass sich die Unternehmensleitung darauf konzentrieren sollte, die Folgeprozesse in die weiteren Aktivitäten der Organisationsentwicklung zu integrieren.

Wie können wir vor diesem Hintergrund verstehen, was wir mit Wandelverstetigung[175] beschreiben? Wir meinen damit einen Wandel von Organisationen, der gleichzeitig auch die in ihr tätigen Akteure immer wieder aufs Neue mitnehmen muss. Diese Veränderungen, die mit dem Anspruch umgesetzt werden, dass sie sich dauerhaft auf das Design von Arbeitsumgebung (zum Beispiel bauliche Maßnahmen oder Umstrukturierungen) und Prozessen (zum Beispiel Handlungsabläufe oder Kompetenzzuordnungen) in Organisationen auswirken. Diese Dauerhaftigkeit oder auch Nachhaltigkeit des Wandels kann nur dann realisiert werden, wenn die Führungskräfte es schaffen, bei sich und auch bei den Mitarbeitern ein Commitment zum Wandel zu kreieren und über die Zeit stabil zu halten. Und dies können sie – so unsere These - besser realisieren, wenn Glaubwürdigkeit und Sinnvermittlung möglich ist. Glaubwürdigkeit bedeutet, dass die Führungskraft die gesteckten Ziele erreichen kann und will und dass dies dann auch eintritt. Gleichzeitig müssen die Veränderungen immer wieder neu verhandelt werden, damit sich die Mitarbeiter auch in den Modifikationen wieder finden können. Das Ziel ist vorzubeugen, dass Mitarbeiter sich ungerecht behandelt fühlen. Eine offene Kommunikation kann hier für Verständnis sorgen. Gleichzeitig muss man sich aber fortlaufend klar machen, dass es bei jeder Veränderung auch Verlierer gibt. Diese werden versuchen, den Wandel in ihrem Interesse umzugestalten. Die benachteiligten des Wandels sollten mit besonderer Aufmerksamkeit bedacht werden. Eventuelle neue Aufgabenfelder und damit in Aussicht gestellte Kontrolle über neue Ungewissheitszonen sollten ausgehandelt werden.

Wie können wir erreichen, dass vereinbarte Entscheidungen und getroffene Maßnahmen auch tatsächlich über die Zeit aufrechterhalten werden? Dazu erscheinen aus der bisherigen Perspektive zwei Punkte als zentral: Entweder die Führungskraft hat sich selbst dem Thema so verschrieben, dass sie sich an der Umsetzung auch messen lassen

[174] Vgl. Wimmer 1995.

will. Zwischen Mitarbeiter und Führungskraft herrscht insofern ein offenes Verhältnis, als sich Mitarbeiter auf der Sachebene auch an die Führungskraft wenden können. Die andere Möglichkeit ist, dass die Führungskraft wiederum kontrolliert wird durch ihren Vorgesetzten. Dieser wacht darüber, wie sich die Entwicklung der vereinbarten Maßnahmen vollziehen. Für die Führungskraft oder den Abteilungsleiter muss es Konsequenzen haben, wenn er sich mit Ergebnissen aus einer MAB nicht ernsthaft auseinandersetzt. Das können zum einen Zielvereinbarungen sein. Diese benötigen allerdings Kennziffern oder andere objektiv messbaren Größen, an denen der Erreichungsgrad des vereinbarten Zieles ablesbar ist.
CROZIER und FRIEDBERG weisen darauf hin, dass Wandelverstetigung letztlich nur dann vollzogen werden kann, wenn sich das Handeln der Akteure in einem Handlungsfeld konkret verändert. Wandelverstetigung soll im Folgenden den Vorgang bezeichnen, der dazu führt, dass sich der Wandel innerhalb der Organisation entweder auf das Handeln der Akteure und/oder auf die Struktur der Organisation auswirkt, und das auch dauerhaft. Dabei geht in den Prozess des Wandels die Ideen- und Maßnahmengenerierung, die Umsetzung der Maßnahmen sowie die Kontrolle der Dauerhaftigkeit der Umsetzung ein.
Die Implementierung von dauerhaftem Wandel setzt voraus, dass wir unterscheiden können zwischen zwei Modellen des Wandels: dem *Umbruchsmodell* und dem *Evolutionsmodell*. Das Umbruchsmodell beschreibt einen Wandel in Form von Quantensprüngen, die von Krisensituationen begleitet werden.[176] Demnach sollte wegen der vielfältigen Interdependenzen zwischen den einzelnen strukturellen Elementen einer Organisation ein solcher Wandel eher selten, aber dann schnell und in großen Schüben vollzogen werden. Die Bereitschaft dafür sei in Krisensituationen am höchsten. Das Evolutionsmodell[177] hingegen betont die Option der lernenden Organisation und deren Fähigkeiten, durch kleine Schritte Neues zu schaffen. Wandel in kleinen Schritten folgt aus der Ansicht, dass jede größere Transformation Widerstände provoziert, und dass nur ein sukzessiver Wandel akzeptiert wird und erfolgreich ist. MAB beziehen sich – zumindest in der Theorie – auf beide Modelle des Wandels. Wir können durch eine MAB durchaus eine Krisensituation erzeugen, wenn die Befragungsergebnisse besonders schlecht ausfallen. In einer solchen Situation kann das Umbruchsmodell herangezogen werden, im Zuge dessen mittels einer „Bombenabwurf-Strategie“[178] Veränderungen eingeleitet werden. Allerdings ist für uns fraglich, ob die Ergebnisse einer

[175] Ursprünglich haben wir den Begriff der Nachhaltigkeit verwendet, dieser ist aber aufgrund seiner Unschärfe und seiner doppelten Bedeutung (Nachhaltigkeit stammt ursprünglich aus der Forstwirtschaft, deshalb verwenden wir den Begriff der Verstetigung des Wandels.
[176] Vgl. Miller/Friesen 1984.
[177] Vgl. Pettigrew 1985, Quinn 1980.

MAB wirklich ein so großes Potenzial aufweisen können, eine Krisensituation hervorzurufen. Hier ist zu bedenken, dass wirtschaftlichen Kennzahlen oder Kunden-Sensor-Daten in der betrieblichen Praxis weitaus größere Aufmerksamkeit zukommt. Wir sollten daher MAB im Sinne des zweiten Modells, des Evolutionsmodells, begreifen. Die beteiligten Akteure führen mit der Offenlegung ihres Expertenwissens zu einer lernenden Organisation, die Folgeprozesse tragen dazu bei, in kleinen oder auch größeren Schritten Neues zu schaffen. Dieser sukzessive Wandel kann durch partizipative Aushandlungsprozesse Widerstände verringern. Allerdings muss verstärktes Augenmerk darauf gelegt werden, dass die Wahrung aller am Veränderungsprozess beteiligten Gruppen nicht dazu führt, dass letztlich viel geplant, aber nichts umgesetzt wird. Deshalb sollte die Implementierungsstrategie als integraler Bestandteil der Folgeprozesse verstanden werden. Dazu benötigen wir Führungskräfte, die sich der Umsetzung der Folgeprozesse verschreiben und mittels Leadership dazu in der Lage sind, eine stabile Koalition des Wandels aufrecht zu erhalten und immer wieder neu zu verhandeln. Das Management von Sachfragen ist dabei nur die Spitze des Eisbergs, vielmehr sind die Führungskräfte dazu angehalten, das Management von Bewusstseinslagen zur Sicherung der Einstellungsakzeptanz sowie das Einflussmanagement zur Sicherung der Verhaltensakzeptanz voranzutreiben.

1.4.5 Commitment und Wandel

Wir benötigen also ein Commitment zum Wandel. Die vielfach verbreitete These ist, dass durch erfolgreiche Verbesserungen das Commitment der Mitarbeiter hinsichtlich der Organisation verbessert wird, dass also durch ein hohes Commitment ZUM Wandel das Mitarbeitercommitment erhöht wird. Das in den MAB abgefragte Mitarbeitercommitment soll durch den Wandel, also die Folgeprozesse, die eine Verbesserung des betrieblichen Umfelds zum Ziel haben, vergrößert werden. Allerdings tauchen hier Schwierigkeiten auf, die vor allem die Erwartungshaltung der Mitarbeiter betreffen. Generell gilt, dass die Erwartungen der Mitarbeiter bezüglich der Folgeprozesse einer MAB recht hoch sind. Und selbst dann, wenn diese nachweislich erfolgen, werden Verbesserungen nach relativ kurzer Zeit als mehr oder weniger selbstverständlich hingenommen. Es ist plausibel anzunehmen, dass sich Mitarbeiter mit ihrer Organisationseinheit umso stärker identifizieren, je mehr sie sich auch in die Entscheidungsprozesse bei Veränderungen einbringen können. Die Untersuchung von RIDDER et al. Hat uns bereits gezeigt, dass Veränderungsbereitschaft erarbeitet werden muss durch Möglichkeiten der Partizipation. Wir können also annehmen, dass durch die Art und Weise der Folgeprozesse zum einen auf die Veränderungsbereitschaft, also das Com-

[178] Vgl. Borg 2003, 265 f.

mitment zum Wandel eingewirkt werden kann. Zum anderen können wir annehmen, dass mittels erfolgreicher Folgeprozesse das betriebliche Umfeld verbessert werden kann, was das Mitarbeitercommitment zur Organisationseinheit wiederum steigert.
Das von TNS Infratest entwickelte Modell von Mitarbeitercommitment bezieht sich auf das Antwortverhalten der Mitarbeiter auf die 6 Fragen nach *Gesamtzufriedenheit, Wiederbewerbung, Weiterempfehlung, Identifikation, Motivation* und *Wettbewerbsfähigkeit.* Es ist plausibel anzunehmen, dass sich Art und Richtung der Organisationsentwicklung auswirken auf die empfundene Verpflichtung gegenüber der Organisation. Somit können wir auch annehmen, dass sich Mitarbeiter, die sich bei der Organisationsentwicklung im Zuge der Folgeprozesse einer MAB einbringen können, auch stärker mit ihrer Organisationseinheit identifizieren. Commitment, also die Identifikation mit dem Unternehmen, die Wahrscheinlichkeit einer Wiederbewerbung bei oder eine Weiterempfehlung des Unternehmens, ist eine sich im Zeitverlauf nur sehr langsam entwickelnde Grundeinstellung gegenüber dem Unternehmen. Inwiefern hier die Art und Weise der Folgeprozesse einer MAB Auswirkungen auf das Mitarbeitercommitment hat, ist nur schwer zu beantworten. Die Formen des Wandels können wir für die weitere Untersuchung nach dem Kriterium des Initiators unterteilen in zwei Arten: zum einen in den Wandel nach dem Prinzip des Top-Down, bei dem die Unternehmens- oder Geschäftsbereichs-Leitung der Initiator ist und die Veränderungen nach unten hin verordnet, meist durch die Veränderung von Strukturen (Berichtslinien, Verantwortlichkeiten, Personalveränderungen). Zum anderen in den Wandel mit Bottom-Up-Ansatz, der sich darauf bezieht, dass sich die Mitarbeiter in den Entscheidungsprozess von Maßnahmen zur Veränderung des betrieblichen Umfeldes aktiv mit einbringen können. Bleibt anzumerken, dass sich beide Ansätze gegenseitig bedingen.

Zusammenfassung

Wir haben gesehen, dass MAB je nach Ziel der Befragung in unterschiedlicher Art und Weise eingesetzt werden. In den letzten Jahren hat sich der Einsatz in Form von interventionistischen MAB durchgesetzt. Allerdings werden MAB und deren Folgeprozesse noch zu selten in die strategische Organisationsentwicklung integriert. Die messende Komponente von MAB wird abgedeckt durch Kennziffern wie Mitarbeiterzufriedenheit und Mitarbeitercommitment. Die Kennziffer Mitarbeitercommitment konnten wir darstellen als die Bindung des Mitarbeiters an das Unternehmen. Es besteht aus den Komponenten Identifikation, Anstrengungsbereitschaft und einer geringen Fluktuationsneigung. Die Arbeitszufriedenheitsforschung geht zurück bis in die 1930er-Jahre, in den letzten Jahren können wir einen Trend beobachten hin zur Messung mit

der Kennziffer Mitarbeitercommitment. Somit entspricht die Kennziffer TRI*M-Index von TNS Infratest, die das Mitarbeitercommitment ermittelt, dieser Entwicklung.
MAB werden im Unternehmen als Führungsinstrument implementiert. Dadurch sollen Möglichkeiten zur Partizipation vermehrt und die Frage nach Organisationaler und Prozessualer Gerechtigkeit gestellt werden. Gleichzeitig wird jedoch ein Dilemma evident: einerseits sorgt die Enthierarchisierung durch Befragungen für Erwartungen seitens der Belegschaft, dass sie sich in den Antworten auf die Befragung wieder findet und sich daraus Verbesserungen ihres betrieblichen Umfelds ergeben. Das Führungsinstrument MAB zeichnet sich durch partizipative Eigenschaften aus, allerdings mit der Einschränkung, dass bei den Möglichkeiten der Partizipation wichtige Ebenen der Unternehmenskultur darüber entscheiden, ob in den Prozessen der Entscheidungsfindung auch organisationale Gerechtigkeit empfunden wird. Dabei ist zu beachten, dass sich die organisationale Gerechtigkeit als subjektiv und damit nicht objektivierbar verstehen lässt. Die Akteure müssen also stets im Auge behalten, dass den beteiligten Parteien die Fairness des Prozesses der Entscheidungsfindung klar ist. Diese Schwierigkeit muss bereits vor Implementierung einer MAB klar sein. Aus ihr folgt, dass die Umsetzungsverantwortlichen mit den Veränderungsvorhaben taktisch klug agieren, um sich nicht durch nicht einhaltbare Versprechungen und Zusagen ihrer Glaubwürdigkeit zu berauben.
Interventionistische MAB werden mit den beiden Hauptzielen Messung des Mitarbeitercommitments und Ermittlung von Ansatzpunkten für Verbesserungen durchgeführt. Der Interventions-Charakter hat Fragen hinsichtlich des Verhältnisses von MAB und organisationalem Wandel zur Folge. MAB zeichnen sich durch Anonymität der Befragung und Datenschutz aus, wenn sie von einem externen Partner durchgeführt werden. Die anschließenden Folgeprozesse liefern, wenn sie effizient und professionell gestaltet werden, wichtige Hinweise für die Verbesserung des betrieblichen Umfelds. Allerdings bleiben diese Verbesserungen meist auf den operativen Bereich beschränkt. Management-Themen, die sich auf die strukturelle Ebene auswirken, sind sehr viel schwieriger zu verändern. Wenn sich hier nach mehrmaliger Befragung nichts bewegt, können Frustration und Resignation entstehen.
Wandelverstetigung und Organisationsentwicklung in Verbindung mit MAB verstehen wir als Wandel im Sinne des Evolutionsmodells. Die Organisation wird hier als *lernende Organisation* verstanden, die sich durch das Handeln der Akteure in kleinen Schritten sukzessive verbessert. Die Akteure haben die Möglichkeit, vor allem auf der operativen Ebene Optimierungen vorzunehmen. Schwierigkeiten bereitet allerdings die Veränderung von Strukturen. Dafür muss eine stabile Koalition des Wandels gebildet werden, die mittels eines stabilen inner circle für Machtverhältnisse sorgt, mittels derer

die Akteure Veränderungen über die Zeit stabilisieren können. Dabei müssen auch Koalitionsbildungen möglich sein, die sich auf struktureller Ebene mit globalen Management-Themen auseinandersetzen, die durch das Antwortverhalten in der MAB virulent geworden sind und Handlungsbedarf aufweisen. Zur Sicherstellung dieser Verbesserungen müssen auch die Folgeprozesse von MAB in die Strategie der Organisationsentwicklung aufgenommen werden, ansonsten laufen die gesammelten Informationen ins Leere. Dabei spielen die machtpolitischen Verhältnisse in einer Organisation eine bedeutende Rolle, sie dürfen auf keinen Fall ausgeblendet werden.

Commitment und Wandel stellen ein Verhältnis dar, das sich in zwei Teile untergliedern lässt: Zum einen gibt es das Commitment ZUM Wandel, zum anderen das Verhältnis Commitment UND Wandel. *Commitment zum Wandel* stellt dabei die Bereitschaft und Verpflichtung der Akteure, das betriebliche Umfeld zu verändern mit dem Ziel der Optimierung der Organisation. Die Führungskraft kann sich durch erfolgreiche Veränderungen bei den Mitarbeitern Respekt und Glaubwürdigkeit erarbeiten. Alle Akteure müssen sich aber darüber im Klaren sein, dass erfolgreiche Veränderungen nicht leicht erreichbar sind und dass das Management von Erwartungen anspruchsvoll ist, Veränderungsbarrieren zahlreich sind und die Wahrnehmung von Veränderungen schwierig zu erreichen ist. Beim Zusammenhang von *Commitment und Wandel* wird davon ausgegangen, dass durch erfolgreiche Verbesserungen des betrieblichen Umfelds das Commitment des Mitarbeiters zur Organisation verstärkt wird. Wir haben gesehen, dass die Art und Weise der Aushandlung dieser Veränderungen wesentlich dazu beiträgt, wie sich das Commitment gegenüber den Veränderungen wie auch gegenüber dem Unternehmen entwickelt. Die Veränderungsbereitschaft der Akteure wird beeinflusst durch die Verlustaversion, die Angst des Verlustes von Kontrolle über ihre jeweils spezifische Ungewissheitszone. Wandel bedeutet hier Veränderung und damit die potentielle Gefahr, dass bereits erkämpfte Freiheiten wieder aufgegeben beziehungsweise neu erarbeitet werden müssen. Diese Barrieren des Wandels gilt es bei der Wandelverstetigung und Organisationsentwicklung abzubauen. Es muss sichergestellt werden, dass sich die beteiligten Akteure mit ihren Interessen in die Folgeprozesse einbringen können, denn nur so kann Veränderungsbereitschaft erreicht werden. Demgegenüber sehen wir Kritik am nicht vollzogenen Wandel nach einer MAB nur eingeschränkt berechtigt. Die reine Fokussierung auf den Wandel verkennt, dass bereits mangelhaft umgesetzte Verbesserungen eine Diskussion in Gang setzen, im Zuge derer in der Organisation Schlüsselthemen wie Kommunikation und Führungsverhalten auf die Agenda gehoben werden. MAB als Führungsinstrument weisen einen nicht zu unterschätzenden Interventions-Charakter auf. Allerdings dürfen sich die Folgeprozesse einer MAB nicht alleine durch Aktionismus auszeichnen. Vielmehr kann eine Führungskraft auch durch individuelle Veränderungen im Umgang mit ihren Mitarbeitern einiges dazu beitragen, dass sich das Commitment der Mitarbeiter positiv beeinflussen kann. Dies kann beispielsweise auch dadurch geschehen, dass der Abteilungsleiter durch Vier-Augen-Gespräche mit seinen Mitarbeitern in Dialog tritt. Die Messbarkeit der Effekte auf das Commitment bleibt problematisch und wird nicht monokausal auf die Folgeprozesse zurückzuführen sein.

Folgeprozesse und der daraus resultierende Wandel sollten von der Unternehmensleitung in die Gesamt-Veränderungsstrategie des Unternehmens integriert werden. Ziel ist, auch strukturelle Themen wie Vergütungsfragen oder globale Prozesse in der Organisation auf den Prüfstand zu stellen. Die Strategische Organisationsanalyse geht davon aus, dass Veränderungen in Organisationen nur dann zustande kommen, wenn sich die Strukturen der Machtverhältnisse verschieben. Dafür bedarf es einer stabilen Koalition des Wandels, deren inner circle flexibel und dennoch beständig ist. Die in ihr tätigen Akteure müssen permanent neue Machtressourcen aushandeln, um in den jeweils spezifischen Handlungsfeldern das Verhalten der Akteure und die Strukturen und Prozesse verändern zu können. Dabei ist eine andauernde Kommunikation sowohl Top-down in Form von Leitbildern und Zielformulierungen als auch Bottom-Up in Form von Feedback-Runden und Strategieanpassungen essentiell. Im nächsten Kapitel untersuchen wir, wie die MAB im Vertrieb von DaimlerChrysler angewendet werden.

2 Mitarbeiterbefragungen im Vertrieb von DaimlerChrysler

Wie werden nun MAB im Vertrieb von DaimlerChrysler eingesetzt? Dafür untersuchen wir exemplarisch zwei der wichtigsten Vertriebsregionen der Mercedes Car Group: Deutschland und USA. Bei DaimlerChrysler gibt es eine global gültige Betriebsvereinbarung zum Thema MAB, welche die Implementierung und Durchführung von MAB regelt. Im ersten Schritt klären wir, welche Regelungen hier festgehalten sind. Im zweiten Schritt werden wir aufzeigen, wie die Niederlassungen der DaimlerChrysler Vertriebsorganisation Deutschland (DCVD) aufgebaut sind und wie sich die Regelungen aus der Konzern-Betriebsvereinbarung auf die Implementierung der MAB bei der DCVD auswirken. Dabei zeigen wir auch auf, wie sich die das Konzept der MAB in den Niederlassungen darstellt und beschreiben den TRI*M-Index, die Kennziffer für das Mitarbeitercommitment des Befragungsinstituts TNS Infratest.
Wir zeigen also, wie sich die konzernweite Betriebsvereinbarung auswirkt auf die beiden Konzernbereiche DaimlerChrysler Vertriebsorganisation Deutschland (DCVD). Für eine Vergleichs-Studie, die gleichzeitig auch eine Objektivierung der erhaltenen Erkenntnisse liefert, stellen wir der DCVD die Vertriebsgesellschaft Mercedes-Benz USA (MBUSA) in Montvale NJ gegenüber. Zu diesem Zweck untersuchen wir den Aufbau der Vertriebsorganisation für Mercedes-Benz in den USA sowie den Einsatz von MAB in diesen Organisationseinheiten. Anschließend zeigen wir in einem Vergleich zusammenfassend die Gemeinsamkeiten und Unterschiede in der Implementierung des Führungsinstruments MAB auf.

2.1 Konzernweite Betriebsvereinbarung

Die Organisationsstruktur der Mercedes Car Group (MCG) und der Landes-Vertriebsgesellschaften können wir in Abbildung 11 sehen. Die Konzern-Betriebsvereinbarung bezüglich MAB gilt für die MCG und die darunter liegenden Organisationseinheiten MCG/M mit ihren Vertriebsgesellschaften MBUSA, DCVD und DCR.

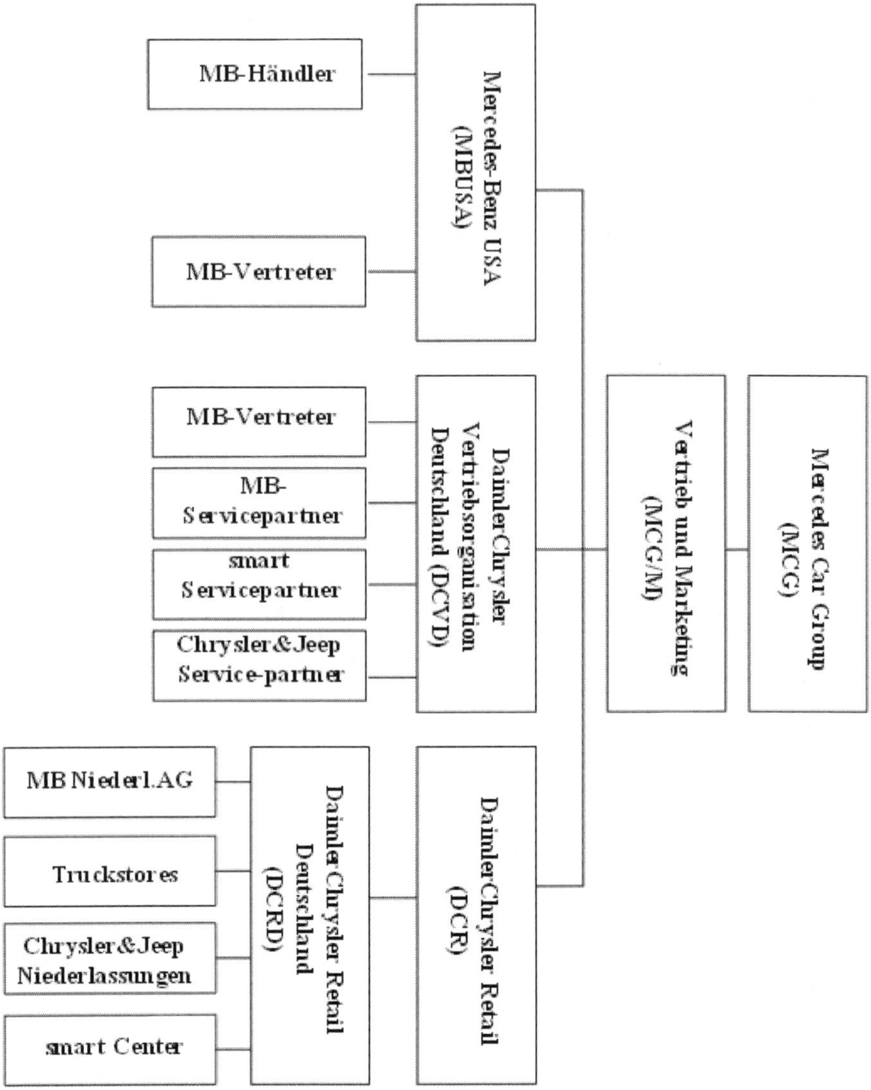

Abbildung 11

Der Bereich MCG/M ist verantwortlich für Vertrieb und Marketing der Produkte und Dienstleistungen der Mercedes Car Group. Die DCVD verwaltet die Mercedes-Benz Vertreter und Servicepartner sowie die smart Servicepartner und die Chrysler&Jeep Servicepartner. Diese Händlergruppen sind zum Teil in Privatbesitz, zum Teil auch Tochtergesellschaften von smart. Die DaimlerChrysler Retail (DCR) ist die konzerneigene Vertriebsgesellschaft, sie ist für die konzerneigenen Niederlassungen des Vertriebs in Deutschland verantwortlich. Darunter fallen die Mercedes-Benz Niederlassungen, die Truckstores, die Chrysler&Jeep Niederlassungen und die smart-Center. MBUSA ist eine Tochtergesellschaft von MCG und verantwortet als Vertriebsgesellschaft den Markt in den USA. Dabei sorgt sie für die Logistik und steuert zentrale Marketing-Kampagnen. Die Mercedes-Benz Händler und Vertreter wiederum sind eigenständige Betriebe, die nicht in der Hand von MBUSA liegen. Die konzernweit geltende Betriebsvereinbarung gilt für alle Organisationseinheiten, die in Abbildung 11 mit Strichen miteinander verbunden sind: MBUSA, DCVD sowie DCR, DCRD, MB Niederlassungen, Truckstores, Chrysler&Jeep Niederlassungen und smart Center. Die nicht konzerneigenen Unternehmen (die Händler und Vertreter in den USA sowie die Servicepartner und Vertreter in Deutschland sind wirtschaftlich eigenständig und somit auch in der Durchführung von MAB eigenverantwortlich. Sie können selbst entscheiden, ob und wie sie MAB durchführen.

Die Betriebsvereinbarung ist ein „Leitfaden zur Durchführung von Mitarbeiterbefragungen" und wurde letztmalig im Jahr 2005 aktualisiert. Er umfasst die folgenden Punkte, die wir zur Verdeutlichung kurz darstellen möchten. In allen Punkten unterstützen die zuständigen Personalbereiche alle Beteiligten. Die drei Ziele von MAB sind:

- *Mitarbeiter ernst nehmen:* Demnach wird mit MAB auf der Grundlage einer breiten Beteiligung von Führungskräften und Mitarbeitern der Ausbau erkannter Stärken sowie in besonderem Maße die Beseitigung von Schwächen einer Organisationseinheit angestrebt.
- *Befragungen durchführen:* MAB tragen zur Identifizierung von Verbesserungs-Potenzialen einer Organisationseinheit bei. Über Zielvereinbarungen können daraus abgeleitete Maßnahmen verbindlich im Führungsprozess verankert werden. Zeitpunkt sowie konkrete Planung und Durchführung einer MAB bestimmen die einzelnen Center und Werke selbst.
- *Veränderungen einleiten*: Die durch die MAB gesammelten Meinungen der Mitarbeiter zeigen, was zum Zeitpunkt der Befragung als positiv erlebt wird

und wo Veränderungen oder Verbesserungen in der Kooperation erreicht werden können. Die Beteiligungsquote einer MAB entscheidet über den Erfolg einer MAB. Gleichzeitig ist aber für den Erfolg auch wichtig, wie die Resultate für die weitere Gestaltung des Veränderungsprozesses genutzt und als Form der Mitarbeiterbeteiligung gemeinsam mit den Mitarbeitern in Entwicklungsmaßnahmen umgesetzt werden.

Die Betriebsvereinbarung sieht im Einzelnen vor, dass vor Durchführung die Zielklärung einer MAB sichergestellt ist, was auch ein effektives Informationskonzept für die Mitarbeiter voraussetzt. Ein externer Partner soll die Befragung professionell und wissenschaftlich begleiten und dadurch die vertrauliche Behandlung der Fragebögen garantieren. Die Teilnahme an der MAB beruht auf Freiwilligkeit der Mitarbeiter, die Anonymität der Befragten wird dadurch gewährleistet, dass eine statistisch ausgewertete Einheit mindestens sechs Mitarbeiter umfasst. Die Analyse der Daten erfolgt im Anschluss an die Auswertung.
MAB sollen wiederholt durchgeführt werden. Die erste Befragung schafft nur den Anstoß für Veränderungen. Erst mit regelmäßiger Durchführung – in einem bewährten Turnus von zwei Jahren – entwickeln sich MAB zu einem wirkungsvollen Controllinginstrument für den mitarbeiterbezogenen Führungsprozess und das Betriebsklima. Aus diesem Grund sollten in einer Wiederholungsbefragung Fragen gestellt werden zur Zufriedenheit der Mitarbeiter mit den realisierten Veränderungen. Die Zustimmung der Belegschaft wird am besten erreicht, wenn im gesamten Befragungsprozess zusammengearbeitet wird mit dem Betriebsrat und dem Sprecherausschuss.
Auch die Inhalte einer MAB sind in der globalen Betriebsvereinbarung geregelt zwischen Unternehmensleitung und Gesamtbetriebsrat. Diese sind

- Arbeitsbereich des Mitarbeiters
- Berufliche Entwicklung und Anerkennung
- Zusammenarbeit zwischen Kollegen/-innen
- Zusammenarbeit mit Vorgesetzten
- Zusammenarbeit zwischen Arbeitsbereichen
- Management und Organisation
- Einstellung zu werks-/centerbezogenen Veränderungsprozessen
- Zufriedenheit mit erreichter Veränderung aus der vorangegangenen Befragung

Für den Ablauf der MAB werden kritische Erfolgsfaktoren genannt. Dafür wurden Prozesselemente zusammenstellt, denen für einen erfolgreichen Befragungsprozess besondere Bedeutung zukommt. Diese Prozesselemente wurden in fünf Phasen eingeteilt: in Phase eins sind dies *Zielklärung und Einbindung des Managements, Auswahl des Projektteams, Informationskonzept, Begleitung durch externe Partner* sowie *Zusammenarbeit mit dem Betriebsrat.* In Phase zwei sind die kritischen Erfolgsfaktoren: *Erstellen eines Projektplans, Entwicklung des Fragebogens, Pretest, Auswertungseinheiten festlegen/Mitarbeiterdaten prüfen, Freiwilligkeit, Sicherstellen von Anonymität, Methodensicherheit, Mitarbeiterkommunikation/Einbindung der Mitarbeiter.* Phase drei besteht aus den Prozessschritten *Erfolgscontrolling für Verständlichkeit des Fragebogens und Zufriedenheit mit erreichter Veränderung* sowie *Schnelle Rückmeldung der Ergebnisse.* Die vierte Phase, Ergebnispräsentation und Maßnahmenableitung, besteht aus den Abschnitten *Mitarbeiter umfassend informieren, Handlungsbedarfe identifizieren, Moderatoren einsetzen, Dokumentation der Arbeitsergebnisse sicherstellen,* sowie *Übernahme der Maßnahmen in die Zielvereinbarung.* In der letzten, fünften Phase, finden sich die Schritte *Dokumentation und Visualisierung, Kommunikation der erreichten Veränderungen* und *Erfolgscontrolling für die Umsetzung.* Für die weitere Untersuchung werden wir vor allem die Phasen vier und fünf genauer untersuchen. Deshalb stellen wir die Punkte genauer dar, die sich in diesen beiden Phasen finden.

Die Betriebsvereinbarung beschreibt für Phase vier das folgende Vorgehen. *Mitarbeiter umfassend informieren:* Es muss geplant werden, wer wann und wie in die Präsentation der Ergebnisse einbezogen wird. Die extern ausgewerteten Ergebnisse werden präsentiert und analysiert entweder als Bereichsveranstaltungen oder bereits auf Teamebene. Die genaue Kenntnis der Ergebnisse und daraus resultierende Interpretationen sind die Ansatzpunkte für die Ableitung von Veränderungs- und Verbesserungsmaßnahmen. Bei der Planung der Präsentationsveranstaltungen sind die folgenden Aspekte zu berücksichtigen: Die Kommunikation der Ergebnisse muss zeitlich und inhaltlich mit zeitgleich laufenden Veränderungsaktivitäten koordiniert und verbunden werden. Vor allem dann, wenn Führungskräfte durch die Befragung ein direktes Feedback zu ihrem Führungsverhalten bekommen, müssen sie vorab die Gelegenheit bekommen, sich mit den Ergebnissen zu beschäftigen. Die Ergebnisse der MAB sollen besprochen werden. Im Anschluss daran werden von Führungskräften und Mitarbeitern gemeinsam Handlungsbedarfe abgeleitet, konkrete Maßnahmen entwickelt und in laufende Aktivitäten im Führungsprozess integriert. Dabei liegt die Verantwortung zur Umsetzung im Bereich der Führungsaufgabe der jeweiligen Führungskraft. *Moderatoren einsetzen:* Durch den Einsatz eines neutralen Moderators kann der strukturierte Ablauf der Sitzung gefördert werden, indem die Führungskraft und die Mitarbeiter bei der Rückmeldung von Rollenkonflikten entlastet werden. Außerdem kann der Moderator die Beteiligten zu konkreten Aussagen bewegen und den Emotionen der Beteiligten Rechnung tragen, was zu einem guten Gesprächsklima beiträgt. Insbesondere soll der Moderator darauf achten, dass alle möglichst eng am konkret Erlebten bleiben und nicht in pauschale Bewertungen verfallen. *Dokumentation der Arbeitsergebnisse sicherstellen:* Zum Abschluss des Gesprächs über die Befragungsergebnisse müssen gemeinsame Absprachen über notwendige Maßnahmen erreicht werden. Diese sollen für alle Beteiligten eine angemessene Problemlösung darstellen, so dass ihre Umsetzung mit hoher Verbindlichkeit vorangetrieben wird. Die Protokollierung der Sitzung sollte alle Themen mit aufnehmen, die besprochen wurden, also auch jene, die sich nicht in konkreten Maßnahmen wieder finden. Außerdem sollte am Ende allen Beteiligten klar sein, welches die nächsten Schritte und Termine sind. *Übernahme der Maßnahmen in die Zielvereinbarung:* Es wird klargestellt, dass die Verbindlichkeit von Absprachen deutlich gefördert werden kann, wenn die abgeleiteten Maßnahmen und Ziele in individuelle Zielvereinbarungen aufgenommen werden. Demnach zeigen Erfahrungen in der Praxis, dass Mitarbeiter besonders dann nachhaltig an der Umsetzung dran bleiben, wenn Maßnahmen in die Zielvereinbarung verbindlich verankert werden und deren Umsetzung im Rahmen des Führungsprozesses verfolgt und bewertet wird.

In Phase fünf, dem *Umsetzungscontrolling*, ist in der konzernweiten Betriebsvereinbarung vorgesehen, dass die MAB im Bewusstsein verankert werden über die *Dokumentation und Visualisierung* von initiierten Maßnahmen und erreichtem Umsetzungsstand. Gleichzeitig können dadurch Führungskräfte und Mitarbeiter daran erinnert werden, dass sie sich im Rahmen des Umsetzungsprozesses darauf verpflichtet haben, einen eigenen Beitrag zur Veränderung zu leisten. *Kommunikation der erreichten Veränderungen:* Begleitendes Merkmal für einen guten Umsetzungsprozess sind Aktivitäten zur Kommunikation (zum Beispiel Poster, Aktionspläne, Bilanzworkshops), mittels derer der erreichte Grad der Umsetzung dargestellt und die Wirkung auf den Befragungsbereich bewertet wird. Hier zeigen die Erfahrungen, dass Mitarbeiter ansonsten oftmals die Veränderungen zwar wahrnehmen, diese jedoch nicht mit den Umsetzungsaktivitäten der MAB in Verbindung bringen. *Erfolgscontrolling für die Umsetzung:* Nach der Betriebsvereinbarung steht und fällt der Erfolg einer MAB mit der Umsetzung der abgeleiteten Maßnahmen. Demnach soll über ein effizientes Maßnahmencontrolling sichergestellt werden, dass Maßnahmen wirklich angepackt werden und damit deutlich erkennbare Veränderungen auch erlebbar eintreten. Für die Teilnahme an der Wiederholungsbefragung sei die beste Motivation eine hohe Zufriedenheit der Mitarbeiter mit den erreichten Veränderungen. Dafür könne es dann auch zweckmäßig sein, etwa sechs bis acht 8 Monate nach der Befragung stichprobenartig ein Stimmungsbild unter den Mitarbeitern zu erheben. Damit erhält man einen Eindruck über die Qualität des Prozesses der Maßnahmenableitung und –umsetzung.

2.2 Die Mitarbeiterbefragungen bei der DCVD

Die Betriebsvereinbarung auf Konzernebene dient als Grundlage, um den Prozess der MAB auf Niederlassungsebene in der DaimlerChrysler Vertriebsorganisation Deutschland (DCVD) zu implementieren. Nach dieser Vereinbarung wurde ein Turnus von zwei Jahren festgelegt, die MAB wird strategisch implementiert als intervenierende MAB: Der Ansatz der Befragung ist, Hinweise zu erheben für die Verbesserung des betrieblichen Umfelds. Damit wir ein Bild davon bekommen, in welchem organisatorischen Kontext die MAB durchgeführt wird, folgt als erster Schritt eine Beschreibung des Aufbaus der Organisationsstruktur der DaimlerChrysler Vertriebsorganisation Deutschland. Im nächsten Schritt wird die Konzeption des Projekts MAB bei der DCVD dargestellt und die Eckdaten werden dargelegt. Für das Verständnis der Ergebnisdarstellung beschreiben wir schließlich die in der MAB von TNS Infratest angewendete TRI*M-Analyse, die die Antworten der Befragten mittels der Kennziffer TRI*M-Index für das Mitarbeitercommitment sowie die Darstellung der Einzel-Items mittels des TRI*M-Grid präsentiert.

2.2.1 Die DaimlerChrysler Vertriebsorganisation Deutschland

Die DaimlerChrysler Vertriebsorganisation Deutschland (DCVD) mit Sitz in Berlin ist die Vertriebsgesellschaft der Mercedes Car Group und damit ein Unternehmen der DaimlerChrysler AG. Die Vertriebszentrale in Berlin steuert den nationalen Vertrieb. Hier werden die einzelnen Marken ihrem jeweiligen Image gemäß in den Verkaufsstrategien positioniert. Dafür werden auch die unterschiedlichen spartenübergreifenden Funktionen Service, Vertriebsnetze, Marketing, Kommunikation, Finanzen und Controlling koordiniert. Die DCVD besteht aus der Vertriebszentrale in Berlin und bundesweit 35 konzerneigenen Niederlassungen mit insgesamt 164 Zweigbetrieben. Die Anzahl der Beschäftigten liegt insgesamt bei etwa 20.000. Daneben existieren eigenständige Vertriebs- und Service-Partner, die ebenfalls von Berlin aus gesteuert werden. Die DCVD ist verantwortlich für den nationalen Vertrieb der Marken Mercedes Benz, Chrysler, Jeep, smart und Maybach. Die Niederlassungen sind als Profit Center organisiert und agieren damit eingeschränkt als Unternehmen im Unternehmen. Gleichzeitig sind die Niederlassungen und damit auch deren Mitarbeiter vollwertige Konzernmitglieder der DCAG. Daraus ergeben sich spezifische Überlagerungen von Interessen. Die Vertriebszentrale steuert auch viele einheitliche Prozesse wie beispielsweise die Entlohnungsformen, Schulungs- und Zertifizierungsprogramme und die Marketing-Aktivitäten für den deutschen Handel. Gleichzeitig gibt die Vertriebszentrale auch die Ausrichtung der MAB vor. Wir sehen also, dass sich die Niederlassungen als Profit Center[179] zwar auf die interne Ausrichtung ihrer Aktivitäten auch unternehmerischen Spielraum hat, sich jedoch bei zentralen Maßnahmen, zu denen die MAB gehört, an den Programmen beteiligen muss. Die Kosten der MAB werden auf die jeweilige Niederlassung umgerechnet. Diese Feststellung ist wichtig und bestimmt entscheidend das Commitment der Geschäftsleitung der Niederlassungen gegenüber der MAB: sie sind nicht selbst Initiator der MAB, sondern bekommen die MAB von oben regelrecht verordnet. Zum einen sehen die Führungskräfte die MAB als ein wichtiges personalpolitisches Instrument an. Andererseits allerdings wird die MAB nicht freiwillig durchgeführt und wird von manchen Führungskräften als Controlling-Instrument verstanden. Die Controlling-Funktion ist auch angedacht, aber nicht nur: Die strategische Ausrichtung der MAB sieht ganz klar die „Verbesserung des betrieblichen Umfelds“ vor.

2.2.2 Das Konzept der MAB

Die strategische Ausrichtung der MAB in der DCVD ist analog der Betriebsvereinbarung auf Konzernebene intervenierend konzipiert und entspricht damit dieser Vereinbarung. Zielsetzung der MAB ist in der DCVD Handlungsbedarf zu erkennen, Stärken auszubauen und Veränderungen einzuleiten. Dazu gehören:

- Aktive Beteiligung und Einbindung der Mitarbeiter bei der Gestaltung von Veränderungen
- Identifikation der Stärken und Schwächen in der Niederlassung
- Ableitung von Handlungsbedarf
- Einleitung von Verbesserungsmaßnahmen durch einen systematischen Feedbackprozess
- Kontinuierlicher Einsatz des Instruments der Mitarbeiterbefragung als etablierter Baustein im Rahmen der Qualitätskontrolle

Damit sind einige Kernpunkte aus der Konzern-Betriebsvereinbarung übernommen worden. Auffallend ist, dass die Phasen vier und fünf aus der konzernweiten Betriebsvereinbarung, also *Ergebnispräsentation und Maßnahmenableitung* sowie das *Umsetzungscontrolling* in der Konzeption auf DCVD-Ebene nicht dokumentiert sind. Wir

[179] Ein Profit Center ist eine relativ selbständige Einheit, die Geschäftsführung plant hier ihre Geschäfte innerhalb eines festgelegten Handlungsspielraums selbst. Kernidee ist, dass das Profit Center wie ein selbständiges Unternehmen denken und agieren soll, den Kosten in dieser Einheit werden die Erlöse durch die Geschäftstätigkeit gegenübergestellt.

können somit festhalten, dass die Folgeprozesse der MAB nicht gesondert geregelt sind. In diese Regelungslücke kann die Konzern-Betriebsvereinbarung stoßen, allerdings wollen wir argumentieren, dass wir mit diesem Weglassen von Informationen eine Problemlage erkennen: Es ist für uns nicht ersichtlich, wieso nicht zumindest die Anregungen und Vorschläge aus der Konzern-Betriebsvereinbarung im Intranet der DCVD zur Verfügung gestellt werden. Im Sinne einer Informationsplattform für die zentralen Personalthemen in den Niederlassungen wäre es sehr hilfreich, sich hier auch zur strategischen Bedeutung der Folgeprozesse zu positionieren. Nach unserem Kenntnisstand hat die Tatsache, dass die Folgeprozesse nicht definiert sind, vor allem politische Gründe. Die einzelnen Niederlassungen mit ihren jeweils spezifischen Umwelten sind teilweise sehr heterogen. Hierin könnte ein Grund dafür liegen, dass die einzelnen Niederlassungen als jeweils getrennt zu betrachtende Organisationseinheiten in den Folgeprozessen der MAB autonom sein wollen. Allerdings wäre ein Verweis auf die Konzern-Betriebsvereinbarung, ergänzt mit einer Herausstellung der wichtigsten Phasen und Einzelschritte der Folgeprozesse, für die weiteren Schritte einer MAB sehr hilfreich. Dass dies nicht geschieht werten wir als einen Hinweis darauf, dass die MAB doch in erster Linie dem Monitoring, also der Überwachung und Führungskräftebewertung gelten soll. Die Folgeprozesse in Form von Veränderungsvorhaben und Organisationsentwicklung werden konzeptionell vernachlässigt, was sich, so wollen wir argumentieren, auch auf die Anwendung in der Praxis auswirkt.

Konkret ist die Strategie der Implementierung von MAB in den Niederlassungen der DCVD durch die folgenden Eckpunkte charakterisiert: Das Ziel der MAB ist es zum einen, das aktuelle Arbeitsklima in den Betrieben zu messen und zum anderen, neue Ansatzpunkte für Verbesserungen im betrieblichen Umfeld zu ermitteln. Die MAB im Jahr 2001 diente der Nullmessung sowie der umfassenden Analyse der Stärken und Schwächen im Hinblick auf das Mitarbeitercommitment und der Priorisierung des Handlungsbedarfs. Die Blitzlichtbefragung in 2002 wurde als Zwischenbefragung zum Stand des Folgeprozesses konzipiert. Die MAB 2004 war eine Wiederholungsbefragung zur Befragung in 2001, die dem Monitoring der Erfolge der Umsetzungsbemühungen sowie einer erneuten, umfassenden Analyse der Stärken und Schwächen im Hinblick auf das Mitarbeitercommitment und der Priorisierung des Handlungsbedarfs diente. Für das Jahr 2005 war zunächst eine gekürzte Version der MAB 2004 als neue Befragung geplant, diese wurde jedoch in der DCVD vom Betriebsrat abgelehnt. Die Begründung war, dass die Ergebnisse auf Grund der aktuellen politischen Lage im Konzern sowieso sehr schlecht ausfallen würden.[180] Die nächste MAB fand daraufhin

[180] Unter anderem waren die Themen Kosteneinsparungen, Ankündigung von weiterem Stellenabbau und der Rücktritt von Jürgen E. Schrempp ein Thema.

im Herbst 2006 und damit wieder zwei Jahre nach der MAB 2004 statt. Der Fragebogen für diese Befragung wurde auf Wunsch der Niederlassungs-Vertreter im Projektteam MAB von 76 Fragen in 2004 auf 27 Fragen in 2006 reduziert.[181] Ein Argument war, dass die Fragen sich mehr auf den Fokus der Kundenorientierung der Niederlassungen beziehen sollte. Dazu wurde auch angestrebt, die einzelnen Fragengebiete in weniger abgestuften Einzelfragen zu erheben. Dadurch konnten teilweise widersprüchliche oder auch doppelt gefragte Items aus den vorherigen MAB ersetzt oder überarbeitet werden. Allerdings wollen wir hier anmerken, dass damit ein Problem einhergeht. Wenn bei MAB zwischen zwei Befragungen gravierende Veränderungen im Fragebogen vorgenommen werden, sich also die strategischen Folgeprozesse auch in der Überarbeitung des Fragebogens niederschlagen, ist Vorsicht geboten. Denn dies kann Anlass sein für eine Methodendiskussion, die den Zielen Veränderungs- und Verbesserungsmaßnahmen als Folgeprozess der MAB konträr entgegenwirken. Mitarbeiter wie Führungskräfte können sich jetzt auf eine mangelnde Vergleichbarkeit der Ergebnisse berufen und sich aus der Veränderungsdiskussion herauswinden. Es muss nicht sein, dass dies dann auch wirklich geschieht, aber die Gefahr besteht. Es ist also zu bedenken, dass für eine Veränderung des Fragebogens gute Gründe vorliegen sollten und dass sich die Akteure darüber bewusst sein müssen, dass dies auch eine teilweise Neuausrichtung der MAB bedeutet.

Die Planungen gehen dahin, die MAB zunächst noch alle zwei Jahre durchzuführen. In Zukunft soll der Turnus verkürzt werden; angestrebt wird eine Befragung alle 6 Monate bei der Hälfte der Belegschaft. Damit könnten wir von einer *systemischen MAB* sprechen.[182] Der Fragebogen ist modular aufgebaut, das heißt, dass die Fragen zu den einzelnen Themengebieten in Modulen wie beispielsweise *Information und Kommunikation* oder *Qualität der Arbeit* abgefragt werden. Die MAB wird von der DCVD-Zentrale in Berlin in Zusammenarbeit mit einem Kernteam, bestehend aus Führungskräften der Niederlassungen, der Arbeitnehmervertretung und TNS Infratest, entworfen. Die Gestaltung des Fragebogens wird durch eine funktionsübergreifend besetzte Arbeitsgruppe erarbeitet, TNS Infratest ist die externe Institution, die die Befragung durchführt und damit auch die Anonymität garantiert. Die Mitarbeiter beantworten zum einen 6 grundsätzliche Fragen zum Mitarbeitercommitment, darüber hinaus noch Fragen zu bestimmten Kategorien wie Qualität der Arbeit oder Information und Kommunikation.[183] Die Befragung wird in einem einheitlichen Zeitraum in allen Niederlassungen gleichzeitig durchgeführt und zentral von TNS Infratest ausgewertet. Für

[181] Eine genaue Beschreibung der Befragungs-Umfänge folgt in Kapitel 3.1.3.
[182] Vgl. Borg 2003, 29 f.
[183] Die genaue Beschreibung dieser Fragenkomplexe nehmen wir in Kapitel 3.1.3. vor.

die MAB 2006 wurden die Fragen unter dem Aspekt umgestellt, in der Befragung die Kundenorientierung zu stärken. Außerdem wurde der Fragebogen gekürzt, er war mit einer Bearbeitungszeit von zehn Minuten von den Mitarbeitern zu beantworten. Die MAB 2001 und 2004 verlief als reine Papierbefragung, die MAB 2006 in Form einer Kombination aus Online- und Papierbefragung.[184]

Ein sehr wichtiger Punkt bei der Erhebung von Daten durch MAB ist die Vertraulichkeit der Verarbeitung der Daten. Aus diesem Grund wird meistens ein externes Institut mit der Durchführung und Auswertung der Daten beauftragt. Das hat auch den Vorteil, dass die wissenschaftliche Auswertung der Daten garantiert werden kann. Bei der vorliegenden Untersuchung hat das Marktforschungsinstitut TNS Infratest die Befragung durchgeführt. TNS ist Mitglied im Arbeitskreis Deutscher Markt- und Sozialforschungsinstitute (ADM) und versichert den Auftraggebern, dass das Unternehmen nach den Vorschriften des Bundesdatenschutzgesetzes (BDSG) und allen anderen datenschutzrechtlichen Bestimmungen arbeitet. Seitens der Projektgruppe und von TNS wird den Mitarbeitern außerdem versichert, dass niemand bei der DaimlerChrysler AG Einblick in die ausgefüllten Fragebögen oder die ermittelten Daten hat. Die Ergebnisse werden immer in aggregierter Form, das bedeutet in zusammengefasster Form ausgewertet. Aus den Resultaten können keine Rückschlüsse auf einzelne Mitarbeiter gezogen werden.

Um die Anonymität zu gewährleisten werden zudem die Erhebungsdaten einer Organisationseinheit nur dann zu einem extra Ergebnis für diese Einheit ausgewertet, wenn hier mindestens 6 auswertbare Fragebögen vorliegen. Wenn die Zahl der auswertbaren Fragebögen in einer Organisationseinheit geringer ist, werden diese in die zusammengefasste Auswertung auf der nächst höheren Hierarchie-Ebene berücksichtigt. Damit will man verhindern, dass bestimmte Einzelangaben, die auf einzelne Personen schließen lassen könnten, dazu führen, dass dem Abteilungsleiter Informationen vorliegen, die eventuell zum Nachteil des betreffenden Mitarbeiters eingesetzt werden könnten. Die Teilnahme an der Befragung ist freiwillig und auch über das Teilnahme-Verhalten der Mitarbeiter erhält niemand bei DaimlerChrysler Informationen.

2.2.3 TRI*M-Analyse

TNS Infratest verwendet das Infratest Burke Konzept TRI*M, wobei TRI*M steht für Measurement (Messen), Managing (Managen) und Monitoring (Monitoren). Über den

[184] Hier ist zu bedenken, dass bei Online-Befragung jede Woche eine Erinnerungsmail mit Login-Daten verschickt werden sollte. Einige Mitarbeiter hatten diese Mail schon wieder gelöscht oder es gab Probleme mit dem Spam-Filter: der Absender wurde teilweise als Spam erkannt wurde vom Spam-Filter aussortiert, einige Mitarbeiter erkannten die Mail auch als Spam aufgrund des unbekannten Namens des Absenders.

TRI*M-Index werden alle auswertbaren Organisationseinheiten[185] bewertet. TRI*M stellt eine Vereinheitlichung der Befragungsergebnisse sowie Steuerungsgrößen zur Verfügung, durch die Vergleiche der Beziehungsqualität innerhalb und zwischen Gruppen ermöglicht werden. Der TRI*M-Index erlaubt:

- Ermittlung einer Kennzahl zum internen und externen Vergleich
- Zeitreihenanalyse des Mitarbeitercommitments
- Analyse der Mitarbeitersituation hinsichtlich Zufriedenheit und Motivation durch das Umfeld
- Stärken- und Schwächenanalyse zur Ableitung und Priorisierung von Maßnahmen

Der MAB-Fragebogen besteht aus drei Teilen. Im ersten Teil werden 6 Fragen gestellt, anhand derer der TRI*M-Index ermittelt wird.[186] Der Index wird aus den Antworten zusammengesetzt, die auf die sechs Fragen nach Gesamtzufriedenheit[187], Wiederbewerbung[188], Weiterempfehlung[189], Identifikation[190], Motivation[191] und Wettbewerbsfähigkeit[192] der Niederlassung und des Konzerns gegeben wurden. Die Fragen zur Ermittlung des TRI*M-Index werden weltweit in allen Befragungen von TNS gleich gestellt. Dadurch wird es möglich, in Unternehmen und Branchen internationale Benchmarks durchzuführen. Die Unternehmensleitung kann einen Durchschnitt des TRI*M-Index aus allen Befragungen heranziehen, um sich selbst und ihr Unternehmen in Relation zu sehen: Liegt meine Abteilung/mein Unternehmen über oder unter dem Durchschnitt des TRI*M-Wertes einer vergleichbaren Einheit? Das Beispiel einer TRI*M-Index-Darstellung für verschiedene Organisationseinheiten sehen wir in Abbildung 12.

---

185 Um die Anonymität der befragten Mitarbeiter zu garantieren: alle organisatorischen Einheiten mit 6 oder mehr teilnehmenden Personen.

186 Die genaue Ermittlung des TRI*M-Index ist nicht bekannt, TNS Infratest verweist dabei auf Geheimhaltungspflichten.

187 Wie zufrieden sind Sie insgesamt mit Ihrem Arbeitsverhältnis?

188 Würden Sie sich in Ihrer Niederlassung / bei DC wieder bewerben?

189 Würden Sie Ihre Niederlassung / DC aufgrund Ihrer Erfahrungen Freunden und Bekannten als Arbeitgeber weiterempfehlen?

190 Wie stark identifizieren Sie sich mit Ihrer Niederlassung / DC?

191 Wie beurteilen Sie die Motivation Ihrer direkten Kollegen Ihrer Abteilung? Diese Frage wird zur Beurteilung des direkten Kollegen gestellt und zielt damit auf das motivierende Umfeld ab. Eine Beurteilung des Umfeldes liefert realistischere Ergebnisse als eine Beurteilung der eigenen Motivation.

192 Wie beurteilen Sie die Wettbewerbsfähigkeit Ihrer Niederlassung / von DC?

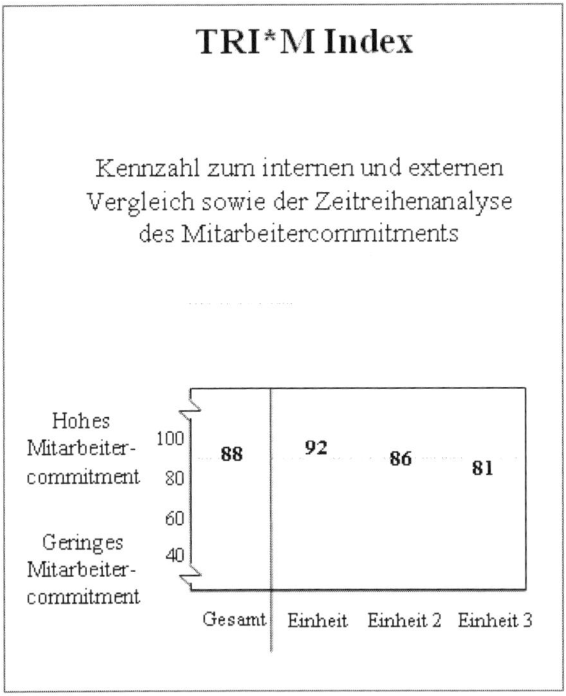

Abbildung 12, Quelle: TNS Infratest

Die Fragen nach Wiederbewerbung, Weiterempfehlung, Identifikation und Wettbewerbsfähigkeit werden zum einen für die Niederlassung, zum anderen für die DaimlerChrysler AG als Ganzes gestellt. Die Fragen nach der Gesamtzufriedenheit sowie nach der Motivation des direkten Kollegen im Bereich/in der Abteilung werden nur jeweils für die Niederlassung erhoben. Die Entwicklung des Antwortverhaltens auf die sechs Fragen sehen wir in Abbildung 13.

TRI*M Index 56 (58)

	Durchschnitt	Top2-Box	Bottom2-Box
Gesamtzufriedenheit	3,4 (3,4)	42% (45%)	12% (13%)
Weiterempfehlung	3,7 (3,9)	60% (70%)	14% (7%)
Wiederbewerbung	4,0 (4,2)	74% (80%)	9% (6%)
Identifikation	3,6 (3,6)	57% (56%)	15% (14%)
Motivation der Kollegen	3,0 (3,0)	32% (34%)	34% (37%)
Wettbewerbsfähigkeit	2,9 (2,9)	25% (23%)	29% (30%)

Top2 = Zusammenfassung der jeweils beiden besten Antwortmöglichkeiten der 5er-Skala (in %)
Bottom2 = Zusammenfassung der jeweils beiden schlechtesten Antwortmöglichkeiten der 5er-Skala (in %)

Basis 223 (222)

Abbildung 13, Quelle: TNS Infratest, MAB 2006 in den Niederlassungen der DCVD

Dabei stellt der TRI*M-Wert links oben die TRI*M-Kennziffer dar, die aus den Antworten für die Niederlassung oder die DaimlerChrysler AG errechnet wurden. In Klammern stehen jeweils die Ergebnisse der vorherigen Befragung. Jedes Item kann von den Teilnehmern in einer Fünfer-Skala beantwortet werden, wobei der Wert fünf immer der besten Kategorie, der Wert eins immer der schlechtesten Kategorie entspricht: Gesamtzufriedenheit mit den Kategorien „äußerst zufrieden", „sehr zufrieden", „zufrieden", „weniger zufrieden" und „unzufrieden". Weiterempfehlung und Wiederbewerbung mit den Kategorien „bestimmt", „wahrscheinlich ja", „eventuell", „wahrscheinlich nicht" und „bestimmt nicht". Identifikation mit den Antwortmöglichkeiten „äußerst stark", „sehr stark", „stark", „weniger stark" und „überhaupt nicht". Motivation der Kollegen mit den Kategorien „äußerst stark", „sehr stark", „stark", „weniger stark" und „überhaupt nicht motiviert". Die Wettbewerbsfähigkeit der Niederlassung schließlich kann beantwortet werden mit „äußerst gut", „sehr gut", „gut", „weniger gut" und „schlecht". Folgende Fragen für den TRI*M-Index werden in den Niederlassungen doppelt – das heißt einmal für die Niederlassung als Organisationseinheit und einmal für die DaimlerChrysler AG als Arbeitgeber – abgefragt: Weiterempfehlung, Wiederbewerbung, Identifikation und Wettbewerbsfähigkeit. Die Fragen Gesamtzufriedenheit sowie Motivation werden lediglich einmal abgefragt.

Die Werte in der Top2-Box zeigen die Zusammenfassung der jeweils beiden besten Antwortmöglichkeiten der Fünfer-Skala in Prozent an. So haben beispielsweise in 2006 bei der Gesamtzufriedenheit 42 % „äußerst zufrieden" oder „sehr zufrieden", in 2004 gaben dies noch 45 % an. Die Werte in der Bottom2-Box spiegeln demgegenüber die Zusammenfassung der jeweils beiden schlechtesten Antwortmöglichkeiten in der

Fünfer-Skala in Prozent wider. So fühlten sich in 2004 noch 37 % der Befragten von ihren Kollegen „weniger stark" oder „überhaupt nicht motiviert", während es in 2006 mit 34 % etwas weniger waren. Die MAB von TNS führt eine Klassifizierung des Antwortverhaltens der Mitarbeiter in vier Kategorien durch, wie wir in Abbildung 14 sehen können:

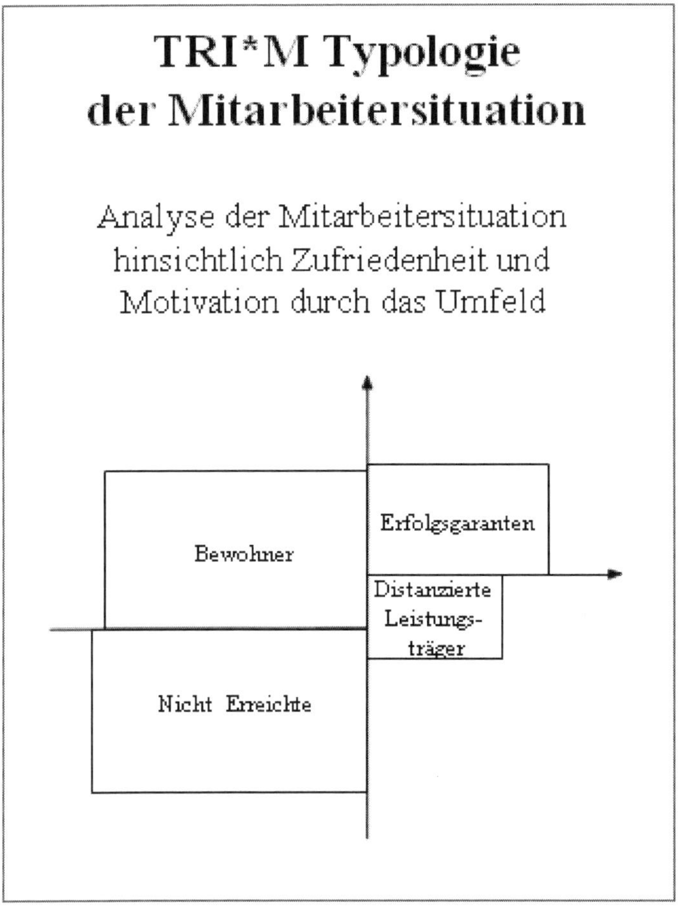

Abbildung 14, Quelle: Harvard Business Review, Nov-Dec 95, Thomas O. Jones, W. Earl Sasser

Die Klassifizierung in die Kategorien *Bewohner, Erfolgsgaranten, Nicht-Erreichte* und *Distanzierte Leistungsträger* erfolgt nach einem internen Verfahren von TNS Infratest. Das Antwortverhalten wird also in vier verschiedene Gruppen eingeteilt. Die *Bewohner* zeichnen sich dadurch aus, dass sie sehr zufrieden mit dem Unternehmen sind und sich im Unternehmen wohl fühlen. Sie machen ihre Arbeit, ohne ihr Umfeld als besonders motivierend zu empfinden, wirken stabilisierend für das Unternehmen, sind eher sicherheitsorientiert. Hinsichtlich der Führung sind sie unkompliziert, jedoch eher weisungsorientiert zu führen. Die *Erfolgsgaranten* lassen sich dadurch charakterisieren, dass sie eine hohe Identifikation mit den Unternehmenszielen sowie eine hohe Loyalität gegenüber dem Unternehmen aufweisen. Sie sind überzeugt von der Zukunftsorientierung und Wettbewerbsfähigkeit des Unternehmens. Das Unternehmen bietet ihnen ein motivierendes Umfeld, das bei ihnen zu hoher Einsatzbereitschaft und Eigeninitiative führt, mit der sie auch Kollegen begeistern und motivieren. Die *Nicht-Erreichten* sind unzufrieden und dem Unternehmen nicht mehr verbunden. Sie sind durch das Umfeld demotiviert und eher frustriert statt engagiert. Nicht-Erreichte stellen eine Ansteckungsgefahr für negative Stimmung dar und sind vom Unternehmen nicht genutzte Ressourcen. Die *Distanzierten Leistungsträger* sind eigentlich vom Unternehmen überzeugt, aber persönlich unzufrieden und eher kritisch. Sie haben einen starken Glauben an die Wettbewerbsfähigkeit des Unternehmens, sind aber schwer zu führen. Sie verhalten sich eher individualistisch und sind auf ihr eigenes Fortkommen ausgerichtet. Sie geben zwar Anstöße zu Veränderungen, sind bei interessanten externen Arbeitsangeboten aber wechselbereit.

Im zweiten Teil der MAB werden Fragen gestellt, die für die Ermittlung der Kennziffern TRI*M-Grid, TRI*M-Grid für Untergruppen und TRI*M-Bündelwerte verwendet werden. Dabei werden Qualitätselemente abgefragt, die sich auf die Arbeitssituation des Mitarbeiters beziehen. Beispiele sind Qualität der Arbeit innerhalb Ihres Bereiches/Ihrer Abteilung, Information und Kommunikation, Zusammenarbeit mit Kollegen innerhalb Ihres Bereichs/Ihrer Abteilung. Für die Ermittlung des TRI*M-Grid werden dabei für jeden Aspekt zwei Dimensionen abgefragt: zum einen die Wichtigkeit des Aspekts, zum anderen die Zufriedenheit mit dem Aspekt. Ein Beispiel: Die Frage nach Effizienz der Arbeitsprozesse in Ihrem Bereich/Ihrer Abteilung steht im Fragebogen in der Mitte. Links davon gibt es die Dimension für die Wichtigkeit des abgefragten Aspektes, rechts davon die Dimension der Zufriedenheit des Mitarbeiters mit dem abgefragten Thema. Die Wichtigkeit wird abgefragt mit „Wie wichtig sind Ihnen die folgenden Aspekte?“ und der Befragte kann wählen zwischen den Antwortkategorien „äußerst wichtig“, „sehr wichtig“, „wichtig“, „weniger wichtig“, „unwichtig“ und „kein Urteil möglich“. Die Zufriedenheit wird ermittelt mit der Frage „Wie zufrieden sind Sie mit den folgenden Aspekten?“ und ist versehen mit den Antwortkategorien

„äußerst zufrieden", „sehr zufrieden", „zufrieden", „weniger zufrieden", „unzufrieden" und „kein Urteil möglich". Dies ist zur Anschaulichkeit in Abbildung 15 zu sehen.

a. Qualität der Arbeit innerhalb Ihres Bereiches/ Ihrer Abteilung

Wie **wichtig** sind Ihnen die folgenden Aspekte?					(Bitte kreuzen Sie an.)	Wie **zufrieden** sind Sie mit den folgenden Aspekten?					
äußerst wichtig	sehr wichtig	wichtig	weniger wichtig	un-wichtig	kein Urteil möglich		äußerst zufrie-den	sehr zufrie-den	zufrie-den	weniger zufrie-den	un-zufrie-den	kein Urteil möglich
☐	☐	☐	☐	☐	☐	Klarheit der Verteilung von Aufgaben, Kompetenzen und Verantwortlichkeiten (AKV's) in Ihrem Bereich/ Ihrer Abteilung	☐	☐	☐	☐	☐	☐

Abbildung 15, Quelle: MAB-Fragebogen Niederlassungen MAB 2006 von TNS Infratest

Die Ergebnisse aus den Dimensionen Verbale Wichtigkeit und Zufriedenheit sowie deren Korrelation mit dem Mitarbeitercommitment des Befragten werden dargestellt in einem so genannten TRI*M-Grid, wie wir in Abbildung 16 sehen können.

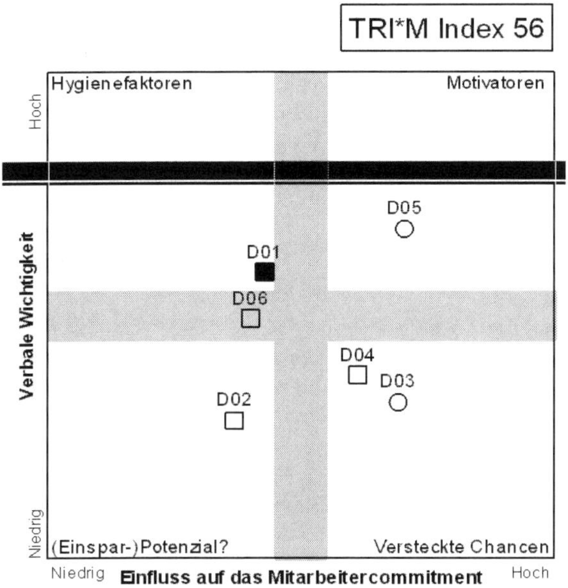

Abbildung 16, Quelle: TNS Infratest

Die Symbole verdeutlichen dabei folgende Einteilung, die wir in Abbildung 17 sehen:

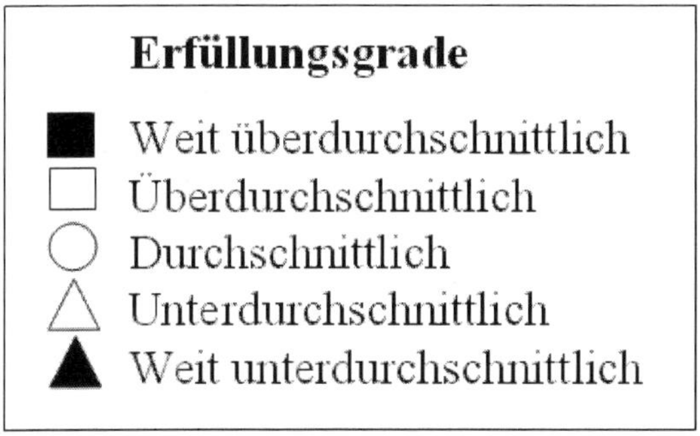

Abbildung 17, Quelle TNS Infratest

Die Mitarbeiter bewerten also die Zufriedenheit mit dem jeweiligen Aspekt. Der Grad der Erfüllung wird dann im Verhältnis zum Ergebnis aller Antworten auf Niederlassungs-Ebene verglichen. Das TRI*M-Grid analysiert drei Dimensionen zugleich und benennt und priorisiert so Stärken und Schwächen im Hinblick auf das Mitarbeitercommitment. Die Darstellung im TRI*M-Grid gibt in allen drei Dimensionen relative Werte an. Die *verbale Wichtigkeit* auf der y-Achse, den *Einfluss auf das Mitarbeitercommitment* auf der x-Achse sowie die *Zufriedenheit* in den Symbolen (Viereck, Kreis und Dreieck).

Die *verbale Wichtigkeit* bezieht sich direkt auf die Antworten der Mitarbeiter auf die Fragen „Wie wichtig ist Ihnen …?". Diese Wichtigkeit wird dann im Grid relational dargestellt. Der Querbalken, der die Y-Achse unterteilt, wird dort positioniert, wo die durchschnittliche Wichtigkeit aller Aspekte nach den Angaben der ausgewerteten Mitarbeitergruppe liegt. Dieser Mittelwert entspricht nicht dem mittleren Skalenwert im Fragebogen. Die Positionierung auf der y-Achse zeigt, ob ein Aspekt im Vergleich zu anderen Aspekten nach Meinung der Mitarbeiter eine höhere oder niedrigere Wichtigkeit hat.

Der *Einfluss auf das Mitarbeitercommitment* gibt an, welche reale Bedeutung ein Aspekt für das Mitarbeitercommitment hat. Die Beeinflussung des Mitarbeitercommitments wird beurteilt, weil es eine Differenz gibt zwischen dem, was Menschen für wichtig halten und dem, was tatsächlich ihr Verhalten und ihre Einstellungen bestimmt. Die Einwirkung auf das Mitarbeitercommitment ist ein errechneter Wert, der von TNS mittels Korrelationsanalyse ermittelt wird. Die Korrelation misst die Stärke des Zusammenhangs zwischen dem Grad des Commitments (ersichtlich im TRI*M-Index) und der Zufriedenheit der Mitarbeiter mit den verschiedenen Aspekten, wie sie im Fragebogen abgefragt wird. Wenn hohe Werte im TRI*M-Index mit hohen Werten bei der Zufriedenheit mit diesem Aspekt einhergehen, also wenn man einen Zusammenhang zwischen TRI*M-Index und Zufriedenheit feststellen kann, dann hat dieser Aspekt einen hohen Einfluss auf das Mitarbeitercommitment. Umgekehrt ist dann bei einer geringen Zufriedenheit auch ein geringer TRI*M-Index des Mitarbeiters zu verzeichnen.

Die *Zufriedenheit* wird ebenfalls als relativer Wert dargestellt. Für jede Mitarbeitergruppe wird aus allen Zufriedenheitsantworten ein Mittelwert gebildet. Die durchschnittliche Zufriedenheit entspricht dem Mittelwert der Angaben der ausgewerteten Mitarbeitergruppe zu allen abgefragten Aspekten. Wichtig dabei ist, dass dieser Mittelwert nicht dem mittleren Skalenwert im Fragebogen entsprechen muss. Die Symbole zeigen also, ob die Zufriedenheit der Mitarbeiter mit einem Aspekt im Vergleich zu anderen Aspekten eher höher oder eher niedriger ist. Konkret bedeutet das, dass ein schwarzes Dreieck nicht unbedingt bedeutet, dass alle Mitarbeiter den untersten Skalenwert angekreuzt haben. Es sagt aus, dass die Mitarbeiter deutlich weniger zufrieden sind mit diesem Aspekt als mit einem, der mit einem Kreis oder einem Viereck gekennzeichnet ist. Ein schwarzes Dreieck steht also für eine relative Unzufriedenheit und ein schwarzes Viereck steht für eine relative Zufriedenheit.

Für Gruppen, die weniger als 30 auswertbare Fragebögen ausfüllen, wird das TRI*M-Grid für Untergruppen berechnet. Aus methodischen Gründen (die Stichproben müssen mindestens eine Fallzahl von n=30 haben) kann für kleine Auswertungseinheiten kein konventionelles TRI*M-Grid berechnet werden. Das Grid für Untergruppen zeichnet sich dadurch aus, dass die Positionen der Qualitätselemente von der Referenzgruppe übernommen werden. Lediglich die Dimension der Erfüllung wird speziell für die Untergruppe ermittelt. Die Positionen der Qualitätselemente, die aus den Dimensionen „Verbale Wichtigkeit" und „Einfluss auf das Mitarbeitercommitment" errechnet werden, sind die gleichen

Im TRI*M-Grid gibt es vier Bereiche, die durch ein Kreuz in der Mitte abgetrennt werden: Hygienefaktoren, Motivatoren, Versteckte Chancen und (Einspar-)Potenzial. Ein Symbol im Bereich Motivatoren zeichnet sich dadurch aus, dass es in der Wahrnehmung der Mitarbeiter eine hohe verbale Wichtigkeit hat und gleichzeitig eine starke Korrelation mit dem TRI*M-Index aufweist. Diese Motivatoren können dann wiederum durch die Art des Symbols unterschieden werden, ob die Mitarbeiter mit dem jeweiligen Aspekt unter- oder überdurchschnittlich zufrieden sind. Diese relative Zufriedenheit führt dann zu einer Priorisierung der Stärken und Schwächen in einem Bereich. In Abbildung 18 können wir sehen, wie eine Priorisierung der Schwächen aussieht.

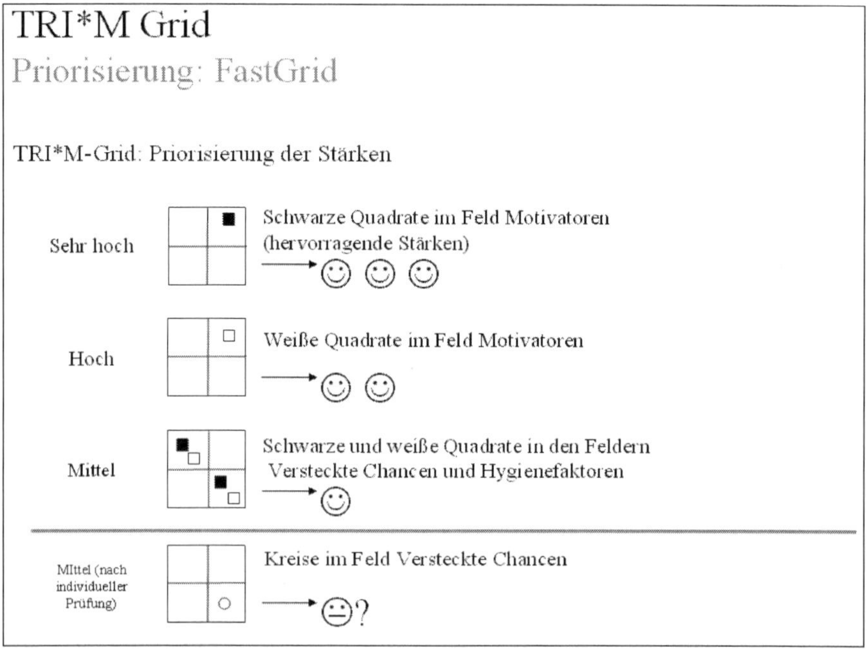

Abbildung 18, Quelle: TNS Infratest

Daraus resultiert dann eine Schwächenanalyse, die wir in Abbildung 19 sehen können.

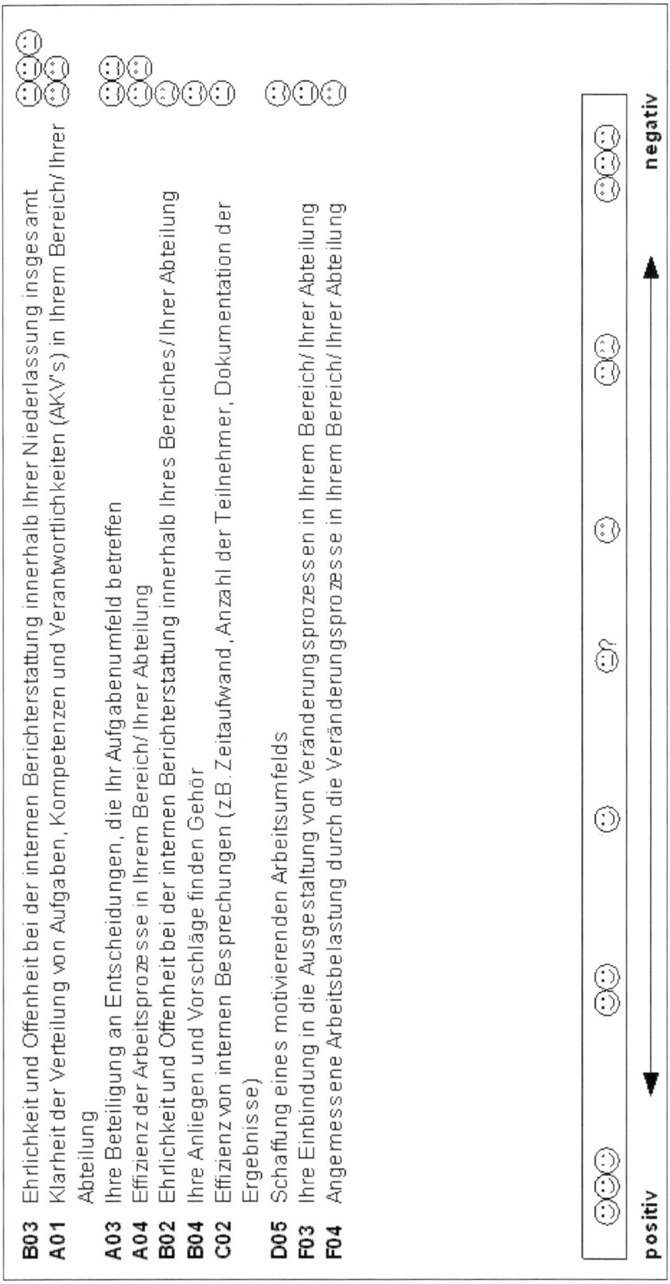

Abbildung 19, Quelle: TNS Infratest

Die Stärken und Schwächen werden in einem nächsten Schritt noch priorisiert und in zwei Listen – Stärken und Schwächen – aufgeführt. Hierbei zeigt sich, wie die strategische Ausrichtung der MAB insbesondere bezüglich der aufgenommenen Fragen zu einem Agenda-Setting durch den Auftraggeber der MAB führt.

Eine Besonderheit bei der MAB 2006 in der DCVD ist die Auswertung von so genannten Bündelwerten. Dabei werden in einem extra Schritt TRI*M-Kennziffern für Effizienz, Kommunikationskultur und Führung ermittelt. Diese Bündelwerte sind angedacht, sie in die variable Vergütung der Führungskräfte mit aufzunehmen analog dem Modell Balanced Scorecard. Da die Bündelwerte aber nicht in den MAB 2001 und 2004 angewendet wurden, können wir sie für unsere weiteren Untersuchungen nicht berücksichtigen.

Im dritten und damit letzten Teil werden allgemeine Fragen nach der Statistik gestellt.[193] Die Daten werden allerdings nur auf einem sehr aggregierten Niveau ausgewertet. So werden zum Beispiel die Mitarbeiter gruppiert nach Betriebszugehörigkeit: unter 5 Jahre, 5-15 Jahre, 15 Jahre und länger.

Die in der MAB erhaltenen Informationen werden jeder beurteilten Führungskraft zur Verfügung gestellt. Damit kann sie sich zunächst selbst ein Bild von der Mitarbeitersituation in ihrem Verantwortungsbereich machen. Die nächsten Schritte sollen dann, wie bereits gezeigt, die Präsentation der Ergebnisse, die Ableitung von Verbesserungsmaßnahmen sowie die spürbare Umsetzung der Veränderungen sein. Bevor wir zur näheren Untersuchung der folgenden Prozessschritte gehen, werden wir sehen, wie MAB im Vertrieb von Mercedes-Benz USA angewendet werden.

2.3 Mitarbeiterbefragungen bei Mercedes-Benz USA

Für einen interkulturellen Vergleich im Umgang mit den MAB und den Folgeprozessen untersuchen wir die Gemeinsamkeiten und Unterschiede im Vertrieb von Mercedes Benz in Deutschland und in den USA. Dafür beleuchten wir erstens die Vertriebsstruktur von Mercedes-Benz in den USA (MBUSA) und in Deutschland. Da beim Arbeitsrecht fundamentale Unterschiede bestehen, werden wir zweitens die rechtlichen Regelungen aufzeigen, um das Arbeitsrecht, die Gewerkschaften und die Arbeitnehmermitbestimmung zu vergleichen. Vor diesem Hintergrund werden wir dann das Führungsinstrument Mitarbeiterbefragungen (MAB) in den Mittelpunkt rücken. Daraus entwickeln wir Thesen, die wir mit unseren empirischen Daten abgleichen. Diese Informationen erhalten wir zum einen durch Interviews, die wir geführt haben mit Mitarbeitern und Abteilungsleitern bei MBUSA, MB-Händlern, der Chrysler Group und

[193] Fragen nach dem Geschlecht, der Position, dem Beschäftigungsverhältnis, Dauer der Betriebszugehörigkeit und die Sparte, in der der Befragte arbeitet.

TNS global. Zum anderen werden wir Ergebnisse aus MAB hinzuziehen, die aus Befragungen bei MBUSA aus den Jahren 2000 und 2002 resultieren. Unser Ziel ist es aufzuzeigen, wie MAB durchgeführt werden bei Unternehmen in den USA landesweit, bei der Vertriebsgesellschaft MBUSA, bei den Mercedes-Benz Händlern und bei der Chrysler Group. Dafür stellen wir die Gemeinsamkeiten und Unterschiede zwischen dem Einsatz von MAB in den USA und in Deutschland heraus und beschreiben und interpretieren abschließend unsere Ergebnisse.
Die Methode der Untersuchung waren Interviews mit Führungskräften und Mitarbeitern bei MBUSA sowie mit Händlern in der Region New York. Es war nicht sinnvoll, die Händler per Telefon zu interviewen. Ein Sales Operator hat davon abgeraten, da die Händler nur über so genannte Market Manager mit MBUSA in Kontakt sind. Es bot sich die Möglichkeit, einen Market Manager bei seiner Tour zu begleiten, dadurch konnten die Untersuchungen bei vier lokalen Mercedes-Benz-Händlern durchgeführt werden. Bei keinem der Händler wurden bislang Employee Surveys durchgeführt, demnach konnten hier keine MAB-Folgeprozesse erforscht werden.

2.3.1 Vertrieb in den USA und in Deutschland

Die DaimlerChrysler AG (DCAG) vertreibt die Produkte der Mercedes Car Group (MCG) in den USA und in Deutschland *unterschiedlich*. Mercedes-Benz USA (MBUSA) arbeitet als Vertriebs- und Marketingunternehmen für den US-amerikanischen Markt, DaimlerChrysler Retail Deutschland (DCRD) und die DaimlerChrysler Vertriebsorganisation Deutschland (DCVD) für den deutschen Markt. Die Mercedes-Benz-Händler in den USA sind bis auf Mercedes-Benz in Manhattan in *Privatbesitz*[194], den deutschen Markt teilen sich die *konzerneigenen Niederlassungen* der DCRD mit *MB-Vertretern* und *Servicepartnern*. Die MCG ist Teil der DCAG, Vertrieb und Marketing werden von MCG/M realisiert. MCG/M ist damit verantwortlich für die Konzerntöchter DaimlerChrysler Vertriebsorganisation Deutschland (DCVD), DaimlerChrysler Retail Deutschland (DCRD) und Mercedes-Benz USA, LLC[195] (MBUSA). Abbildung 19 zeigt den organisatorischen Aufbau.

[194] Die Händler sind Eigentümer ihres Autohauses, sie kaufen die Fahrzeuge vom Großhändler MBUSA ab und halten sie vor Ort auf eigene Gefahr im Angebot. Ein Grund für diesen Unterschied ist das unterschiedliche Kaufverhalten in den USA und in Deutschland: während in Deutschland fast jedes Fahrzeug vom Kunden nach seinen eigenen Wünschen zusammengestellt wird, erwarten die US-amerikanischen Kunden, dass sie das Auto sofort mitnehmen können. Das Risiko für die Lagerhaltung liegt dabei beim Händler, dieser kann sich aber auch besser auf die Kundenwünsche vor Ort einstellen und dementsprechend seine Lagerware zusammenstellen.
[195] US-amerikanische Art der Firmierung, Limited Liability Company.

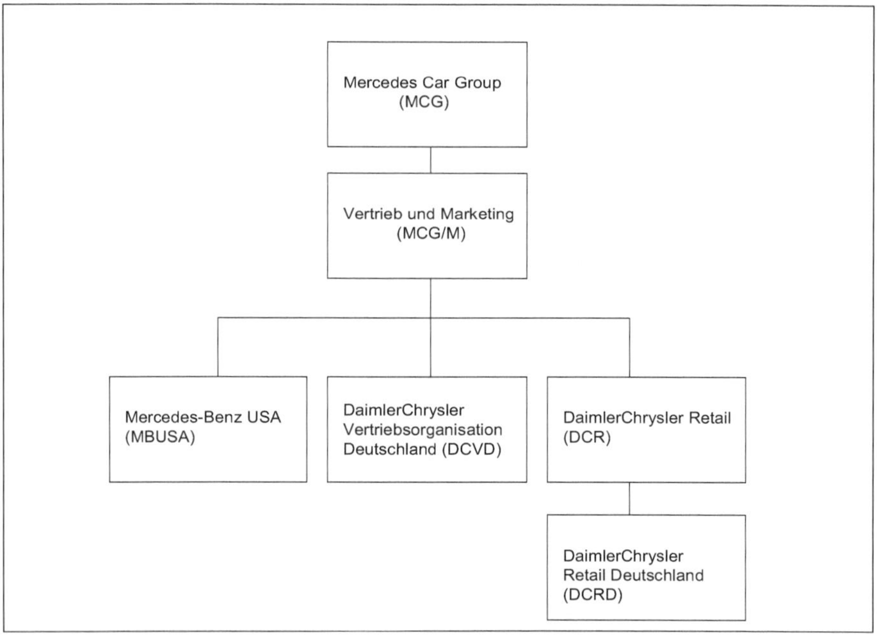

Abbildung 20

MBUSA, DCVD, DCR und DCRD werden innerhalb der DCAG als Market Performance Center geführt. Die DCAG hat ihnen die Verantwortung über die jeweiligen Geschäftsfelder übertragen. Die Tochter DaimlerChrysler Retail (DCR) betreibt die konzerneigenen Vertriebsstrukturen, DaimlerChrysler Retail Deutschland (DCRD) ist für den deutschen Markt zuständig. Die DaimlerChrysler Vertriebsorganisation Deutschland (DCVD) mit Sitz in Berlin betreibt den Großhandel für Deutschland und beliefert sowohl die Niederlassungen als auch die Mercedes-Benz Vertreter. Damit trägt die DCVD auf dem deutschen Markt die Verantwortung für den Vertrieb aller Produkte und Dienstleistungen der fünf Konzernmarken Maybach, Mercedes-Benz, Chrysler, Jeep und smart. Die Servicepartner werden ausschließlich von den zuständigen Niederlassungen beliefert, der Servicepartner darf lediglich Gebrauchtwagen handeln. Die DaimlerChrysler Retail Deutschland bedient den deutschen Markt. Dabei gibt es zum einen 35 konzerneigene Niederlassungen, die als Unternehmen im Unternehmen regional die Vertriebs- und Ergebnisverantwortung tragen.[196] Daneben gibt es zahlreiche unabhängige Vertriebs- und Servicepartner. Die Vertriebszentrale in Berlin steuert die Vermarktung der Produkte und Dienstleistungen im deutschen Markt. In

Deutschland besteht der Vertrieb also aus zwei Kanälen: Zum einen gibt es 35 konzerneigene Niederlassungen mit 142 Zweigbetrieben, zum anderen 97 MB-Vertreter und 472 Servicepartner, die sich im Privatbesitz befinden.[197] Daneben gibt es noch 51 smart-Center (mit 100 Servicepartnern) und 112 Chrysler&Jeep-Händler (mit 71 Servicepartnern), die teilweise auch in bestehende Mercedes-Benz Niederlassungen integriert sind.
MBUSA in Montvale, New Jersey, ist das Marketingunternehmen für die Automobilbranche der DaimlerChrysler Holdinggesellschaft in den USA. MBUSA beschäftigt rund 1200 Mitarbeiter und besteht aus dem Hauptsitz in Montvale, sechs regionalen Büros, fünf Parts Distribution Centers (PDC's) und drei Vehicle Preparation Centers (VPC's). Das Leistungsportfolio umfasst Personalbeschaffungsdienste, Marketing- und Vertriebsprogramme für die Marken Mercedes-Benz und Maybach sowie Schulungen für 16.000 Mitarbeiter bei landesweit 349 Mercedes-Benz-Händlern. Von den 349 Händlern in den USA sind die meisten im Neu- und Gebrauchtwagengeschäft, es gibt aber auch vier „Service Only Dealers", vier Service Centers und zwei Pre Owned and Service Centers. Im Unterschied zu den Niederlassungen in Deutschland sind die Mercedes-Benz Händler in den USA alle nicht konzerneigen.[198] Die privaten Händler sind somit nicht direkt an die DCAG-Holdinggesellschaft angeschlossen. Durch Franchise-Verträge bestehen jedoch vertragliche Bindungen zu MBUSA. Die Händler werden auch mit Hilfe finanzieller Anreize zur Umsetzung strategischer Ziele angeregt. Dabei waren MAB aber in den letzten zehn Jahren nicht vorgesehen. Hier können wir bereits einen fundamentalen Unterschied erkennen, der sich auch auf die Anwendung von MAB auswirkt: Während die Niederlassungen in Deutschland als Werksteile geführt werden und somit auch der konzernweiten Politik der zentral durchgeführten MAB unterliegen, sind die Händler in den USA, was dieses Thema betrifft, ähnlich autark und selbst bestimmt wie die MB-Vertreter und Servicepartner in Deutschland. Somit werden bei den US-amerikanischen MB-Händlern auch keine zentral gesteuerten MAB durchgeführt, wie es in den deutschen Niederlassungen der Fall ist. Damit ist die Situation mit den deutschen MB-Vertretern und Servicepartnern vergleichbar, die sich ebenfalls nicht an zentral durchgeführten MAB beteiligen.
Wir können also festhalten, dass die *Konzernpolitik* die MAB betreffend sich auf DCVD, DCRD, MBUSA und Niederlassungen anwenden lässt, allerdings nicht auf die MB-Vertreter und Servicepartner sowie die MB-Händler in den USA. Diese sind *wirt-*

---

[196] http://www.dcvd.DaimlerChrysler.com/dcvd/aufbau, besucht am 04.04.06.
[197] siehe genauer unter Kapitel 2.2.1.
[198] Einzige Ausnahme ist das Unternehmen MB in Manhattan, das als 100%-Tochter von MBUSA firmiert.

schaftlich eigenständige Unternehmen, die an die strategische Anwendung von MAB *nicht angeschlossen* sind.

2.3.2 Arbeitsrechtliche Rahmenbedingungen

Das Arbeitsrecht in den USA unterscheidet sich von dem in Deutschland vor allem in zwei Punkten: Erstens gibt es *keinen gesetzlichen Kündigungsschutz*, wobei sich hier seit den 1970er Jahren Einschränkungen herausgebildet haben. Wir sprechen hier auch von einem so genannten *At-will Employment*: Das Arbeitsverhältnis besteht nicht für eine bestimmte Zeit und kann – zumindest theoretisch – nach Belieben abgebrochen werden, mit oder ohne Grund und ohne vorherige Ankündigung, vom Unternehmen aber auch vom Mitarbeiter. Es gibt keinerlei Rechtsanspruch darauf, im Unternehmen beschäftigt zu bleiben.

Zweitens gibt es *kein Gesetz zur Arbeitnehmermitbestimmung*. Dennoch sind einige Unternehmen, auch die Chrysler Group, gewerkschaftlich organisiert. *Auswirkungen des Kündigungsschutzes* auf die Durchführung von Mitarbeiterbefragungen konnten wir keine erkennen. Die unterschiedlichen arbeitsrechtlichen Grundlagen halten die Mitarbeiter offenbar nicht von einer ehrlichen Meinungsäußerung ab, so lange die Vertraulichkeit der Befragung gesichert ist. Die von uns befragten Mitarbeiter und Führungskräfte bestätigten, dass auch in den Workshops nach einer Befragung offen die Meinung geäußert werden kann. Die Befragten gaben an, dass sie bei geäußerter Kritik keine Entlassungen zu fürchten hätten. Offen bleibt allerdings, wie sich offene Kritik langfristig auf das Verhältnis zwischen Führungskraft und Mitarbeiter auswirkt. STAUTE (1997) vermutet, dass durch den gelockerten Kündigungsschutz die Mitarbeiter dazu angehalten sind, ihr Expertenwissen als Faustpfand zu verwenden: der Angestellte könnte sich denken, dass wenn er sich zu sehr in die Karten schauen lässt, er ersetzbar wird und Gefahr läuft, entlassen zu werden. Wir konnten diese These in so weit nicht bestätigt sehen, als sich die Mitarbeiter gegenüber MAB positiv äußerten und sich MAB auch in den USA etabliert haben.

Die Situation auf dem Arbeitsmarkt ist eine andere in den USA. Die Arbeitslosenquote liegt bei 4,7 Prozent[199] im Vergleich zu 12,1[200] Prozent auf dem deutschen Arbeitsmarkt. Somit können wir annehmen, dass die US-amerikanischen Arbeitnehmer mit einem Jobverlust leichter umgehen können. Dies hat sich in unseren Interviews auch bestätigt: Die Bereitschaft sich zu verändern und für eine neue Anstellung aktiv nach außen zu treten, ist hoch. Zudem sind die Unternehmen auch verstärkt an einem effizienten Retention-Management interessiert:[201] Die Fluktuation der Mitarbeiter ist ten-

[199] http://www.nytimes.com/2006/02/04/business/04jobs.html?_r=1&oref=slogin, besucht am 07.02.06.
[200] http://www.financialtimes.de/pw/de/42384.html, besucht am 07.02.06.
[201] Vgl. Izzo 2006.

denziell bei einer niedrigen Arbeitslosenquote höher, weil die Beschäftigten davon ausgehen können, auf dem Arbeitsmarkt schneller wieder einen neuen Arbeitgeber zu finden. Deshalb sind die Arbeitgeber in den USA stärker auf personalpolitische Instrumente angewiesen, die eine Bindung der im Unternehmen erfolgreich arbeitenden Mitarbeiter abzielt, als dies in Deutschland der Fall ist. MAB im Sinne eines Retentionsmanagements sind in den USA demnach häufiger zu vermuten als in Deutschland.
Das kollektive Arbeitsrecht wird aus amerikanischer Sicht hauptsächlich als labor law bezeichnet. Ein gesetzlich geregeltes Betriebsverfassungsrecht oder Betriebsräte (im deutschen Sinne) gibt es in den USA nicht, genau so wenig wie gesetzliche Mitbestimmungsrechte der Arbeitnehmer.[202] Dadurch fehlt auch eine Aufgabenverteilung zwischen Betriebsparteien und Tarifvertragsparteien. Gesetzliche Regelungen zum kollektiven Arbeitsrecht finden sich sowohl auf Bundesebene (National Labor Relations Act NLRA, auch Wagner Act) als auch in entsprechenden Gesetzen der einzelnen Bundesstaaten (Mini Wagner Acts).[203] Der Organisationsgrad der Arbeitnehmerschaft nimmt ab: waren 1954 noch 34,7 % der Arbeitnehmer in der Privatwirtschaft gewerkschaftlich organisiert, sind es 1992 gerade noch 11,5 %[204], in 2004 nur noch 8-9 %.[205] In „klassischen" Gewerkschaftsbranchen wie Schwerindustrie, Automobilindustrie und Transportunternehmen ist der gewerkschaftliche Organisationsgrad höher.[206]
Bei MBUSA gibt es keinen Betriebsrat, das Mitbestimmen einer „dritten Partei" ist nicht gewollt. Da MBUSA mit Vertrieb und Marketing im Dienstleistungsbereich tätig ist, bildet es insofern auch die Verhältnisse ab, als dass im Bereich Dienstleistungen der gewerkschaftliche Organisierungsgrad sehr niedrig ist.[207] Bei der Chrysler Group ist die Arbeitnehmerschaft organisiert in der Automobile, Aerospace & Agricultural Implement Workers of America International Union (UAW). Über die Anwendung von MAB und die gewerkschaftliche Organisation können wir hier keine Aussagen treffen, da wir keine empirischen Daten vorliegen haben. Wenn wir davon ausgehen, dass sich die Unternehmensseite mit MAB um eine bessere Unternehmenskultur bemüht, dann könnte der gewerkschaftliche Einfluss nur eine geringe Rolle beim Einsatz von MAB spielen. Vielleicht liegt hierin ein Grund, dass Mitarbeiterbefragungen bei MBUSA nicht von der Unternehmensleitung zentral durchgeführt werden. Wobei diese Annahme zumindest dann nicht gilt, wenn angenommen wird, dass die Durchführung von Mitarbeiterbefragungen von Unternehmensseite aus forciert wird. Das ist bei der DCAG der Fall und eine konzernweit geltende Gesamtbetriebsvereinbarung regelt

[202] Ackmann 2004, 326.
[203] Thau 1998, 118.
[204] In den Südstaaten sogar nur bei 4,7 %.
[205] Thau 1998, 122; Ackmann 2004, 327.
[206] Ebd..

in Form eines Leitfadens die Vorgehensweise bei der Durchführung von MAB und den Folgeprozessen.

Hier ist allerdings zu bedenken, dass bei MBUSA auch die *fehlende Arbeitnehmermitbestimmung* dazu beigetragen hat, dass hier seit 2002 keine zentral gesteuerte MAB mehr durchgeführt wird, wie es eine bestehende Betriebsvereinbarung der DACG eigentlich vorschreibt. Allerdings bleibt anzumerken, dass in den USA der *gewerkschaftliche Organisierungsgrad* generell deutlich geringer ist als in Deutschland, nichtsdestotrotz werden dort in den meisten großen Unternehmen MAB angewendet. Das spricht zum einen dafür, dass MAB in den USA, wie in Deutschland, von der Unternehmensseite eingesetzt werden und zum anderen dafür, dass der Einfluss der Gewerkschaften beim Thema MAB offensichtlich eher gering ist.

2.3.3 Mitarbeiterbefragungen und Folgeprozesse in den USA

MAB sind auch in den USA seit der ersten Hälfte des 20. Jahrhunderts ein *klassisches Instrument des Managements und auch der empirischen Industrie- und Betriebssoziologie.*[208] In den USA war IBM der Vorreiter bei der Anwendung der „employee attitude surveys“ genannten Methode. Mittlerweile erforschen so gut wie alle Unternehmen aus der Fortune 1000[209] ihre Mitarbeiter mit MAB. Angewendet werden Methoden wie Pulse Surveys, Employee Value Proposition, Employee Satisfaction/Engagements Studies, Communications Audits, Employer Branding Studies. Wir können also festhalten, dass auch in den USA vielfach MAB eingesetzt werden. Die Unternehmensseite verspricht sich auch hier *gesteigerte Produktivität* durch *Arbeitszufriedenheit* und *Commitment.* Wegen der geringeren Arbeitslosigkeit steht in den USA die *Bindung der Mitarbeiter* weiter im Vordergrund. Doch auch in Deutschland ist durch die Förderung der Mitarbeiterzufriedenheit der *Erhalt von Leistungsträgern* ein erklärtes Ziel von MAB.

Die Vertriebszentralen von MBUSA in Montvale (1200 Mitarbeiter) und die DCVD-Zentrale in Berlin (1000 Mitarbeiter) bilden ähnliche Unternehmensteile innerhalb der DCAG, beide realisieren Vertriebssteuerung und Marketing in den jeweiligen Märkten. Wir haben keine Kennziffern, die sich auf die gleiche Befragungsmethode stützt. Ebenso weisen MÜLLER et al. (2006) darauf hin, dass wir beim länderübergreifenden Vergleich von Kennziffern der Arbeitszufriedenheit vorsichtig sein sollten. Denn oft spielen kulturelle Differenzen in die Bewertungen mit hinein, die ein Benchmarking problematisch machen. Mit diesen Einschränkungen im Hinterkopf wollen wir dennoch versuchen, die Mitarbeiterzufriedenheit dieser beiden Unternehmen zu verglei-

---

207 Vgl. Ackmann 2004, 327.
208 Gottschall 1988.
209 Die 1000 umsatzstärksten US-amerikanischen Unternehmen, jährlich veröffentlicht in der Zeitschrift Fortune.

chen. Bei MBUSA wurden 2000 und 2002 zwei *„Cultural Surveys"* initiiert und im Auftrag des „Vision Teams" von Organizational Studies, Inc. Durchgeführt. In der DCVD wurden in den Jahren 2001 und 2003 die Mitarbeiter von TNS Infratest befragt. Bei den MAB wurden unterschiedlich hohe Beteiligungsquoten erreicht. In den USA war die Beteiligungsquote in 2000 bei 74 %, im Jahr 2002 eine Steigerung auf 91,4 %, bei der Befragung in der DCVD-Zentrale im Jahr 2001 bei 86% und im Jahr 2003 bei 94%. Die Beteiligungsquoten waren also in 2001/2002 geringer und weiter auseinander, in 2002/2003 höher und auf etwa gleichem Niveau.

Leider wurden *keine einheitlichen Kennzahlen* zur Mitarbeiterzufriedenheit erhoben. In Deutschland wurde der TRI*M-Index abgefragt, der gebildet wird aus den Antworten auf die Fragen nach *Gesamtzufriedenheit, Wiederbewerbung, Weiterempfehlung, Identifikation, Motivation der Kollegen* und *Leistungsfähigkeit der DCVD.* In den USA wurde *auf einzelne Teilbereiche abgestellt,* es wurde jedoch keine globale Kennziffer wie der TRI*M-Index ermittelt. Im Jahr 2000 wurden *zehn Teilbereiche* ermittelt: *Anpassungsfähigkeit (Adaptability), Kreativität, Ehrlichkeit, Leidenschaft, Professionalität, Stolz, Zuständigkeit (responsibility), Respekt, Zusammenarbeit (Sharing)* und *Vertrauen.* In 2002 wurden die *Teilbereiche etwas abgeändert* in *neun Teilbereiche: Kundenfokus, Teamwork, Vielfältigkeit, Kreativität, Eigeninitiative, Wirtschaftlichkeit, Professionalität, Leidenschaft* und *Stolz.* Für eine *Vergleichbarkeit der Ergebnisse* zwischen MBUSA und DCVD bilden wir aus den geeigneten Werten einen *Mittelwert*, um eine Kennziffer zu erhalten. In 2000 und 2002 wurden bei MBUSA jeweils die Bereiche Leidenschaft, Stolz, Professionalität und Kreativität abgefragt. Da die Themengebiete ein ähnliches Feld wie die Fragen zum TRI*M-Index abdecken, bilden wir zur Vergleichbarkeit aus den Einzelwerten den Medianwert, den wir mit dem TRI*M-Index vergleichen.

In 2000 waren die Einzelwerte Leidenschaft 75, Stolz 72, Professionalität 84 und Kreativität 65. Das ergibt einen Mittelwert von 74. Dem steht in der DCVD-Zentrale Berlin im Jahr 2001 ein TRI*M-Index von 79 gegenüber. Dies zeigt Abbildung 20.

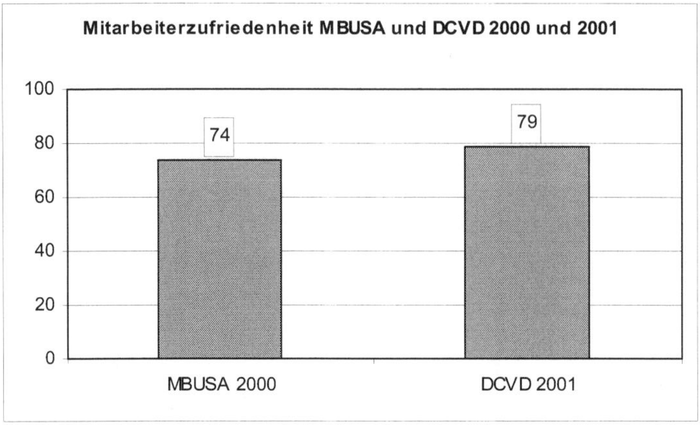

Abbildung 21

In 2002 waren die Einzelwerte Leidenschaft 75, Stolz 76, Professionalität 75 und Kreativität 73, was einem Mittelwert von 75 entspricht. Bei der DCVD war im Jahr 2003 der TRI*M-Index bei 85, was wir in Abbildung 21 sehen können.

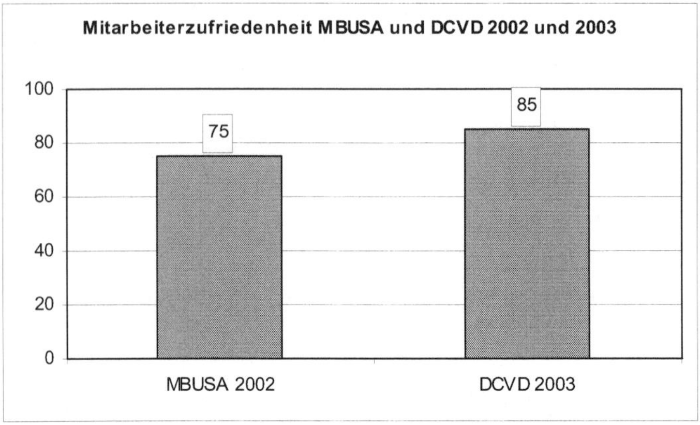

Abbildung 22

Der TRI*M-Index in der DCVD-Zentrale war bei den Umfragen 2001 bei 79, in 2003 bei 85. Wir können also erkennen, dass sich trotz unterschiedlicher Rahmenbedingungen die *Mitarbeiterzufriedenheit in einem ähnlichen Korridor* bewegt. Leichte Abweichungen können wir vor allem zwischen MBUSA 2002 und DCVD 2003 erkennen.

Allerdings sei darauf hingewiesen, dass die Ergebnisse aufgrund der Herleitung der Kennziffern für die Mitarbeiterzufriedenheit bei MBUSA *nur bedingt vergleichbar* sind. Eine Tendenz ist jedoch ersichtlich, nämlich dass sich zwischen 2000 und 2003 die Zufriedenheit der Mitarbeiter bei MBUSA und DCVD *auf ähnlichem Niveau* bewegt hat. Auffallend ist, dass sich die Mitarbeiterzufriedenheit bei der DCVD zwischen 2001 und 2003 um 8 % Prozent gesteigert hat, während bei MBUSA zwischen 2000 und 2002 keine Änderung zu verzeichnen ist.

Bei MBUSA wurden nach 2002 keine zentral gesteuerten MAB durchgeführt. Die Befragung von 2000 war als zu umfangreich empfunden worden, weshalb die Anzahl der Fragen in 2002 halbiert wurde. Eine Schwachstelle der damaligen Befragungen können wir darin vermuten, dass die Federführung nicht, wie üblich, im Personalbereich, sondern auf Anstoß des „Vision Teams" in diesem Team erfolgte. Die spezifischen Erfahrungen in Human Resources konnten damit nicht in die MAB mit einfließen. Die Befragung nach der Unternehmenskultur wurde zudem von allen Seiten mit sehr hohen Erwartungen befrachtet, die oftmals hinterher nicht eingelöst werden konnten. Dadurch kam es zu Enttäuschungen bei den Beteiligten, und man hatte sich erst einmal auf eine Aussetzung der MAB geeinigt. Seit der Einstellung der zentral durchgeführten MAB obliegt es nun den jeweiligen Abteilungsleitern, MAB in Eigenregie durchzuführen. Dies hat unter anderem den Nachteil, dass *dadurch eine vertrauliche und wissenschaftliche Bearbeitung der Ergebnisse in Frage gestellt* ist. Auch *fehlt teilweise die Moderation der Ergebnisse durch einen neutralen Dritten*. Der Vorteil einer solchen Vorgehensweise liegt unter anderem im *höheren Commitment der Abteilungsleiter zu den Ergebnissen* und der *Möglichkeit, die Befragung auf die Bedürfnisse der Abteilung zuzuschneiden.*

Bei den im Privatbesitz befindlichen Handelsunternehmen von Mercedes-Benz in den USA, die wir untersucht haben, finden *keine zentral gesteuerten MAB* statt. So weit sind uns auch keine anderen MB-Händler bekannt geworden, die MAB durchführen würden. Mit den Annahmen der Prinzipal-Agenten-Theorie[210] können wir argumentieren, dass sich bei diesen Händlern die Frage nach der unternehmerischen Verantwortung der Geschäftsleitung nicht in der Form stellt, wie wir sie bei den konzerneigenen Niederlassungen in Deutschland vermuten können. Bei den Vertragspartnern gibt es keine zentral gesteuerten MAB. Die personellen und finanziellen Ressourcen werden vollständig für die Optimierung der Verkaufszahlen verwendet. Wir können also ar-

[210] Das Modell beschreibt die Beziehung zwischen Arbeitgeber (Prinzipal) und Arbeitnehmer (Agent) und geht von asymetrischer Informationsverteilung, Opportunismus und unterschiedlicher Risikoneigung der Wirtschaftssubjekte aus. Die P-A-Theorie analysiert typische Probleme von Auftragsbeziehungen und erörtert, durch welche Mechanismen (Anreiz-, Kontroll- und Informationssysteme) sich diese Probleme effizient handhaben lassen. Saam, 2002; auch Jost et al. 2001.

gumentieren, dass die Prinzipale als Eigentümer der Handelsunternehmen direkte Kontrolle über ihr Unternehmen ausüben, da sie direkt am Ort des Geschehens sind. Zu überlegen wäre jedoch, inwieweit die Vertriebsorganisationen in den USA und in Deutschland auch bei den privaten Händlern durch MAB Verbesserungspotenziale ausschöpfen könnten.

Die Folgeprozesse der MAB bei MBUSA wurden von dem *Vision Team* verantwortet, das sich auch zur Konzeption und Durchführung der MAB verpflichtet hatte. Das Team bestand aus Vertretern aller Divisionen und Hierarchieebenen der Marketinggesellschaft MBUSA. Die beteiligten Akteure, die von uns befragt wurden, bestätigten mehrheitlich, dass die Erfolge des Vision Teams nach den Surveys in 2000 und 2002 zunächst gut kommuniziert wurden. Dazu gehörten vor allem operative Veränderungen wie Teamgespräche. Dennoch konnte sich das Vision Team über die Zeit nicht eine stabile Koalition des Wandels sichern. Das lag nach unseren Erkenntnissen daran, dass die Unternehmensleitung durch die Delegation der Change-Prozesse auf das Vision Team zu wenig in der Verantwortung stand, die Veränderungen – auch gegen Widerstände – durchzusetzen. Im Anschluss daran gaben unsere Interview-Partner an, dass sich in der Belegschaft die Glaubwürdigkeit und der Respekt vor dem Instrument MAB rückläufig entwickelt haben. Dieser Trend führte letztlich mit dazu, dass die MAB nach 2002 nicht mehr durchgeführt wurden, obwohl die global geltende Betriebsvereinbarung der DCAG eine Durchführung alle zwei Jahre vorschreibt. Wir haben also gesehen, dass die Verantwortung für die Umsetzung der Folgeprozesse einer MAB nicht delegiert werden darf, sondern ganz eindeutig in der Führungslinie bleiben muss. Ein Projektteam MAB darf lediglich methodische und inhaltliche Interpretation, Beratung und Unterstützung der Divisionen vornehmen, aber das Team sollte keine Umsetzungsverantwortung übernehmen.

Zusammenfassend können wir festhalten, dass die *vergleichende Studie von MAB und Folgeprozessen in deutschen und US-amerikanischen Unternehmen der DaimlerChrysler AG* Gemeinsamkeiten und Unterschiede offenbarte. Zunächst wollen wir festhalten, dass der Vertriebsaufbau in den USA ein anderer als in Deutschland ist und dass auch MAB unterschiedlich angewendet werden. Deshalb geben wir zu bedenken, dass die Ergebnisse nur einen *groben Anhaltspunkt über die unterschiedlichen Unternehmenskulturen* liefern. Der im Vergleich zu Deutschland meist als *geringer* und *arbeitgeberfreundlicher* bezeichnete *Kündigungsschutz* in den USA wirkt sich weniger als vermutet auf die Bereitwilligkeit aus, sich in einer Mitarbeiterbefragung offen zu äußern. Es scheint, dass die Loyalität und das Wissen des Arbeitnehmers wichtige Stützen einer guten Beziehung zwischen Arbeitnehmer und Arbeitgeber sind. Das haben auch unsere Beobachtungen bei den MB-Händlern in den USA gezeigt, die sich um eine hohe Mitarbeiter-Loyalität bemühen, um ihr Wissen und ihre Erfahrungen im Unternehmen zu halten.[211] MBUSA ist als Dienstleistungsunternehmen *gewerkschaftlich nicht organisiert*. Zudem gibt es *keinen Betriebsrat*, da die Arbeitnehmermitbestimmung im US-amerikanischen Recht nicht geregelt ist. Bei der Chrysler Group, deren Belegschaft gewerkschaftlich organisiert ist durch die UAW[212], finden zentral durchgeführte MAB statt. Wir können vermuten, dass auch das Fehlen eines Betriebsrates und dadurch geringerer Mitbestimmungsmöglichkeiten dazu beiträgt, dass bei MBUSA keine MAB zentral erhoben werden. Während in Deutschland bei DCVD und DCRD die Betriebsvereinbarung umgesetzt und eine *MAB alle zwei Jahre*[213] durch ein externes Institut durchgeführt werden, wurden bei MBUSA *zentrale Befragungen nur bis 2002* realisiert. Allerdings werden hier seitdem *dezentral angelegte Befragungen* angewendet, die nur noch je nach Bedarf von den Abteilungsleitern eingesetzt werden. Auffallend fanden wir, dass sich bei den einzelnen Themengebieten ähnliche Problemstellungen herausschälen, so zum Beispiel *zu hohe Erwartungen an eine MAB* und *fehlende Nachhaltigkeit bei der Bearbeitung der Ergebnisse*. Darüber hinaus wird, wie in Deutschland, das *Action Planning* in Folge einer MAB als sehr wichtig angesehen. Und die Mitarbeiter kritisieren in ähnlicher Weise, dass *Information und Kommunikation* oft nicht ausreichend vorhanden ist. Management scheint eine Komponente zu besitzen, die nicht kulturabhängig ist. Wir können, zumindest zwischen den USA und Deutschland, *kulturübergreifende Grundkonstanten* vermuten, die die gute von der weniger guten Mitarbeiterführung unterscheiden.[214]

Zusammenfassung

Zusammenfassend können wir festhalten, dass sich die konzernweite Betriebsvereinbarung, welche die Implementierung der MAB in den Organisationseinheiten regelt, auf den gesamten Konzern bezieht. Die einzelnen Phasen sind hier ausführlich beschrieben und die Ziele der MAB genannt. Für unsere Untersuchung vor allem bedeutend ist die Tatsache, dass die Befragungen eindeutig in einem intervenierenden Sinne implementiert werden. Ein erklärtes Ziel ist, im Zuge der MAB Veränderungen einzuleiten. Unklar hingegen bleibt die strategische Integration der Ergebnisse in weiterführende Optimierungen auf struktureller Ebene in den höheren Hierarchiestufen. Dies wird nicht explizit in der Betriebsvereinbarung geregelt und weist uns somit auf eine Schwachstelle hin, die sich uns auch in der Praxis zeigte: Die Organisationseinheiten können zwar das unmittelbare betriebliche Umfeld und hierbei zumeist Verbesserun-

---

[211] Hier spielt noch eine Rolle, dass im Falle einer Kündigung durch den Arbeitgeber oftmals kostspielige Prozesse oder hohe Abfindungszahlungen folgen.

[212] Automobile, Aerospace & Agricultural Implement Workers of America International Union.

[213] Ab 2006 finden zwei Teilbefragungen pro Jahr statt.

gen im operativen Bereich erreichen. Die strukturellen, übergreifenden Themen jedoch benötigen viel mehr Zeit und werden oft auch abteilungsübergreifend nicht zufriedenstellend abgearbeitet.
Die DaimlerChrysler Vertriebsorganisation Deutschland (DCVD) ist mit dem Vertrieb der Produkte der Mercedes Car Group auf dem deutschen Markt beauftragt. Dabei teilen sich private Händler und 35 konzerneigene Niederlassungen den Markt. Die MAB wird in der Vertriebszentrale in Berlin sowie in den Niederlassungen seit 2001 einheitlich und zeitgleich durchgeführt.[215] Dabei werden die Prozesse analog der konzernweiten Betriebsvereinbarung umgesetzt: durchgeführt von einem externen Partner, Turnus alle zwei Jahre, Auswertung der Organisationseinheiten, Ermittlung von Kennziffern, Präsentation der Ergebnisse durch einen neutralen Moderator, Ableitung und Umsetzung von Verbesserungen, Kontrolle der Umsetzung.
Das Marktforschungsunternehmen TNS Infratest führt mit den Daten zur Ermittlung des Mitarbeitercommitments eine TRI*M-Analyse durch. Die Kennzahl erlaubt einen internen und externen Vergleich der ausgewerteten Einheiten, eine Zeitreihenanalyse, eine Analyse der Mitarbeitersituation hinsichtlich Zufriedenheit und Motivation durch das Umfeld sowie eine Stärken- und Schwächenanalyse zur Ableitung und Priorisierung von Maßnahmen.
Unsere Studie der Anwendung von MAB bei Mercedes Benz USA ergab ein unterschiedliches Bild: MBUSA ist die Vertriebszentrale in den USA für die Produkte der Mercedes Car Group für diesen Markt. Bis auf eine Niederlassung in Manhattan, New York sind alle Handelsunternehmen im Privatbesitz. Diese Händler nicht an die konzernweite Betriebsvereinbarung gebunden. Lediglich die Vertriebszentrale in Montvale ist eine 100%-Tochter der DaimlerChrysler AG. Hier fanden in den Jahren 2000 und 2002 unter dem Namen „cultural survey“ zwei Befragungen statt. Die Inititiative ging von einem so genannten „Vision Team“ aus, das besetzt war mit Vertretern aus allen Bereichen der Vertriebszentrale. Die Implementierung erfolgte analog der konzernweiten Betriebsvereinbarung. Die MAB wurde von einem anderen externen Institut durchgeführt, weshalb keine vergleichbaren Kennziffern vorliegen. Dennoch haben wir versucht, die Kennziffern und die Fragenstellungen zu vergleichen und wir sind dabei – unter Vorbehalt aller Probleme beim Vergleich dieser unterschiedlichen Zahlenkonstrukte – auf Hinweise gestoßen, dass das grundlegende Commitment in den Vertriebszentralen in Deutschland und in den USA ähnlich ist. Unsere Untersuchungen hinsichtlich der Auswirkungen der unterschiedlichen Rahmenbedingungen des

[214] Siehe hierzu Malik 2005.
[215] Seit 2005 weichen die Zeitpunkte der Befragung in der Vertriebszentrale von denen in der Niederlassungswelt ab, aber das grundlegende Konzept und die Prozesse sind identisch.

Arbeitsrechts konnten keine Unterschiede zeigen beim Teilnahme- und Antwortverhalten der Mitarbeiter.
Die Folgeprozesse in den Organisationseinheiten wurden in die Verantwortung des Vision Teams gelegt. Dabei wurden einige Erfolge erzielt, aber wir vermuten, dass durch die Delegation der Change-Maßnahmen aus der Führungslinie heraus in das Vision Team die mit der Umsetzung betrauten Akteure nicht mit ausreichenden Machtressourcen ausgestattet waren. Unsere Umfragen in den Organisationseinheiten offenbarten, dass hier viele Erwartungen an Veränderungen nach der MAB enttäuscht wurden. Daraufhin entschied die Unternehmensleitung, die MAB auszusetzen. Im Anschluss daran und bis zum Zeitpunkt unserer Untersuchung wurden lediglich dezentral MAB durchgeführt. Diese basieren auf in Eigenregie erstellten Fragebögen und die Auswertung findet nicht über einen externen Partner statt. Dies schafft Probleme bei der Frage des Datenschutzes sowie bei der wissenschaftlichen Verlässlichkeit der Befragungsergebnisse.
Wir haben also gesehen, dass innerhalb eines Konzerns die Prozesse einer MAB sehr unterschiedlich sein können, obwohl konzernweite Betriebsvereinbarungen dazu bestehen. Es scheint, als ob die obersten Hierarchieebenen dem Controlling der Umsetzung dieser Betriebsvereinbarung nicht genügend Priorität einräumen. Allerdings können wir nicht sagen, welche weiteren Vereinbarungen mit der Leitung von MBUSA und der Leitung der Mercedes Car Group bezüglich dezentral durchgeführter MAB, wie sie bei MBUSA gemacht werden, getroffen wurden. Die Geschichte von MAB bei MBUSA zeigte uns, dass enttäuschte Erwartungen in einer Organisationseinheit das Instrument MAB erodieren lassen. Wir können also erkennen, dass das Delegieren von Umsetzungsverantwortung keinen Erfolg verspricht und die Implementierung der Maßnahmen zwingend in der Hierarchielinie bleiben muss.

3 Verbesserungsmaßnahmen und Commitment

Wir haben gesehen, wie MAB in der Vertriebsorganisation in Deutschland und in den USA angewendet werden und wie sie strategisch implementiert sind. Die strategische Ausrichtung zielt auf eine Verbesserung des betrieblichen Umfelds und hat damit intervenierenden Charakter. Damit geht die Annahme einher, dass sich das Mitarbeitercommitment mittels Verbesserungsmaßnahmen erhöhen lässt. Um dieses Verhältnis genauer zu untersuchen, werden wir die tatsächlich durch die MAB erzeugten Veränderungen herausarbeiten. Dabei gehen wir so vor, dass wir die Haupt-Handlungsfelder aus der MAB 2004, die Bearbeitung dieser Handlungsfelder und die Ergebnisse der neuen MAB 2006 mit den Veränderungen vergleichen sowie zudem die Erkenntnisse aus den Interviews miteinander in Beziehung setzen. Dies vollziehen wir für jeden Bereich der Organisation. Dadurch wird deutlich, welche Handlungsfelder wichtig sind, wie sie bearbeitet werden sollten und welche Do's und Don'ts dabei zu beachten sind. Deshalb untersuchen wir in diesem Kapitel, wie sich die angestoßenen Verbesserungen in den Organisationseinheiten auf das Mitarbeitercommitment auswirken. Dabei fokussieren wir auf zwei unterschiedliche Ebenen: Zum einen steht im Vordergrund, *wie sich der TRI*M-Index, also das Mitarbeitercommitment, der einzelnen Abteilungen und der gesamten Niederlassung entwickelt hat.* Wir werden sehen, ob ein Benchmarking, also ein Vergleich zwischen den einzelnen Standorten, anhand der erhaltenen Daten überhaupt möglich und sinnvoll ist. Zudem wird untersucht, welche Möglichkeiten hinsichtlich eines Zeitreihenvergleiches der Ergebnisse aus den jeweiligen Organisationseinheiten bestehen. Die Fragen zur Bestimmung des Mitarbeitercommitments bleiben für Analysen nach Zeitreihe und Benchmarking in jeder Befragung identisch. Zum anderen werden *Einzel-Items untersucht*, die in 2004 und 2006 auf die gleiche Weise abgefragt wurden und die sich in den einzelnen Abteilungen auf umgesetzte Verbesserungsmaßnahmen zurückführen lassen. Die von TNS Infratest erhobenen und ausgewerteten Daten werden hinsichtlich der Verwertbarkeit für unsere Untersuchung überprüft. Zusätzlich werden wir sehen, wie mit Hilfe einer qualitativen Befragung in Form von Leitfaden-Interviews in der Niederlassung Freiburg die Daten der quantitativen Umfrage von TNS Infratest ergänzt werden können.

3.1 Die Niederlassung Freiburg

Im Folgenden werden wir klären, wie sich die erarbeiteten Verbesserungsmaßnahmen aus der MAB 2004 auf das Mitarbeitercommitment in der jeweiligen Organisationseinheit auswirken. Dafür werten wir zum einen die Ergebnisse der MAB von TNS Infratest aus den Jahren 2001 bis 2006 in einer Zeitreihenanalyse für die Niederlassung Freiburg aus. Anschließend zeigen wir, wie die Folgeprozesse der MAB 2004 strukturiert waren und wie die Vorgehensweise aussah. Schließlich untersuchen wir, wie sich die Folgeprozesse auf die Ergebnisentwicklung zwischen der MAB 2004 und 2006 für die jeweiligen Organisationseinheiten der Niederlassungen entwickelt haben. Dafür stellen wir den Ergebnissen des TRI*M-Index und des TRI*M-Grid die Maßnahmenkataloge gegenüber, die in den jeweiligen Abteilungen im Zuge der Folgeprozesse der MAB 2004 ausgearbeitet, umgesetzt und nachhaltig auf Umsetzung kontrolliert wurden. Zudem ergänzen wir diese Informationen mit den Erkenntnissen aus den Leitfaden-Interviews. Wir werden untersuchen, welche Strukturen und Regelmäßigkeiten sich aus den Ergebnissen der MAB 2006 erkennen lassen und ob sich daraus Handlungsempfehlungen für das Management ergeben. Die Ergebnisse der abgefragten Einzel-Items zwischen 2004 und 2006 sind leider nur in wenigen Fällen vergleichbar, da die Menge der abgefragten Einzel-Items in 2006 drastisch reduziert wurde, um die Bearbeitungszeit der Fragebögen zu verkürzen. Wir werden dennoch die gleich gebliebenen Einzel-Items miteinander vergleichen und zusätzlich die Informationen aus den Leitfaden-Interviews für die Analyse der Auswirkungen der Folgeprozesse hinzuziehen.

Zum Überblick über den Kontext, in dem die MAB stattfindet zeigen wir eine Darstellung der Organisationsstruktur der Niederlassung Freiburg, sie ist funktional ausgerichtet[216], wie wir in Abbildung 22 sehen können.

[216] Die großen Niederlassungen sind in Form einer Matrix- oder auch Centerorganisation ausgerichtet. Wir konzentrieren uns für diese Untersuchung auf die funktionale Ausrichtung.

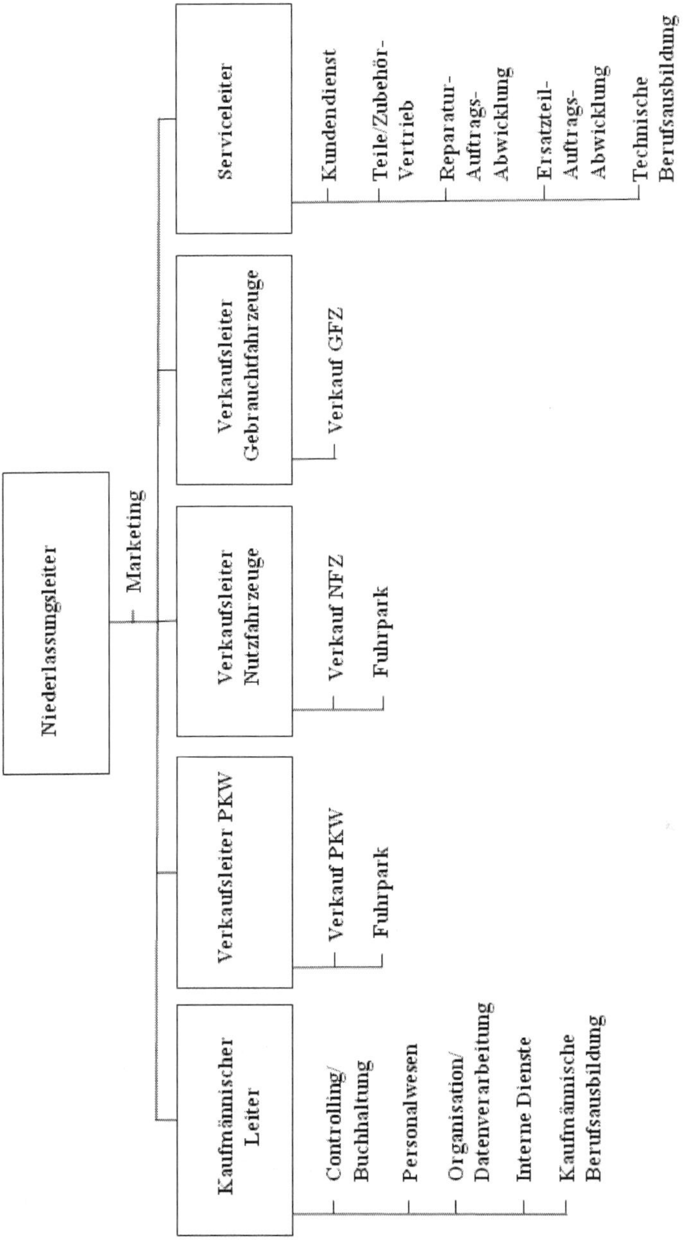

Abbildung 23, Quelle: DaimlerChrysler Vertriebsorganisation Deutschland

Der jeweilige Abteilungsleiter wird bei der MAB von den Mitarbeitern in seinem Verantwortungsbereich bewertet. Die Beurteilung der Führungskraft durch die Mitarbeiter erfolgt also analog den Linien der Leistungsbeurteilung der Mitarbeiter durch die Führungskraft. Gleichzeitig ist der Abteilungsleiter verantwortlich für die Umsetzung der Folgeprozesse.

3.1.1 Ergebnisse der Mitarbeiterbefragungen

Wir untersuchen, wie sich der TRI*M-Index der Niederlassung Freiburg im Zeitreihenvergleich entwickelt hat. Wir betrachten dabei vor allem die Periode zwischen 2004 und 2006, da unsere Untersuchung der Folgeprozesse und ihrer Auswirkungen in diesen Zeitraum fällt. Damit verschaffen wir uns einen Überblick über die Ausgangslage, von der aus sich die Folgeprozesse entwickeln.

In 2001 haben von 290 Befragten 243 teilgenommen, in 2004 antworteten von 288 Befragten 222. In 2006 letztlich gaben von 284 Befragten 223 ihre Antworten ab. Dies ergibt eine Entwicklung der Beteiligungsquote, die wir in Abbildung 23 sehen können:

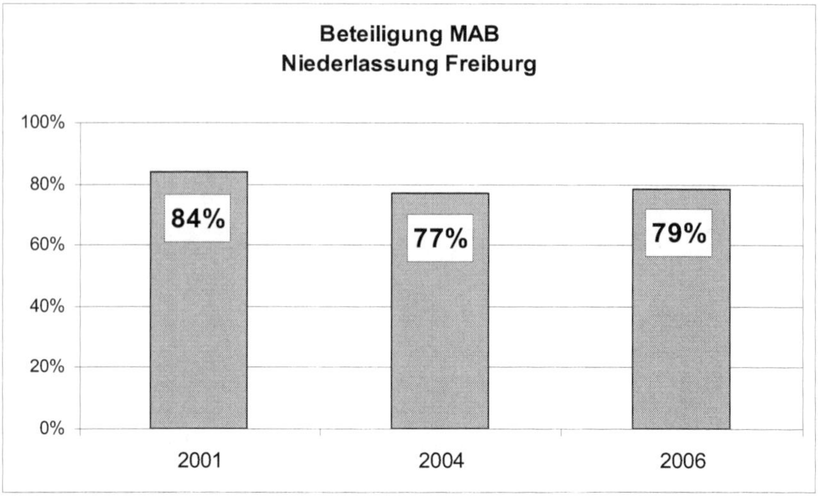

Abbildung 24, Quelle: MAB 2001-2006 von TNS Infratest

Wir können erkennen, dass die Beteiligungsquoten in der Niederlassung permanent hoch sind. Zwischen 2001 und 2004 sehen wir zwar einen Rückgang der Beteiligungsquote von 84% auf 77%, doch die Erholung der Quote auf 79 % in 2006 zeigt, dass die MAB von den Mitarbeitern in der Niederlassung als wichtiges Instrument zur Partizipation und zum Kundtun der eigenen Meinungen zu den abgefragten Dimensionen ge-

sehen wird. Im Vergleich zu den Beteiligungsquoten im gesamten Bundesgebiet, also aller 35 Niederlassungen, wird deutlich, dass die Beteiligung in Freiburg zwischen 2004 und 2006 sogar gegen den Trend gewachsen ist:
Wie wir in Abbildung 24 sehen können, ist auf Bundesebene zwischen 2004 und 2006 die Beteiligung um 6 % zurückgegangen, während sie in Freiburg im gleichen Zeitraum um 2 % auf 79 % gestiegen ist. Damit liegt Freiburg in 2006 3 % über der Beteiligungsquote aller Niederlassungen.

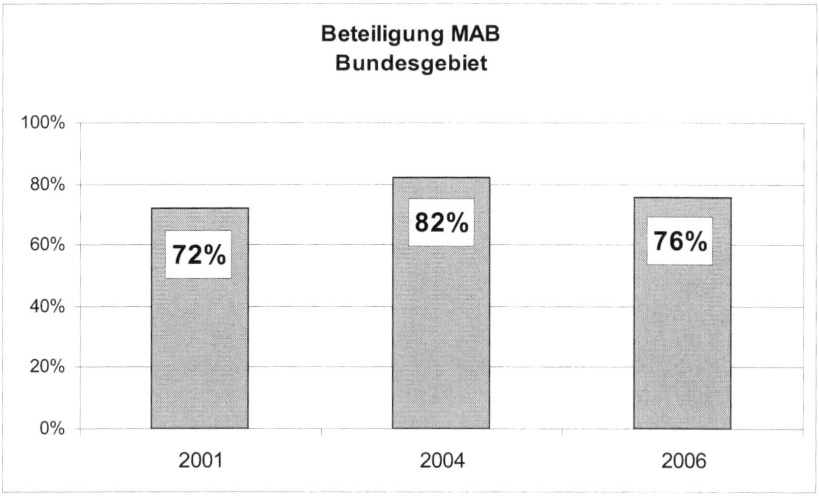

Abbildung 25, Quelle: MAB 2001-2006, TNS Infratest

Die Beteiligung an einer MAB gibt uns Hinweise darauf, wie die Belegschaft das Instrument MAB akzeptiert. Zudem sind einige Zusammenhänge im Hinblick auf die Beteiligungsquote interessant, in Abbildung 25 sehen wir die berechneten Korrelationen.

Variablen	R
Beteiligung und Anzahl Mitarbeiter	-0,30
Beteiligung und ROS	0,27
Beteiligung und OP	0,00
Beteiligung und TRI*M-Index	0,45
Anzahl Mitarbeiter und TRI*M-Index	-0,11

Abbildung 26, Quelle: MAB 2004 in den Niederlassungen der DCVD, TNS Infratest

Bei der näheren Untersuchung kommen wir zu folgenden Interpretationen: die Beteiligung hängt von der Anzahl der Mitarbeiter in einer Organisationseinheit ab, wir sehen zwischen diesen beiden Variablen eine negative Korrelation von r = -.3. Das bedeutet: Je mehr Mitarbeiter in einer Organisationseinheit arbeiten, desto geringer ist die Beteiligungsquote. Wir können davon ausgehen, dass in größeren Organisationseinheiten die Anonymität auch gestiegen ist und sich damit einige Mitarbeiter der sozialen Kontrolle hinsichtlich der Teilnahme besser entziehen können, als dies in kleineren Einheiten der Fall ist. Dies ist ein interessanter Zusammenhang wenn wir sehen, dass der TRI*M-Index und die Anzahl der Mitarbeiter in einem Bereich mit r = -.1 leicht negativ korreliert. Der Zusammenhang ist zwar nur sehr schwach, aber einen Trend können wir erkennen: sowohl Beteiligung als auch Commitment sinken mit Größe der Organisationseinheit. Der Zusammenhang zwischen TRI*M-Index und Beteiligung hingegen ist mit r = .45 hoch. Eine hohe Beteiligung in einem Bereich hängt also zusammen mit einem hohen TRI*M-Index. Gleichzeitig gibt es einen schwachen Zusammenhang zwischen der Beteiligungsquote und der Wirtschaftlichkeit (Return On Sales) einer Organisationseinheit. Beteiligungsquote und der Operating Profit als Kennziffer der Wirtschaftlichkeit zeigt uns keine Korrelation. Wir können also keinen direkten Zusammenhang zwischen Wirtschaftlichkeit und Beteiligungsquote vermuten.
Das Mitarbeitercommitment wurde in allen Befragungen für zwei Dimensionen ermittelt: Zum einen das Commitment hinsichtlich der Niederlassung, in der der Befragungsteilnehmer arbeitet. Zum anderen das Commitment bezüglich der DaimlerChrysler AG, also des Konzerns als Arbeitsgeber. Diese Unterteilung stellt eine Besonderheit bei den Befragungen von TNS Infratest dar, das dem besonderen Aufbau der Niederlassungswelt Rechnung trägt. Wir schauen uns zunächst die Entwicklungen des TRI*M-Index für die Niederlassung in Freiburg sowie alle Niederlassungen an. Anschließend werden wir die Ausprägungen des TRI*M-Index hinsichtlich der DaimlerChrysler AG in der Niederlassung Freiburg sowie über die Niederlassungen im Bundesgebiet betrachten. Das Commitment mit der Niederlassung korreliert mit einem Wert von r = .83 stark mit dem Commitment bezüglich der DaimlerChrysler AG. Dieser Zusammenhang verwundert nicht: Mitarbeiter, die sich mit der Niederlassung identifizieren, fühlen sich auch stark mit dem Konzern als Arbeitgeber verbunden.
In Abbildung 26 sehen wir den Zeitreihenvergleich des Mitarbeitercommitments (TRI*M-Index) hinsichtlich der Niederlassung, also des direkten Unternehmensteils, in dem die Mitarbeiter arbeiten. Die Mitarbeiter der Niederlassung Freiburg weisen dabei ein zwischen 2001 und 2006 leicht gesunkenes Mitarbeitercommitment auf.

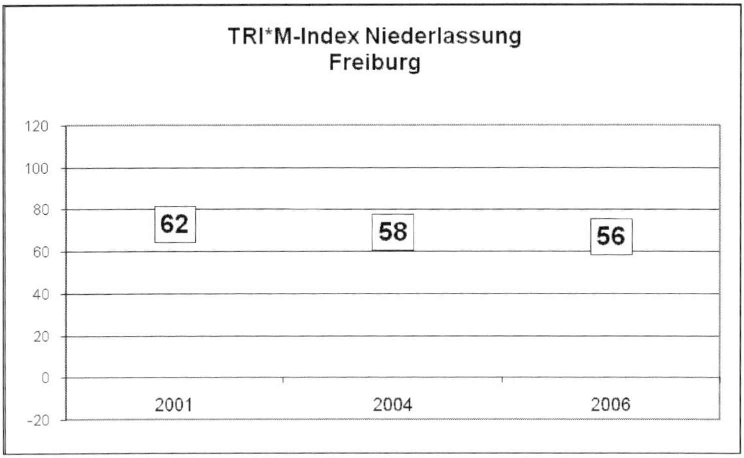

Abbildung 27, Quelle: MAB 2001-2006, TNS Infratest

Im Vergleich dazu weisen alle Niederlassungen im Bundesgebiet einen durchschnittlichen TRI*M-Index auf, der leicht über dem Index der Niederlassung Freiburg liegt, wie wir in Abbildung 27 sehen können.

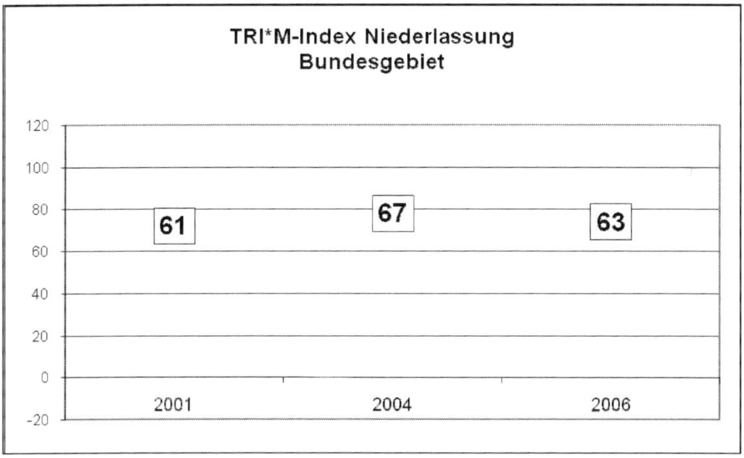

Abbildung 28, Quelle: MAB 2001-2006, TNS Infratest

Im Bundesgebiet hat sich das Mitarbeitercommitment zur Niederlassung zwischen 2004 und 2006 um vier Punkte verschlechtert, während das Mitarbeitercommitment der Mitarbeiter in Freiburg zur Niederlassung sich nur um zwei Punkte und damit

nicht signifikant verändert hat.[217] Zwar liegt Freiburg auf einem insgesamt geringeren Niveau, dennoch ist der Trend zu einem sinkenden Commitment hier etwas abgeschwächt im Vergleich zum Durchschnitt aller Niederlassungen.
Das Mitarbeitercommitment wurde gleichzeitig noch hinsichtlich der DaimlerChrysler AG als Arbeitgeber abgefragt. Die Entwicklung des TRI*M-Index hinsichtlich der DaimlerChrysler AG unter den Mitarbeitern der Niederlassung Freiburg sehen wir in Abbildung 28.

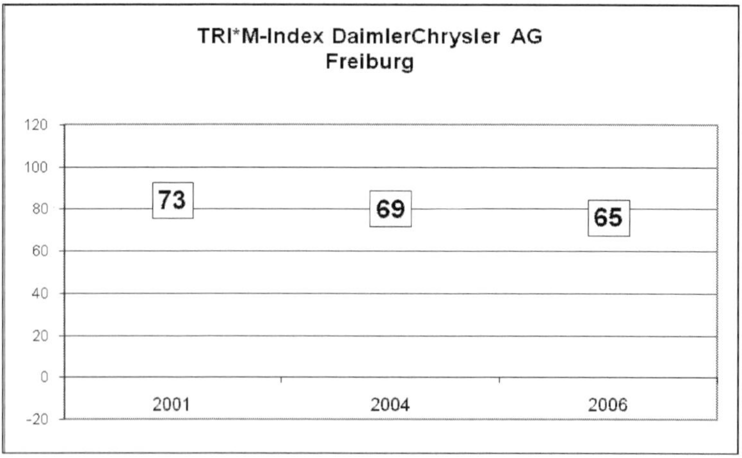

Abbildung 29, Quelle: MAB 2001-2006, TNS Infratest

Die Entwicklung im Vergleich zum Durchschnitt im Bundesgebiet, die wir in Abbildung 29 sehen können, zeigt: das Commitment der Mitarbeiter zur DaimlerChrysler AG hat sich sowohl in der Niederlassung Freiburg als auch im Durchschnitt aller Niederlassungen zwischen 2004 und 2006 um vier Punkte nach unten bewegt.

[217] Signifikanz nach TNS Infratest erst ab einer Veränderung von +/- 3 Punkte.

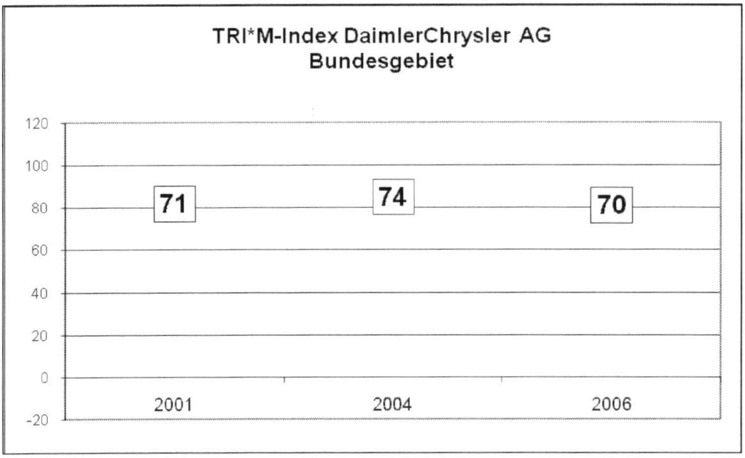

Abbildung 30, Quelle: MAB 2001-2006, TNS Infratest

Folgende Entwicklung lässt sich erkennen: Während sich das Mitarbeitercommitment zu DaimlerChrysler in der Niederlassung und im Schnitt auf Bundesebene sowie das Mitarbeitercommitment der Niederlassungen im Bundesgebiet um jeweils vier Punkte gesunken ist, konnte sich die Niederlassung Freiburg im Commitment zur Niederlassung um nur zwei Punkte gegen den Trend eines sinkenden TRI*M-Index stemmen. Dies ist auch vor dem Hintergrund interessant, dass die Ergebnisse auf der Ebene der Niederlassung verzerrt werden durch die konzernweiten Spar-Programme Core, Impuls 05 und Hermes. Es ist plausibel anzunehmen, dass die Infragestellung von Arbeitsplatzsicherheit sowie die Sicht dieser Sparprogramme auf die Mitarbeiter als Kostenfaktor nicht gerade zu gesteigertem Mitarbeitercommitment beitragen. Das Mitarbeitercommitment bei der DaimlerChrysler Vertriebsorganisation Deutschland ist aber immer noch höher als der Durchschnitt aller von TNS Infratest bei Großunternehmen Befragten. Wir können davon ausgehen, dass die subjektive Arbeitsplatzsicherheit positiv mit der Einstellung zum Unternehmen und sogar zu dessen Produkten und Dienstleistungen korreliert.[218] Im Umkehrschluss lässt sich hieraus argumentieren, dass die umfangreichen Umstrukturierungen bei der DCAG mit Stellenabbau dazu geführt haben, dass die subjektiv empfundene Sicherheit des Arbeitsplatzes abgenommen hat. Daraus kann dann der auf Bundesebene gesunkene TRI*M-Index resultieren.

Das Mitarbeitercommitment konnte also auf Ebene der Niederlassung Freiburg zwischen 2004 und 2006 nicht verbessert werden. Dennoch können wir festhalten, dass sich das Mitarbeitercommitment zur Niederlassung nicht verschlechtert hat, während sich die Bezugsgrößen (Commitment Niederlassung Bund, Commitment DaimlerChrysler in der Niederlassung sowie Commitment DaimlerChrysler Bund) im gleichen Zeitraum alle verschlechterten. Es scheint, dass sich die Veränderungen, die durch die Folgeprozesse in der Niederlassung losgetreten wurden, wenn auch nur gering, so doch etwas auf das Commitment der Mitarbeiter ausgewirkt haben.

Das Mitarbeitercommitment enthält in der Abfrage einige Komponenten, die sich mit der Zufriedenheit der Mitarbeiter beschäftigen. Vom Trend her kann man diese Entwicklung relativieren, wenn man sich die allgemeine Entwicklung der Lebenszufriedenheit in Deutschland vor Augen führt. Diese können wir sehen in Abbildung 30.

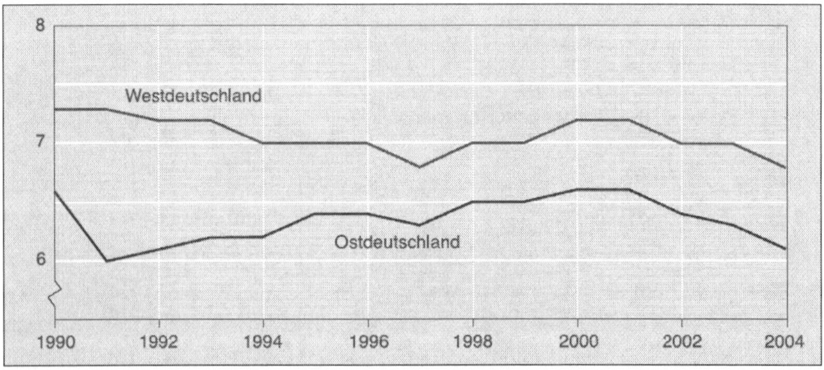

Datenbasis: SOEP 1990–2004.

Abbildung 31, Quelle: Statistisches Bundesamt, Datenreport 2006, 448.

Aus der gleichen Studie geht auch hervor, dass die Zufriedenheit mit der Arbeit im Zeitraum zwischen 1990 und 2004 ebenfalls leicht gesunken ist, wie wir in Abbildung 31 sehen können. Andere Studien bestätigen diesen Trend. [219]

---

[218] Handelsblatt vom 03.09.1990, Nr. 49, k01.

[219] Vgl. http://www.jobware.de/pz/pm/meldungen/120.html, besucht am 22.01.2007.

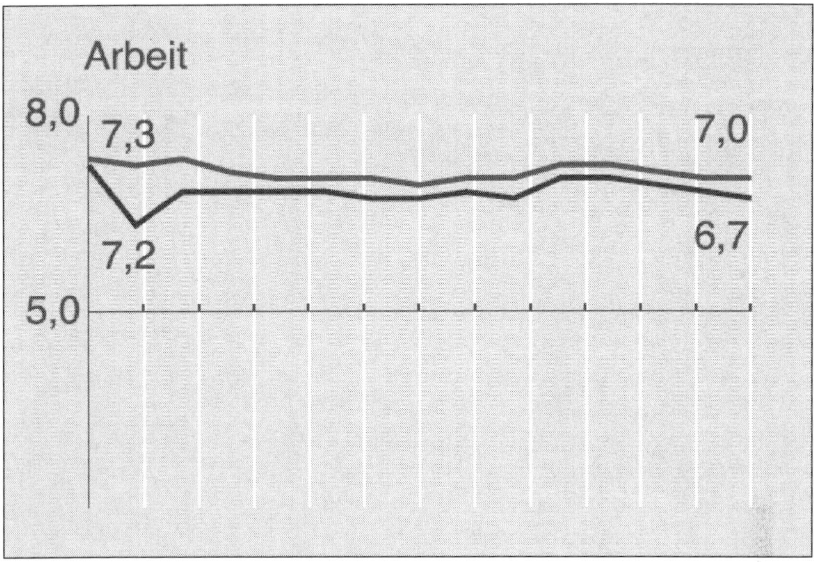

Abbildung 32, Quelle: Statistisches Bundesamt, Datenreport 2006, 449.

Wir können also erkennen, dass in Deutschland auf dem Gebiet der Zufriedenheit ein leicht rückläufiger Trend zu beobachten ist. Es ist plausibel anzunehmen, dass diese allgemeine Entwicklung zumindest teilweise auch auf das Empfinden der Mitarbeiter in Bezug auf ihr Verhältnis zur Erwerbsarbeit steht. Dieser Hintergrund ist, neben den globalen Entwicklungen in einem Großkonzern wie DaimlerChrysler, wichtig bei der Interpretation der Ergebnisse. TRI*M-Werte sollten nicht absolut, sondern immer relativ betrachtet werden, also im Vergleich zwischen verschiedenen Jahren (zum Beispiel MAB 2004 zu 2006). Einen Vergleich zwischen Abteilungen sollte man hingegen nur differenziert vollziehen. Die Auswertung und die Ergebnis-Entwicklungen für die jeweiligen Bereiche der Niederlassung folgen bei der Untersuchung der Auswirkungen der Folgeprozesse auf das MAB-Ergebnis. Bevor wir dies analysieren, stellen wir zunächst noch die Abwicklung der Folgeprozesse der MAB 2004 dar.

3.1.2 Bearbeitung der Ergebnisse aus der MAB 2004

Im Zeitraum von Mitte Oktober bis Mitte Dezember 2004 wurden die Ergebnisse in allen Organisationseinheiten präsentiert, die Abteilungsleiter, Teamleiter und Gruppenleiter führten dabei auch die Workshops zur Ideensammlung von Verbesserungen durch. Wie sich die Terminleiste der Präsentations-Workshops, der Maßnahmenerarbeitung, der Maßnahmen-Veröffentlichung sowie der Auditierung darstellt, können wir in Abbildung 32 sehen.

			2004		
Mai	KW 19	KW 20	KW		Befragungs-
Juni	zeitraum: 17.05. – 25.06. 04			KW 26	KW 27
Juli	KW 27	KW 28	KW 29	KW 30	KW 31
August	KW 32	KW 33	KW 34	KW 35	KW 36
September	KW 36	KW 37	KW 38	KW 39	KW 40
Oktober	KW 40	KW 41	KW 42		Ergebnis-
November	Kommunikation und Maßnahmen-Erarbeitung				
Dezember	BV*	KW 51	KW 52	KW 53	
			2005		
Januar	KW 01	KW02	MK*	KW 04	
Februar	KW 05	KW 06	KW 07	KW 08	
März	KW 09	KW 10	KW 11	KW 12	51 %*
April	KW 14	KW 15	KW 16	KW 17	KW 18
Mai	KW 18	58 %	KW 20	KW 21	KW 22
Juni	61 %	KW 23	KW 24	KW 25	72 %
Juli	KW 27	KW 28	KW 29	KW 30	Audit/PM*
August	KW 31	KW 32	KW 33	KW 34	Audit/PM
September	KW 35	KW 36	KW 37	KW 38	Audit/PM
Oktober	KW 40	KW 41	abhängen	KW 43	Audit/PM
November	KW 44	KW 45	KW 46	KW 47	Audit/PM
Dezember	KW 48	KW 49	KW 50	KW 51	Audit/PM

Abbildung 33

*BV: Betriebsversammlung am 08.12.04. Hier wurden durch die Geschäftsleitung die erarbeiteten Maßnahmen vorgestellt.
*MK: Ende Kalenderwoche 03/2005 wurden die Maßnahmenkataloge in den jeweiligen Abteilungen ausgehängt.
*51 %: Die Prozentangaben bilden den Stand der bereits umgesetzten Maßnahmen ab.
*Audit/PM: hier wird mit Hilfe eines Auditierungs-Plans von der Führungskraft die nachhaltige Umsetzung der vereinbarten Maßnahmen fortlaufend kontrolliert. PM bedeutet, dass monatlich aktiv ein Projekt-Marketing durchgeführt wurde. Dies umfasste: Audit-Protokolle in den Teamgesprächen mit allen Akteuren durchsprechen, Artikel über Umsetzungserfolge in der Mitarbeiterzeitschrift „Die Hupe" veröffentlichen, Aushänge von Umsetzungs-Ständen an den schwarzen Brettern der Abteilungen anbringen.

Als Beispiele für die die gesamte Niederlassung betreffenden Verbesserungsmaßnahmen können wir die folgenden Punkte nennen: in allen Bereichen wurden eine *nicht ausreichende Regelkommunikation* sowie eine *unbefriedigende Informationspolitik* moniert. Das deckt sich mit den Ergebnissen aus anderen Studien. Allerdings sollten wir nicht vergessen, dass auch erst das Fragen nach beispielsweise der Informationspolitik den Fokus auf diesen Bereich im Unternehmen lenkt. Die *telefonische Erreichbarkeit* war ein Thema, das sich durch die gesamte Niederlassung zog: Im Fragebogen der MAB 2004 wurde abgefragt, wie die Zusammenarbeit mit anderen Abteilungen in der Niederlassung funktioniert. Dabei wurde die telefonische Erreichbarkeit explizit abgefragt und diese wurde von den Mitarbeitern in der gesamten Niederlassung als unterdurchschnittlich bewertet. Daraus resultierte die *Einrichtung eines Kundenservicecenters*, das alle Kundenanfragen von außen aufnimmt und dann gebündelt und zielgerichtet weiterleitet. Im Service-Bereich wurde die undichte Abdeckung des Gebäudes moniert, welche sich in einer kompletten Dachsanierung niederschlug. Die fehlenden persönlichen Entwicklungsmöglichkeiten der Mitarbeiter wurden ebenfalls in mehreren Abteilungen angesprochen und führten zur *Einführung einer einheitlichen Schulungsdatenbank*. Damit konnte sichergestellt werden, dass die Prozesse der Ermittlung des Schulungsbedarfs, der Anmeldung der Schulungsteilnehmer und der Protokollierung der Teilnahme erfolgen konnte. Die Schulungsplanung konnte somit effektiver und effizienter gestaltet werden.

Insgesamt wurden nach der MAB 2004 in den Organisationseinheiten 125 Verbesserungsmaßnahmen erarbeitet. Auf der Betriebsversammlung im Dezember 2004 stellten die einzelnen Bereichsleiter die Maßnahmenbündel für ihre Abteilung vor und verkündeten gleichzeitig auch jeweils ihr Credo zur Umsetzung der Maßnahmen. Wie wir in Abbildung 33 und 34 sehen können, gestaltete sich die Abarbeitung der Maßnahmen über einen Zeitraum von knapp neun Monaten.

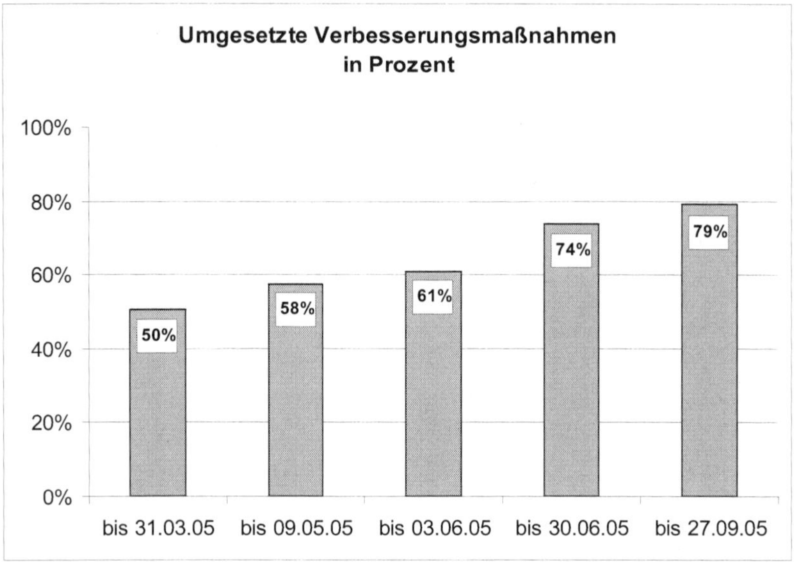

Abbildung 34

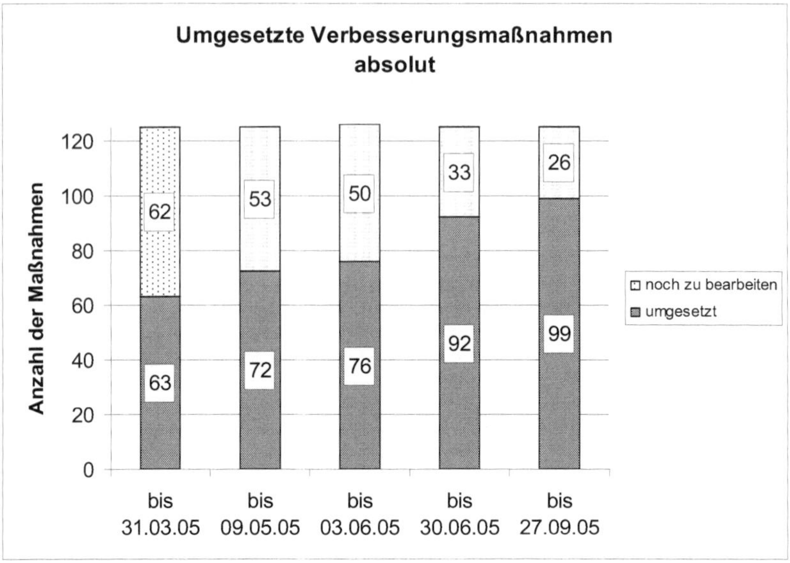

Abbildung 35

Wir wollen anmerken, dass wir hier lediglich diejenigen Maßnahmen erfassen können, die in den Maßnahmenkatalogen festgehalten, veröffentlicht und im Anschluss daran in ihrer Abarbeitung dokumentiert worden sind. Etwaige weitere Maßnahmen, die sich auf individueller Ebene abgespielt haben oder auch in informellen Runden realisiert wurden, können wir an dieser Stelle nur bedingt berücksichtigen. Jeder Abteilungsleiter ist an einem motivierenden und konstruktiven Klima in seiner Abteilung interessiert, will er doch, dass die Mitarbeiter seines Verantwortungsbereiches Bedingungen vorfinden, unter denen sie optimale Leistungen abrufen können. Unsere Erfahrungen im Hinblick auf die individuellen Veränderungen, die ein Abteilungsleiter aufgrund einer MAB vornimmt, lassen darauf schließen, dass er sich mit den Antworten der Mitarbeiter auch persönlich auseinandersetzt.
Wenn wir näher betrachten, wie in der Niederlassung insgesamt die Handlungsfelder verteilt waren, so sehen wir, dass sich mit 44 erarbeiteten Maßnahmen die meisten Maßnehmen auf die *Prozesse und Abläufe* beziehen, wie in Abbildung 35 ersichtlich.

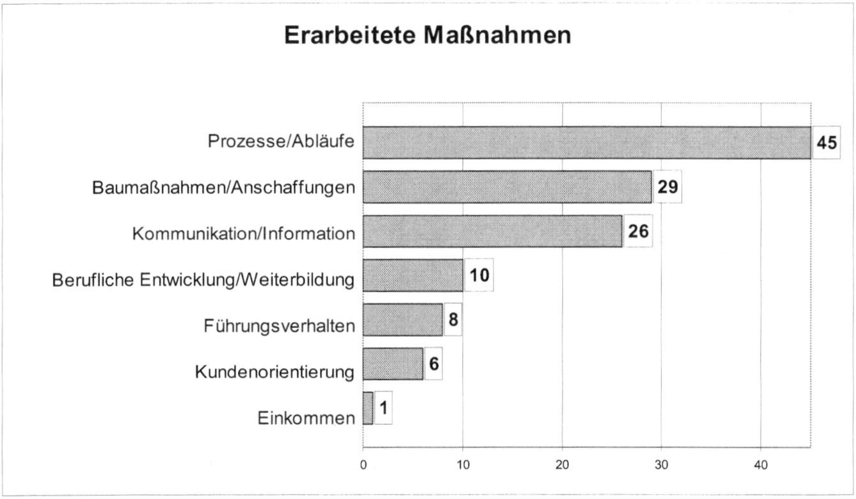

Abbildung 36

Die Kategorien charakterisieren wir wie folgt: Prozesse/Abläufe sind alle Maßnahmen, die sich auf die Arbeitsweise der Beteiligten auswirken, so zum Beispiel Neuregelung der Marketingplanung oder Klärung der Gebietszuständigkeiten bei Verkäufern. Baumaßnahmen/Anschaffungen sind jene Maßnahmen, die sich auf Veränderungen der Bausubstanz oder Anschaffung von Gegenständen beziehen, zum Beispiel die Neuschaffung eines Arbeitsplatzes für einen Gebietsverkäufer im Verkaufsraum oder die

Errichtung einer zusätzlichen Hebebühne im Service-Bereich. Der Bereich Information/Kommunikation bezieht sich auf diejenigen Handlungsfelder, die sich mit der Art und Weise von Informationsverbreitung im Unternehmen auseinandersetzen. Das kann die Installation einer effektiven Regelkommunikation inklusive der Festlegung der Protokollführung sein wie auch die prinzipielle Möglichkeit der Ideeneinbringung bei Teamgesprächen.
Die Abbildung 36 zeigt, wie sich im Zeitverlauf zwischen Vereinbarung der Maßnahmen und Umsetzung der Maßnahmen die Zahl der umgesetzten Maßnahmen entwickelt hat.

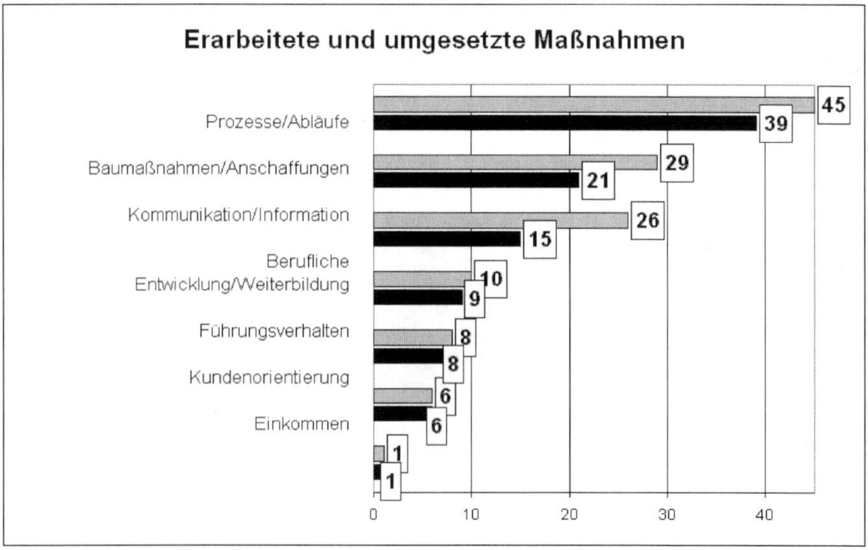

Abbildung 37

Die Definition der umgesetzten Maßnahmen wurde zum einen durch die Dokumentation auf den Maßnahmenkatalogen getroffen. Zum anderen wurde zusätzlich der subjektive Umsetzungsstand bei den beteiligten Akteuren kontrolliert, denn der empfundene Umsetzungsstand kann stark von den in den Maßnahmenkatalogen „abgehakten" Maßnahmen abweichen. Die Umsetzung der Maßnahmen wurde also mehrfach nachkontrolliert durch die Hinterfragung bei der Führungskraft sowie durch die Interviews mit den Mitarbeitern. Wenn sich hier die Tendenz einstellte, dass die Verbesserung nicht den erwünschten Erfolg zeigte, wurde dies auch der Führungskraft zurückgespiegelt und der Umsetzungsstand der Maßnahme gegebenenfalls wieder zurückgenommen beziehungsweise die Umsetzung wurde nachgesteuert. In den Interviews wurde deutlich, dass sich viele Mitarbeiter nicht mehr genau erinnern konnten, welche Maßnahmen letztlich aus den MAB-Folgeprozessen resultierten.

3.1.3 Veränderungen des Fragebogens

Die TRI*M-Methode von TNS Infratest umfasst, dass sich die sechs Fragen zur Ermittlung des TRI*M-Index in allen Befragungen gleichen. Damit werden Benchmarking-Studien über verschiedene Organisationseinheiten intern, aber auch externe Vergleiche mit Wettbewerbern, anderen Branchen und anderen Ländern möglich. Die darüber hinaus abgefragten Einzel-Items hingegen können zwischen den Folgebefragungen variieren. Nach der MAB 2004 wurde der Fragebogen hinsichtlich der abgefragten Einzel-Items umgestellt: In 2004 wurden insgesamt 76 Elemente abgefragt, in der MAB 2006 nur noch 27 Elemente. In 2004 wurden die 76 Qualitätselemente unterteilt in zehn Kategorien:

- Qualität der Arbeit (9 Fragen)
- Einkommen und betriebliche Leistungen (6 Fragen)
- Information und Kommunikation (5 Fragen)
- Zusammenarbeit mit Kollegen im eigenen Team (5 Fragen)
- Zusammenarbeit mit Kollegen aus anderen Abteilungen Ihrer Niederlassung (5 Fragen)
- Führungsverhalten des direkten Vorgesetzten (17 Fragen)
- Führungsverhalten des nächsthöheren Vorgesetzten (6 Fragen)
- Berufliche Entwicklung und Förderung (9 Fragen)
- Ansehen und Verhalten Ihrer Niederlassung am Markt und in der Öffentlichkeit (9 Fragen)
- Mitarbeiterbefragungen (5 Fragen)

Für die MAB 2006 wurden insgesamt 27 Fragen gestellt, die in sechs Kategorien eingeteilt wurden:

- Qualität der Arbeit innerhalb Ihres Bereichs/Ihrer Abteilung (5 Fragen)
- Information und Kommunikation (4 Fragen)
- Zusammenarbeit mit Kollegen innerhalb Ihres Bereiches/Ihrer Abteilung (3 Fragen)
- Führungsverhalten des direkten Vorgesetzten (6 Fragen)

- Führungsverhalten des nächst höheren Vorgesetzten (5 Fragen)
- Kundenzufriedenheit und Veränderungsprozess (4 Fragen)

Ziel war eine verkürzte Bearbeitungszeit des Fragebogens sowie eine Fokussierung auf die Kundenorientierung. Für unsere Studie benötigten wir abgefragte Einzel-Items, die sich zwischen 2004 und 2006 vergleichen lassen. Leider wurden viele Bereiche ersatzlos gestrichen und andere Fragen wurden nach 2004 umgestellt. Wir haben also nur eine sehr beschränkte Vergleichsmöglichkeit hinsichtlich der Einzel-Items. Die *Einzel-Items* geben uns jedoch weitere Hinweise auf die Stellschrauben, mit denen das Mitarbeitercommitment beeinflusst werden kann. Bei den Einzel-Items erfolgt die ausführliche Auswertung für jede Organisationseinheit, wir werden im Anschluss die wichtigsten Erkenntnisse die einzelnen Organisationseinheiten betreffend anführen und jeweils die Gründe für die Effekte auf das Mitarbeitercommitment diskutieren.
Wir werden bei den abgefragten Einzel-Items keinen Vergleich zwischen den Jahren 2004 und 2006 vornehmen, da sich die Darstellung der relativen Zufriedenheit immer nur auf alle Items einer Kategorie für jeweils die MAB 2004 oder 2006 bezieht. Der Vergleich der Entwicklung der Zufriedenheitswerte bezogen auf die Einzel-Items von 2004 nach 2006 ist damit nicht möglich. Allerdings werden wir diejenigen Fragen, die sich auf die Folgeprozesse der MAB 2004 beziehen, untersuchen hinsichtlich der Zufriedenheit, Verbalen Wichtigkeit und der Korrelation mit dem Mitarbeitercommitment. Wir untersuchen, wie die Mitarbeiter auf jene Fragen geantwortet haben, bei denen wir Rückschlüsse auf den Wahrnehmungsgrad der Veränderungen durch die Folgeprozesse ziehen können. Die folgenden Fragen, die sich auf die Folgeprozesse und die Möglichkeiten zur Einbringung von Vorschlägen und Verbesserungen beziehen, wurden in 2006 gestellt:

1. Themengebiet Kundenzufriedenheit und Veränderungsprozess: *Ihre Einbindung in die Ausgestaltung von Veränderungsprozessen in Ihrem Bereich/Ihrer Abteilung.* Diese Frage zielt direkt auf die Folgeprozesse ab: Wie konnten sich die Befragten einbringen in die Erarbeitung der Verbesserungsmaßnahmen in ihrem konkreten Handlungsumfeld?

2. Themengebiet Führungsverhalten des direkten Vorgesetzten: *Wertschätzung als Partner und Mitarbeiter.* Hier wird deutlich, wie die Mitarbeiter das Miteinander in ihrem konkreten Handlungsumfeld bewerten hinsichtlich Partnerschaftlichkeit und Wertschätzung als Mitarbeiter. Dabei können wir annehmen, dass sich gerechte und konstruktiv ausgearbeitete Verbesserungsmaßnahmen in einer

Organisationseinheit auswirken sollten auf die Einschätzung dieses Aspekts. Unter diesen Punkt fällt auch, wie offen mit Informationen umgegangen und wie klar die Entscheidungen auf Partnerschaftlichkeit aufgebaut wurden.

3. Themengebiet Zusammenarbeit mit Kollegen innerhalb Ihres Bereiches/Ihrer Abteilung: *Einhaltung und konsequente Umsetzung von (in internen Besprechungen) erzielten Vereinbarungen.* Das Antwortverhalten auf diese Frage ist für unsere Beurteilung der Folgeprozesse besonders wichtig, denn sie bezieht sich auf die wahrgenommene Konsequenz bei der Umsetzung von Vereinbarungen. Die Verbesserungsmaßnahmen stellen solche Vereinbarungen dar: Sie wurden in internen Besprechungen getroffen.

Zudem können wir – je nach erarbeiteten und umgesetzten Maßnahmen – noch weitere Einzelfragen heranziehen, um zu Deutungen zu kommen, wie die Veränderungen von den Befragten wahrgenommen wurden. Dies werden wir für unsere Analyse je nach Abteilung gesondert entscheiden.

3.1.4 Gesamte Niederlassung: Vergleich von MAB 2004 zu MAB 2006

Die Veränderungen zwischen der MAB 2004 und der MAB 2006 führen wir uns anhand einzelner Beispiele noch einmal genauer vor Augen. Vor allem wollen wir versuchen, konkrete Veränderungen zu den Ergebnissen der MAB 2006 in Beziehung zu setzen und untersuchen, ob wir hier Rückschlüsse hinsichtlich Stellschrauben ziehen können, mittels derer sich das Mitarbeitercommitment oder die Mitarbeiterzufriedenheit beeinflussen lassen. Dafür werden wir zunächst die Entwicklung der Einzelfragen des TRI*M-Index sowie ausgewählter TRI*M-Grid-Fragen auf Niederlassungsebene genauer untersuchen. Den TRI*M-Index untersuchen wir dabei in einem Zeitreihenvergleich mit den Ergebnissen der MAB 2004. Anschließend analysieren wir die einzelnen Organisationseinheiten im Hinblick auf die Ergebnisse aus der MAB 2004 und 2006 und erforschen, ob wir Veränderungen in der Wahrnehmung der Mitarbeiter erkennen können. Wir werden diesbezüglich auch Hypothesen aufstellen überprüfen, ob sie sich im betrieblichen Alltag als plausibel herausgestellt haben. Ergänzend verwenden wir die Informationen aus den Leitfaden-Interviews, die uns eventuell weitere Hinweise auf die Situation in den Bereichen geben können. Darauf aufbauend diskutieren wir, inwieweit sich die MAB-Kennzahlen dazu eignen, Rückschlüsse auf Verbesserungen des betrieblichen Umfeldes zu ziehen.

Wir haben gesehen, dass der TRI*M-Index in der Niederlassung Freiburg gesunken ist, obwohl die Folgeprozesse strukturiert angegangen wurden. Die Niederlassung konnte sich damit dem bundesweiten Trend eines sinkenden Mitarbeitercommitments nicht entziehen. Lediglich die Identifikation mit dem Konzern konnte zwischen 2004 und 2006 leicht gesteigert werden. Wir untersuchen nun, welche Maßnahmen in den jeweiligen Organisationseinheiten umgesetzt wurden, wie diese Umsetzung von den beteiligten Akteuren wahrgenommen wurde und wie sich diese auch auf die Ergebnisse der MAB 2006 ausgewirkt haben. Dabei stellen wir das Antwortverhalten der Teilnehmer der MAB hinsichtlich des TRI*M-Index einerseits sowie verschiedener Einzel-Items andererseits in den Vordergrund. Wir merken an, dass bei der Ergebnisdarstellung über den TRI*M-Grid ein Problem der Vergleichbarkeit hinsichtlich der Zeitreihenanalyse besteht: die Zufriedenheitswerte werden anhand von Symbolen für die *relative* Zufriedenheit oder Unzufriedenheit dargestellt. Dabei wird eine relative Bezugnahme auf die Durchschnittswerte erzeugt, eine Vergleichbarkeit über eine Zeitreihenanalyse ist also nicht möglich. Dennoch können wir aufzeigen, wie sich das Antwortverhalten der Befragten in 2004 und 2006 jeweils für einzelne Items in den jeweiligen Abteilungen *relativ* entwickelt hat. Daraus lassen sich – ergänzt durch die Antworten aus den Leitfadeninterviews – wichtige Informationen über die Erfahrungen der Beteiligten mit den Folgeprozessen ableiten und Deutungen anbieten.

Wir konnten in allen Organisationseinheiten bei den Ergebnissen der MAB 2004 und 2006 einen in 2006 gesunkenen beziehungsweise konstanten TRI*M-Index verzeichnen. Deshalb könnte die Annahme nahe liegen, dass sich die Folgeprozesse nicht auf eine positive Entwicklung des Mitarbeitercommitments auswirken konnten. Wir möchten jedoch argumentieren, dass die Gründe für den fehlenden Zusammenhang zwischen Folgeprozessen und TRI*M-Index komplexer sind und unsere Deutungen hinsichtlich der wichtigsten Einflussfaktoren anschließen. Es spricht einiges dafür, dass die abgefragten Dimensionen zum TRI*M-Index (Gesamtzufriedenheit, Weiterempfehlung, Wiederbewerbung, Identifikation, Motivation der Kollegen und Wettbewerbsfähigkeit) Bereiche darstellen, die sich nur über langfristige Vertrauensbildung entwickeln können. Wir kommen zu dem Schluss, dass eine Folgebefragung nach zwei Jahren diese Langfristigkeit nicht abbilden kann.

Zudem haben offensichtlich die Umstrukturierungen, Verkäufe und Programme zur Effizienzsteigerung die Mitarbeiter im Unternehmen zwischen 2004 und 2006 stark verunsichert. Diese Veränderungen auf globaler Ebene des Konzerns strahlen auf die eventuellen lokalen Verbesserungserfolge und lassen diese verblassen. Dies lässt sich auch damit begründen, dass der TRI*M-Index zur DaimlerChrysler AG um vier Punkte von 69 auf 65 schlechter wurde, während der TRI*M-Index für die Niederlassung als lokale Organisationseinheit nur um zwei Punkte von 58 auf 56 nach unten ging und sich damit nicht signifikant verschlechterte (Signifikanz ab +/- 3 Punkte).

Die Auswertung der einzelnen TRI*M-Index Fragen gibt uns Hinweise darauf, welche Bereiche sich überhaupt verändert haben. Dies können wir in Abbildung 37 sehen. Die Fragen mit verändertem Antwortverhalten sind die *Weiterempfehlung* und die *Wiederbewerbung*, die Werte bezeichnen die Ergebnisse aus der MAB 2006, die Werte in Klammern die Ergebnisse aus der MAB 2004.

TRI*M Index 56 (58)

	Durchschnitt	Top2-Box	Bottom2-Box
Gesamtzufriedenheit	3,4 (3,4)	42% (45%)	12% (13%)
Weiterempfehlung	3,7 (3,9)	60% (70%)	14% (7%)
Wiederbewerbung	4,0 (4,2)	74% (80%)	9% (6%)
Identifikation	3,6 (3,6)	57% (56%)	15% (14%)
Motivation der Kollegen	3,0 (3,0)	32% (34%)	34% (37%)
Wettbewerbsfähigkeit	2,9 (2,9)	25% (23%)	29% (30%)

Top2 = Zusammenfassung der jeweils beiden besten Antwortmöglichkeiten der 5er-Skala (in %)
Bottom2 = Zusammenfassung der jeweils beiden schlechtesten Antwortmöglichkeiten der 5er-Skala (in %)

Basis 223 (222)

Abbildung 38, Quelle: MAB 2006, DCVD, TNS Infratest

Auf Ebene der Niederlassung hat sich demnach die Weiterempfehlung und die Wiederbewerbung verändert, beide Werte haben sich verringert. Das bedeutet, dass die befragten Mitarbeiter sich weniger wahrscheinlich bei der Niederlassung Freiburg bewerben würden und dass sie diese auch seltener als Arbeitgeber weiterempfehlen. Wie sieht das Ergebnis für die DaimlerChrysler AG global als Arbeitgeber aus?

Das Ergebnis können wir in Abbildung 38 sehen, die geänderten Bereiche sind hier *Weiterempfehlung, Wiederbewerbung, Identifikation* sowie *Wettbewerbsfähigkeit.*

TRI*M Index 65 (69)

	Durchschnitt	Top2-Box	Bottom2-Box
Gesamtzufriedenheit	3,4 (3,4)	42% (45%)	12% (13%)
Weiterempfehlung	4,1 (4,3)	79% (81%)	5% (2%)
Wiederbewerbung	4,3 (4,5)	84% (89%)	4% (1%)
Identifikation	3,6 (3,5)	51% (52%)	14% (17%)
Motivation der Kollegen	3,0 (3,0)	32% (34%)	34% (37%)
Wettbewerbsfähigkeit	3,3 (3,6)	43% (57%)	14% (9%)

Top2 = Zusammenfassung der jeweils beiden besten Antwortmöglichkeiten der 5er-Skala (in %)
Bottom2 = Zusammenfassung der jeweils beiden schlechtesten Antwortmöglichkeiten der 5er-Skala (in %)

Basis 223 (222)

Abbildung 39, Quelle: MAB 2006, DCVD, TNS Infratest

Wir können erkennen, dass sich die Bereiche *Weiterempfehlung, Wiederbewerbung* und *Wettbewerbsfähigkeit* nach unten bewegt haben. Die Identifikation mit der DaimlerChrysler AG hat sich jedoch um 0,1 Punkte nach oben verbessert. Es zeigt sich also zum einen, dass sich die Weiterempfehlung und die Wiederbewerbung sowohl auf Niederlassungs- als auch auf Konzernebene verschlechtert haben. Beide Bereiche sind von den Mitarbeitern hinsichtlich des Konzerns besser bewertet als bezogen auf die Niederlassung, doch in der Tendenz sind alle rückläufig. Interessant ist, dass die Wettbewerbsfähigkeit der Niederlassung zwischen 2004 und 2006 als gleich bleibend empfunden, während sie auf Konzernebene in 2006 um 0,3 Punkte schlechter wahrgenommen wird. Zwar ist die Niederlassung immer noch schlechter bewertet, aber die Bewertung ging im Gegensatz zum Konzern nicht nach unten. Hier hat sich vermutlich die Diskussion um die Wirtschaftlichkeit des Konzernteils Chrysler auf die Wahrnehmung der Mitarbeiter ausgewirkt. Wir können auch Anzeichen dafür erkennen, dass sich die Mitarbeiter aufgrund der Folgeprozesse in der Wahrnehmung hin zu einer verbesserten Wettbewerbsfähigkeit ihrer Organisationseinheit bewegten. Nur eine Dimension wurde zwischen 2006 besser wahrgenommen als 2004: Die Identifikation mit der DaimlerChrysler AG als Arbeitgeber. Es scheint, als nehme die Belegschaft der Niederlassung Freiburg den Konzern weiterhin als guten Arbeitgeber wahr. Das liegt sicherlich auch an der Tatsache, dass die Arbeitsplätze bei der DCAG als sicher gelten und die Entlohnung über dem Durchschnitt in Deutschland liegt. Diese Vorzüge sichern nicht die Niederlassung, sondern die konzernweiten Vereinbarungen zur Regelung von Arbeitsverträgen. Dieser Umstand scheint den Mitarbeitern bewusst zu sein, und sie honorieren dies auch mit einer – wenn auch nur leicht – ansteigenden Identifikation mit dem Konzern.

Die Veränderungen zwischen der MAB 2004 und 2006 haben in der TRI*M-Typologie folgende Auswirkungen: Der Anteil der Bewohner verringert sich von 54 % auf 46 %, während der Anteil der Nicht Erreichten von 28 % auf 34 % gestiegen ist. Erfolgsgaranten sind von 13 % auf 15 % gestiegen und die distanzierten Leistungsträger sind mit 5 % konstant geblieben.

Bezüglich des TRI*M-Grid konnten wir folgende Beobachtungen machen: die 1. Frage *(Einbindung in die Ausgestaltung von Veränderungsprozessen in Ihrem Bereich/Ihrer Abteilung)* wurde als unterdurchschnittlich zufrieden stellend beantwortet, die verbale Wichtigkeit war ebenfalls unterdurchschnittlich. Die Korrelation mit dem TRI*M-Index war hoch. Wir müssen also konstatieren, dass die Ausgestaltung der Folgeprozesse im Hinblick auf die Möglichkeit der Partizipation nicht zufrieden stellend durchgeführt wurde. Allerdings merken wir an, dass diese Frage nicht explizit auf die Veränderungen durch die MAB, sondern auf alle Change-Maßnahmen in diesem Bereich abzielt und damit den Sachverhalt nur ungenau abfragt. Dennoch sehen wir hier weiteren Handlungsbedarf.

Frage zwei *(Wertschätzung als Partner und Mitarbeiter durch den direkten Vorgesetzten)* wurde auf Niederlassungsebene als weit überdurchschnittlich zufrieden stellend wahrgenommen. Die verbale Wichtigkeit dieses Aspekts lag leicht über dem Durchschnitt und die Korrelation mit dem TRI*M-Index leicht darunter. Wir können also erkennen, dass trotz der fehlenden Möglichkeiten der Partizipation der direkte Vorgesetzte in der Lage war, die Mitarbeiter in seinem Bereich als Partner wertzuschätzen. Es scheint, dass hierbei noch andere Faktoren für die positive Einschätzung der Führungskraft eine Rolle spielen. Die fehlenden Möglichkeiten der Partizipation werden nicht explizit dem direkten Vorgesetzten angelastet.

Frage drei *(Einhaltung und konsequente Umsetzung von erzielten Vereinbarungen)* wurde hingegen als weit unterdurchschnittlich zufrieden stellend wahrgenommen. Die verbale Wichtigkeit dieses Aspektes lag auf Durchschnitt und die Korrelation mit dem TRI*M-Index leicht unter dem Schnitt. Wir können also sehen, dass Vereinbarungen nicht befriedigend eingehalten und umgesetzt wurden.

3.1.5 Die einzelnen Organisationseinheiten

Die von uns untersuchten Bereiche sind: Kaufmännische Verwaltung (KL), Verkauf PKW (VLP), Verkauf Nutzfahrzeuge (VLN) sowie der Service-Bereich (SL). Der Bereich Niederlassungsleitung (NL) hatte keine explizit formulierten Maßnahmen, weshalb er in unserer Auswertung nicht gesondert berücksichtigt wird. Die Niederlassungsleitung war aber sehr wohl bei Erarbeitung und Ausgestaltung der Maßnahmen in den Bereichen involviert. Die Entwicklung des TRI*M-Index der genannten Bereiche sehen wir in Abbildung 39.

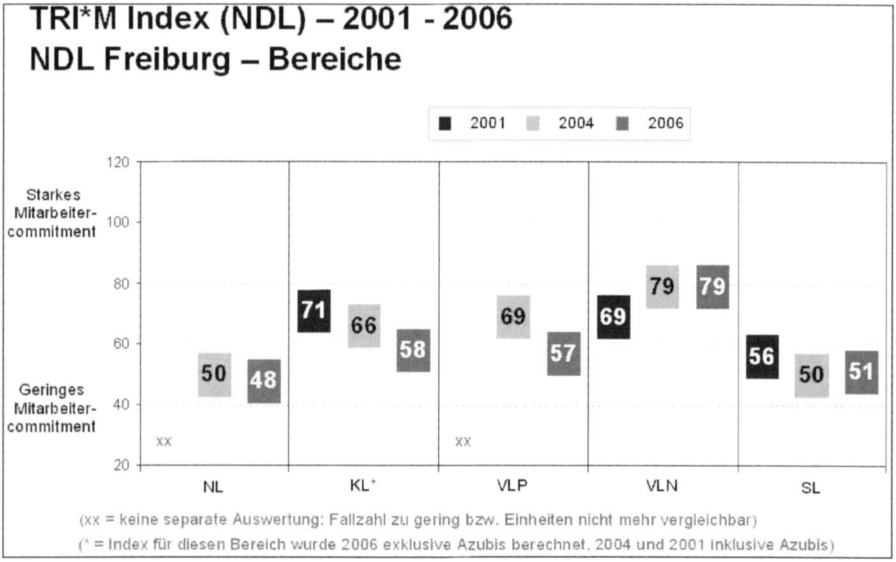

Abbildung 40, Quelle: TNS Infratest, MAB 2001-2006 bei DCVD

Unser Untersuchungszeitraum liegt zwischen 2004 und 2006, bei NL und VLP sehen wir in 2001 keinen Wert eingetragen. Hier sind die Einheiten nicht mehr vergleichbar. Wir werden nun die Organisationseinheiten der Niederlassung Freiburg hinsichtlich der dauerhaften Umsetzung der Maßnahmen aus der MAB 2004 untersuchen. Dazu stellen wir zunächst heraus, wie sich der TRI*M-Index jeweils entwickelt hat. Anschließend zeigen wir auf, wie die erarbeiteten und umgesetzten Maßnahmen sich auf die Wahrnehmung der Veränderungen bei den beteiligten Akteuren ausgewirkt haben. Dies machen wir durch die Leitfaden-Interviews sowie die Untersuchung der Ausprägungen der Einzel-Items aus der MAB 2006.

Wir teilen die Maßnahmen in drei Klassen ein, in *umgesetzt, bedingt umgesetzt* und *nicht umgesetzt*. Die umgesetzten Maßnahmen müssen dabei die Bedingung erfüllen, dass sie bei den beteiligten Akteuren auch eine spürbare Veränderung ihres Arbeitsumfeldes bewirkt haben und damit auch über die Zeit konkret erlebbar sind. Nur wenn dies erfüllt ist, können wir eine Maßnahme auch als umgesetzt betrachten. Ansonsten nehmen wir Einschränkungen hinsichtlich des Grades der Umsetzung vor: Bedingt umgesetzt bedeutet dabei, dass die Maßnahmen zwar angegangen wurden, der Erfolg, also die spürbare Veränderung, aber nicht in vollem Umfang eingetreten ist. Nicht umgesetzte Maßnahmen hingegen sind lediglich in den Leistungskatalogen aufgenommen, aber durch fehlendes Commitment bezogen auf die Umsetzung der Maßnahme versandet. Wir werden hierbei Deutungen versuchen hinsichtlich der Gründe für die fehlende Umsetzung.

Im *Kaufmännischen Bereich* ist das Mitarbeitercommitment bezüglich der Niederlassung zwischen 2004 und 2006 von 66 auf 55 gesunken. Es hat sich hier also eine Verschlechterung des TRI*M-Index um elf Punkte ergeben. Die sechs Einzelfragen zur Ermittlung des TRI*M-Index wurden dabei wie folgt bewertet, wie in Abbildung 40 zu sehen:

TRI*M Index 55 (66)

	Durchschnitt	Top2-Box	Bottom2-Box
Gesamtzufriedenheit	3,4 (3,6)	46% (60%)	14% (6%)
Weiterempfehlung	3,8 (4,0)	58% (76%)	14% (8%)
Wiederbewerbung	4,1 (4,6)	79% (94%)	2% (3%)
Identifikation	3,4 (3,6)	49% (58%)	18% (8%)
Motivation der Kollegen	3,1 (3,2)	35% (40%)	28% (26%)
Wettbewerbsfähigkeit	2,7 (2,9)	14% (27%)	33% (34%)

Basis 43 (38)

Abbildung 41, Quelle: MAB 2006, DCVD, TNS Infratest

Wir können sehen, dass alle Werte im Schnitt nach unten gegangen sind, besonders groß war der Wert bei der Wiederbewerbung. In der TRI*M-Typologie hat dies zur Folge, dass sich der Anteil der Bewohner in dieser Organisationseinheit von 71 % auf 53 % reduziert hat. Allerdings sind die meisten dieser Gruppe abgewandert in den Bereich der Nicht-Erreichten (von 16 % auf 33 % verdoppelt). Der Bereich Erfolgsgaranten ist dagegen von 13 % auf 12 % nur gering gesunken. Distanzierte Leistungsträger gab es in 2004 0 %, in 2006 2 %. Die Bearbeitung der Maßnahmen hatte also vor allem den Effekt, dass der Anteil der Bewohner abgenommen und der Anteil der Nicht Erreichten zugenommen hat. Die Veränderungen in diesem Bereich konnten also nicht zur Zufriedenheit und Motivation der Belegschaft beitragen.

Wir gehen der Frage nach, wie sich der sinkende Wert des Mitarbeitercommitments in diesem Bereich erklären lässt. Wir betrachten dazu die Maßnahmen aus den Katalogen sowie den TRI*M-Grid zu den in 2006 abgefragten Einzel-Items. Die Haupthandlungsfelder in der kaufmännischen Verwaltung waren *Kommunikation, Arbeitsplatzgestaltung* und *Schulungsplanung*. Insgesamt wurden also Einzelmaßnahmen für drei Handlungsfelder erarbeitet. Von diesen 22 Maßnahmen wurden 16 Maßnahmen umgesetzt, allerdings sechs Maßnahmen als nicht dauerhaft wahrgenommen. Eine strategische Maßnahme, drei projektbezogene Maßnahmen sowie zwölf gruppenbezogene Maßnahmen wurden als spürbar umgesetzt empfunden und damit realisiert. Zwei strategische Maßnahmen sowie eine projektbezogene und drei gruppenbezogene Maßnahmen wurden nicht dauerhaft umgesetzt.

Wie haben sich die Folgeprozesse auf das Antwortverhalten der Mitarbeiter bezüglich der Einzel-Items, die sich direkt oder indirekt auf die Folgeprozesse beziehen, ausgewirkt? Frage eins *(Einbindung in die Ausgestaltung von Veränderungsprozessen in Ihrem Bereich/Ihrer Abteilung)* wurde in der verbalen Wichtigkeit als unterdurchschnittlich bewertet. Die Zufriedenheit mit diesem Aspekt wurde ebenfalls als unterdurchschnittlich bewertet. Gleichzeitig war die Korrelation mit dem Mitarbeitercommitment relativ hoch. Das bedeutet, dass Befragte mit unterdurchschnittlicher Zufriedenheit bezüglich dieses Items auch einen niedrigeren TRI*M-Index aufweisen. Frage zwei *(Wertschätzung als Partner und Mitarbeiter durch den direkten Vorgesetzten)* wurde hingegen in diesem Bereich als überdurchschnittlich zufrieden stellend bewertet. Gleichzeitig war die verbale Wichtigkeit dieses Aspektes durchschnittlich und ebenso die Korrelation mit dem TRI*M-Index. Frage drei *(Einhaltung und konsequente Umsetzung von erzielten Vereinbarungen)* wurde als unterdurchschnittlich zufrieden stellend empfunden. Die verbale Wichtigkeit dieses Aspekts lag leicht über dem Durchschnitt und die Korrelation mit dem TRI*M-Index auf dem durchschnittlichen Niveau.

In der Organisationseinheit *Verkauf PKW* hat sich im Beobachtungszeitraum zwischen 2004 und 2006 der TRI*M-Index von 69 in 2004 auf 57 in 2006 verschlechtert. Eine Vergleichbarkeit des Ergebnisses zwischen 2004 und 2006 ist nur eingeschränkt möglich, da es auf der Position des Verkaufsleiters PKW in dieser Periode einen Führungswechsel gab: Die Position des Verkaufsleiters PKW wurde in 2006, kurz vor der

Befragung, neu besetzt. Dennoch wollen wir die umgesetzten Maßnahmen sowie die Entwicklung der Einzel-Items aus dem TRI*M-Grid genauer untersuchen. Die Maßnahmen lassen sich wie folgt einteilen: Insgesamt wurden 13 Maßnahmen erarbeitet, davon vier projektbezogen und neun gruppenbezogen. Von den vier projektbezogenen Maßnahmen wurden drei umgesetzt, von den neun gruppenbezogenen Maßnahmen wurden sechs umgesetzt. Eine Einzelauswertung der TRI*M-Fragen sowie eine Auswertung der TRI*M-Typologie wurde aufgrund der geringen Fallzahl n = 24 nicht durchgeführt. Die Darstellung im TRI*M-Grid ist aufgrund von n < 30 mit Referenzgruppe Niederlassung durchgeführt worden.

Frage eins *(Einbindung in die Ausgestaltung von Veränderungsprozessen in Ihrem Bereich/Ihrer Abteilung)* wurde von den Befragten als durchschnittlich zufrieden stellend bewertet. Die verbale Wichtigkeit wurde – analog der Referenzgruppe Niederlassung insgesamt – als unterdurchschnittlich hoch bewertet, die Korrelation mit dem TRI*M-Index ist überdurchschnittlich hoch.

Frage zwei *(Wertschätzung als Partner und Mitarbeiter durch den direkten Vorgesetzten)* wurde als überdurchschnittlich zufrieden stellend bewertet. Die verbale Wichtigkeit war leicht überdurchschnittlich hoch und die Korrelation mit dem TRI*M-Index leicht unterdurchschnittlich.

Frage drei *(Einhaltung und konsequente Umsetzung von erzielten Vereinbarungen)* wurde als unterdurchschnittlich zufrieden stellend wahrgenommen. Die verbale Wichtigkeit war durchschnittlich und der Einfluss auf den TRI*M-Index leicht unterdurchschnittlich.

Im Bereich *Verkauf Nutzfahrzeuge* ist zwischen 2004 und 2006 der TRI*M-Index konstant auf 79 geblieben. Die Maßnahmen in diesem Bereich haben also keine Veränderung der Kennziffer bewirkt, dennoch ist das konstant hohe Mitarbeitercommitment in diesem Bereich bemerkenswert. Es wurden insgesamt 14 Maßnahmen erarbeitet, von denen 8 umgesetzt wurden. Von den 14 Maßnahmen waren fünf gruppenbezogen, diese wurden auch alle umgesetzt. Von acht projektbezogenen wurden lediglich zwei umgesetzt, zudem wurde eine strategische Maßnahme erarbeitet und auch umgesetzt. Für den Bereich VLN wurde aufgrund der geringen Fallzahl n = 17 wie im VLP ein TRI*M-Grid für Untergruppen erstellt. Eine Einzelauswertung der TRI*M-Fragen sowie der TRI*M-Typologie wurde ebenfalls nicht durchgeführt.

Frage eins *(Einbindung in die Ausgestaltung von Veränderungsprozessen in Ihrem Bereich/Ihrer Abteilung)* wurde von den Befragten als durchschnittlich zufrieden stellend bewertet. Die verbale Wichtigkeit wurde – analog der Referenzgruppe Niederlassung gesamt – als unterdurchschnittlich hoch bewertet, die Korrelation mit dem TRI*M-Index ist überdurchschnittlich hoch.

Frage zwei *(Wertschätzung als Partner und Mitarbeiter durch den direkten Vorgesetzten)* wurde als weit überdurchschnittlich zufrieden stellend bewertet. Die verbale Wichtigkeit war leicht überdurchschnittlich hoch und die Korrelation mit dem TRI*M-Index leicht unterdurchschnittlich.

Frage drei *(Einhaltung und konsequente Umsetzung von erzielten Vereinbarungen)* wurde als unterdurchschnittlich zufrieden stellend wahrgenommen. Die verbale Wichtigkeit war durchschnittlich und der Einfluss auf den TRI*M-Index leicht unterdurchschnittlich.

Im Bereich VLN konnten wir einen partnerschaftlich geprägten Führungsstil ausmachen. Die gruppenbezogenen Maßnahmen wurden dementsprechend auch alle umgesetzt, was von den Akteuren positiv wahrgenommen wurde. Wir finden es plausibel anzunehmen, dass in dieser Organisationseinheit vor allem die Wertschätzung als Partner und Mitarbeiter bei der Wahrnehmung der Folgeprozesse der MAB eine große Rolle gespielt hat. Die Mitarbeiter kritisierten jedoch zum einen die zu langen Laufzeiten der MAB, zum anderen die teilweise nicht sehr zielorientierten Fragestellungen im Fragebogen. Sie forderten, dass die Ergebnisse und Erkenntnisse zielorientierter und zeitorientierter umgesetzt werden.

Im *Service-Bereich* entwickelte der TRI*M-Index von 50 in 2004 auf 51 in 2006 und blieb damit also konstant.[220] Die Einzelauswertung der sechs TRI*M-Fragen zeigt die folgenden Ergebnisse, wie in Abbildung 41 zu sehen:

TRI*M Index 53 (50)

	Durchschnitt	Top2-Box	Bottom2-Box
Gesamtzufriedenheit	3,4 (3,2)	42% (40%)	9% (18%)
Weiterempfehlung	3,7 (3,8)	60% (64%)	14% (9%)
Wiederbewerbung	4,0 (4,0)	70% (72%)	9% (11%)
Identifikation	3,5 (3,3)	51% (46%)	17% (22%)
Motivation der Kollegen	2,8 (2,7)	21% (24%)	37% (43%)
Wettbewerbsfähigkeit	2,8 (2,8)	21% (19%)	31% (31%)

Basis 102 (108)

Abbildung 42, Quelle: TNS Infratest, MAB 2006 in den Niederlassungen der DCVD

[220] Signifikante Veränderung erst ab +/- 3 Punkte.

Wir können sehen, dass hier bei Weiterempfehlung um 0,1 Punkte schlechter bewertet wurde und bei Wiederbewerbung und Wettbewerbsfähigkeit im Schnitt gleiche Werte erzielt wurden. Bemerkenswert sind die Verbesserungen bei den Einzelfragen Gesamtzufriedenheit, Identifikation und Motivation der Kollegen. In der TRI*M-Typologie hat dies zur Folge, dass die Bewohner sich von 55 % Anteil in 2004 auf 52 % Anteil in 2006 entwickelten, die Nicht Erreichten von 32 % auf 36 %. Der Anteil der Erfolgsgaranten blieb bei 9 % konstant und der Anteil der distanzierten Leistungsträger verkleinerte sich von 4 % auf 3 %.

Insgesamt wurden 23 Maßnahmen erarbeitet, von denen zwölf spürbar umgesetzt werden konnten. Von insgesamt 19 gruppenbezogenen Maßnahmen wurden acht umgesetzt und von vier projektbezogenen Maßnahmen wurden alle umgesetzt. Strategische Maßnahmen wurden in diesem Bereich nicht erarbeitet.

Das Antwortverhalten hinsichtlich der Einzel-Items der für die Folgeprozesse bedeutsamen Fragen lässt sich wie folgt charakterisieren: Frage eins *(Einbindung in die Ausgestaltung von Veränderungsprozessen in Ihrem Bereich/Ihrer Abteilung)* zeigt eine unterdurchschnittliche Zufriedenheit mit diesem Aspekt. Die verbale Wichtigkeit ist unterdurchschnittlich hoch, aber die Korrelation mit dem TRI*M-Index leicht über dem Durchschnitt.

Frage zwei *(Wertschätzung als Partner und Mitarbeiter durch den direkten Vorgesetzten)* wird von den Befragten im Service-Bereich als weit überdurchschnittlich zufrieden stellend bewertet. Dieses Item wird gleichzeitig als leicht überdurchschnittlich wichtig bewertet und weist eine leicht unterdurchschnittliche Korrelation mit dem TRI*M-Index auf.

Frage drei *(Einhaltung und konsequente Umsetzung von erzielten Vereinbarungen)* hingegen wurde als leicht unterdurchschnittlich zufrieden stellend bewertet. Die verbale Wichtigkeit ist ebenfalls leicht unterdurchschnittlich hoch und der Zusammenhang mit dem TRI*M-Index ist ebenfalls unterdurchschnittlich hoch.

In diesem Bereich können wir ebenfalls erkennen, dass die Wertschätzung als Partner und Mitarbeiter eine große Rolle spielt, der TRI*M-Index konnte, wenn auch auf weit geringerem Niveau als im Bereich VLN, konstant gehalten werden. Als Gründe für den geringeren Wert können wir Arbeitsinhalte nennen, denn die Mitarbeiter im Service-Bereich fühlen sich eher als „5. Rad am Wagen“. Sie fühlen sich in ihrer Arbeit nicht genügend gewertschätzt und empfinden ihren Status als geringer wahrgenommen durch ihre Kollegen in den anderen Bereichen.

Der Bereich Teile/Zubehör hat sich im TRI*M-Index bezogen auf die Niederlassung von 47 in 2004 auf 34 in 2006 verschlechtert. Diese Abteilung ist deshalb hervorzuheben, weil im Anschluss an die MAB 2004 hier eine umfassende Umstrukturierung vorgenommen wurde. Ausgangspunkt war unter anderem eine schlechte Bewertung der Schnittstelle zwischen Ersatzteilebereich und Werkstatt. Dies führte dazu, dass die in der Werkstatt arbeitenden Monteure, die im Leistungslohn tätig sind und damit unter Zeitdruck stehen, oft Lieferengpässen bei Ersatzteilen zum Opfer fielen. Das war insofern problematisch, als sich dadurch die Wartezeit für Kunden auf ihr Fahrzeug verlängerte. Zudem war der Betriebsrat in diesem Thema tätig geworden, da sich der Lohn der Monteure nach unten bewegt, wenn sie ihre zeitlichen Vorgaben für die einzelnen Arbeitsschritte beim Reparieren der Fahrzeuge nicht erreichen. Deshalb holte man sich externen Rat und optimierte die Prozesse. Dabei wurden nach den Prinzipien des Lean Management und Kontinuierliche Verbesserungsprozesse (KVP) gearbeitet. Die drastische Verschlechterung des TRI*M-Wertes in diesem Bereich macht allerdings deutlich, dass die Restrukturierungen auf Kosten des Mitarbeitercommitments durchgeführt wurden.

Der Service-Bereich hat eine relativ breite Führungsspanne, das heißt die Führungskraft Serviceleiter hat im Vergleich zu den anderen drei Organisationseinheiten KL, VLN und VLP viel mehr Mitarbeiter in ihrem Verantwortungsbereich. Hier hat sich gezeigt, dass die MAB ein gutes Instrument dafür ist, Themen immer wieder auf die Agenda zu heben und dadurch für eine Bearbeitung und eine Verbesserung des betrieblichen Umfelds zu sorgen. Dies erfordert, dass die Teamgespräche regelmäßig betreut, effektiv moderiert und gut protokolliert werden, damit die Themen wieder aufgegriffen werden. Vor allem im Service-Bereich wurde aber auch deutlich, dass viele Themengebiete, die von der Zentrale in Berlin oder Stuttgart vorgegeben werden, vor Ort für Probleme sorgen. So wurde zum Beispiel kritisiert, dass Hotlines zur Beratung bei technischen Anfragen und Problemen für die Monteure nur schwer erreichbar sind.

3.1.6 Auswirkungen der Folgeprozesse auf den TRI*M-Index

Zusammenfassend können wir festhalten, dass in keiner Organisationseinheit der Niederlassung Freiburg der TRI*M-Index gesteigert werden konnte. In zwei Organisationseinheiten (VLN und SL) ist der Wert dieser Kennziffer konstant geblieben, in den anderen beiden (KL und VLP) ist er gesunken. Im Antwortverhalten der Mitarbeiter in den Organisationseinheiten konnten wir keine signifikanten Unterschiede feststellen: Die Antworten zu den sich auf die Folgeprozessen beziehenden Fragen[221] waren so ähnlich, dass wir hier keine Stellhebel für die Beeinflussung des TRI*M-Index ausmachen können. Die Umsetzungen der gruppenbezogenen, projektbezogenen und strategischen Maßnahmen verlief sehr heterogen und auch die Auswirkungen auf die Ein-

zel-Items fielen derart unterschiedlich aus, dass wir hier keine weiteren Informationen über die Art der Folgeprozesse und die Auswirkungen auf das Mitarbeitercommitment erhalten konnten.
Aus den Leitfaden-Interviews ging hervor, dass die gruppenbezogenen Folgeprozesse bei den Akteuren durchaus spürbare Veränderungen erzeugen konnten. Allerdings wurde mehrfach kritisiert, dass die gruppenbezogenen Verbesserungen zwar eingeleitet wurden, aber über die Zeit nicht verstetigt wurden. So wurden beispielsweise nicht in allen Bereichen die Teamgespräche in der eingeforderten Regelmäßigkeit weitergeführt. Hier obliegt es klar der Führungskraft, die Glaubwürdigkeit zu erhalten, indem sie sich an den Erfolgen der Veränderungen auch über die Zeit messen lässt.
Projektbezogene Maßnahmen wie die Einrichtung eines Kunden-Service-Centers (KSC) oder die Dachsanierung wurden umgesetzt, allerdings nicht zur Zufriedenheit aller Beteiligten. Bei diesen großen Projekten wurden teilweise schwer implementierbare strukturelle Veränderungen notwendig, da hier alle Teilbereiche mit ihren spezifischen Bedürfnissen bei der Bedienung ihrer Kunden berücksichtigt werden mussten. Dies führte dazu, dass ursprünglich geplante Meilensteine mit ihren Terminleisten mehrfach nicht eingehalten werden konnten. Zudem mussten mehrere Mitarbeiter in neu geschaffene Abteilungen überwechseln, was offensichtlich bei nicht allen Beteiligten als Gewinn-Situation wahrgenommen wurde. Das Umsetzungsmanagement war hier nicht optimal, was zu enttäuschten Erwartungen in der Belegschaft geführt hat.
Die strategischen Maßnahmen wurden im Beobachtungszeitraum für die Akteure nicht wirksam verbessert. Dies macht uns auf ein grundlegendes Dilemma aufmerksam, das durch MAB hervorgerufen wird: Die Management-Themen bewegen sich nur sehr langsam und sind in den oberen Hierarchieebenen für die Mitarbeiter sehr weit entfernt. Hier Einfluss ausüben zu können, scheint sehr schwierig. Es muss also vor allem bezogen auf strategische Verbesserungsmaßnahmen ein vorsichtiges Erwartungsmanagement betrieben werden.

3.2 Benchmarking-Vergleich Vertrieb Deutschland

Die Untersuchungen zu den Folgeprozessen der MAB und deren Auswirkungen auf das Mitarbeitercommitment sind bislang in Deutschland auf die Niederlassung Freiburg beschränkt. Im nächsten Schritt werden wir diese Ergebnisse mittels eines Benchmark-Vergleiches in den Kontext aller Niederlassungen in Deutschland bringen. Wir relativieren damit die Erkenntnisse und gewinnen zudem weitere Einsichten in Strukturen und Zusammenhänge von Mitarbeitercommitment und Wandelverstetigung

[221] „Einbindung in die Ausgestaltung von Veränderungsprozessen", „Wertschätzung als Partner und Mitarbeiter durch den direkten Vorgesetzten" und „Einhaltung und konsequente Umsetzung von erzielten Vereinbarungen."

im Vertrieb von DaimlerChrysler. Zunächst untersuchen wir diejenigen Betriebe, in denen sich das Mitarbeitercommitment nach unten bewegt hat, anschließend diejenigen, in denen sich das Mitarbeitercommitment verbessert hat.[222] Welch hoch politisches Feld der Deutschland-Vertrieb von DaimlerChrysler ist mussten wir bei dem Versuch erfahren, Informationen zu bekommen über die Nachbetreuung der MAB 2004 bis 2006. Die meisten Niederlassungen wiesen auf die streng vertraulichen Daten hin, die sich auf interne Abläufe im Betrieb beziehen. Über diese wollten sie keine Informationen preisgeben. Dennoch konnten wir bei einigen Niederlassungen von den MAB-Verantwortlichen Informationen einholen, die wir im Folgenden zusammenfassen. Hier gibt es zu bedenken, dass es sich um Einzelfälle handelt, die wir nicht als repräsentativ betrachten. Eine Verallgemeinerung ist also nur bedingt möglich. Wir können Kausalitäten letztlich nur vermuten, aber wir erhalten zumindest wichtige Anhaltspunkte.

Die MAB 2006 hat in fünf Niederlassungen eine Verminderung des TRI*M-Indexes von über zehn Punkten gezeigt, damit hat sich hier das Mitarbeitercommitment signifikant verschlechtert. Die Auswertung der Daten aus diesen Niederlassungen, bringt uns zu den folgenden Ergebnissen: Die MAB-Verantwortlichen gaben an, dass sich die einzelnen Abteilungen nach der MAB 2004 zum Teil sehr ausführlich mit Verbesserungsmaßnahmen auseinandergesetzt haben. Dabei wurden Ergebnispräsentationen durchgeführt und auch Ideen-Workshops mit anschließender Erarbeitung von Maßnahmen veranstaltet. Wie bereits angemerkt waren die Folgeprozesse der MAB nicht zentral definiert und die MAB-Beauftragten der Niederlassungen wurden auch nicht mittels eines Monitoring bei der Bearbeitung begleitet. Eine übergreifende Kommunikation zwischen den einzelnen Niederlassungen zum Austausch von Verbesserungs-Know-how findet ebenfalls nur wenig statt. Der Tenor aller MAB-Beauftragten hinsichtlich des gesunkenen Mitarbeitercommitments war die „schlechte Stimmung“ durch die konzernweiten Programme zur Stellenstreichung. Das hat nach Meinung aller Verantwortlichen dazu geführt, dass diese konzernweiten Umstrukturierungen die lokalen Anstrengungen der Reorganisation und Verbesserungen zwischen 2004 und 2006 überstrahlt haben. In einer Niederlassung gab es einen Wechsel des Niederlassungsleiters, wobei die Vermutung nahe liegt, dass der ausscheidende Niederlassungsleiter abschließend besonders schlecht beurteilt wurde. Hier können wir vermuten, dass sich der TRI*M-Index im Verlauf der nächsten MAB wieder steigern wird. Auffallend ist, dass nur in zwei Niederlassungen der TRI*M-Index signifikant gestiegen ist. In einem Betrieb um sechs Punkte, im anderen sogar um 19 Punkte. Auch hier ha-

---

[222] Die Informationen über die Situation in den jeweiligen Niederlassungen wurden durch eine Telefon-Umfrage bei den jeweiligen MAB-Verantwortlichen ermittelt.

ben wir nachgeforscht und wollten die Erkenntnisse für unsere Studie nutzen, leider waren beide Niederlassungen nicht an einer Kooperation interessiert.

Zusammenfassung

Die *Ergebnisse der MAB* zeigen, dass sich der TRI*M-Index in der DCVD von 2001 bis 2006 in der Tendenz rückläufig entwickelt hat. In der Niederlassung Freiburg und in allen anderen Niederlassungen im Bundesgebiet wurden nach der MAB 2004 zum Teil sehr umfassende Verbesserungsmaßnahmen eingeleitet. Diese Veränderungen konnten sich allerdings nicht dem bundesweiten Trend eines sinkenden Commitments in den Niederlassungen entgegenstemmen: Der TRI*M-Index zur Niederlassung ist im Bundesgebiet signifikant um vier von 67 auf 63 gesunken, während der TRI*M-Index zur Niederlassung in Freiburg von 58 auf 56 nicht signifikant gesunken ist, allerdings generell auf einem niedrigeren Niveau liegt. Inwiefern wir hier durch die strukturierte Abarbeitung der Maßnahmen und durch strategisches Vorgehen bei Verbesserungsmaßnahmen den TRI*M-Index beeinflussen konnten, lässt sich mit den uns vorliegenden Daten nicht genau nachweisen. Zwischen der MAB 2004 und 2006 wurden am Fragebogen der MAB umfangreiche Veränderungen vorgenommen. Neben den 6 TRI*M-Fragen, die für Benchmarking-Studien weltweit in allen Befragungen immer identisch bleiben, wurde die Zahl der Fragen drastisch reduziert und die verbleibenden Fragen umgestellt. Deshalb war eine Vergleichbarkeit nicht mehr gegeben und wir haben uns für die Untersuchung der wahrgenommenen Veränderungen auf die Einzel-Items der MAB 2006 konzentriert.

Die *Bearbeitung der Ergebnisse aus der MAB 2004* wurden in der Niederlassung Freiburg einheitlich gestaltet. Die Ergebnisse der MAB wurden präsentiert und Verbesserungsmaßnahmen wurden gemeinsam im Team erarbeitet. Die Umsetzung der Maßnahmen wurde in jeder Organisationseinheit mittels Maßnahmenkatalogen dokumentiert und kontrolliert. Allerdings wurde durch diese Vorgehensweise in den Folgeprozessen die Umsetzungsverantwortung insofern an den MAB-Beauftragten delegiert, als dieser immer wieder dazu anhalten musste, die umgesetzten Maßnahmen zu kommunizieren und die noch nicht realisierten Punkte anzugehen. Die Umsetzungsverantwortung war damit also nicht konsequent in der Hierarchielinie verankert. Dennoch wurden Verbesserungen erreicht, die die beteiligten Akteure als spürbar umgesetzt wahrnehmen konnten.

Im Vergleich zu 2006 wurden in 2004 insgesamt mehr Maßnahmen erarbeitet. Wir geben allerdings zu bedenken, dass die Quantität nicht viel über die Qualität der vereinbarten Aktionen aussagt. Zudem kann die Tatsache der gesunkenen Anzahl von Verbesserungsmaßnahmen in 2006 dafür sprechen, dass sich für die Akteure in ihrem Handlungsfeld die Situation prinzipiell verbessert hat. Wir können annehmen, dass

allein durch eine verstärkte Teamkommunikation viele Probleme, die noch 2004 erst durch die MAB an die Oberfläche getreten sind, mittlerweile durch einen optimierten Informationsfluss schneller abgearbeitet und damit weniger virulent werden.
In den *einzelnen Organisationseinheiten* konnten wir Hinweise darauf finden, dass sich die Art und Weise der Folgeprozesse auf die Akzeptanz von MAB auswirkt. Denn in den Organisationseinheiten, die sich verbesserten, wurde auch in den qualitativen Interviews oft genannt, dass die Akteure mit dem Stand der Bearbeitung generell zufrieden waren. Die Informationen aus den Leitfaden-Interviews lassen den Schluss zu, dass die Mitarbeiter mit den Folgeprozessen nach der MAB 2004 grundsätzlich zufrieden waren. Es wurden keine gravierenden Punkte angesprochen, die sich auf das betriebliche Umfeld negativ ausgewirkt hätten. Die Wichtigkeit und Bedeutung von MAB wird von den Mitarbeitern nach wie vor hoch eingeschätzt, die konstant hohe Beteiligung in den konzerneigenen Niederlassungen in Deutschland lässt diesen Schluss zu.
Die *Auswirkungen der Folgeprozesse auf den TRI*M-Index* haben wir hinsichtlich des Mitarbeitercommitments der Niederlassung untersucht. Es handelt sich dabei um die Organisationseinheit, bei denen Führungskräfte und Mitarbeiter aktiv an einer Verbesserung durch die MAB-Workshops mitwirken und die individuellen und strategischen Veränderungen als Folgeprozesse der MAB direkt miterleben. Auf die globalen Entwicklungen der DaimlerChrysler AG hingegen haben die Mitarbeiter nur wenig bis gar keinen Einfluss. Der TRI*M-Index auf globaler Ebene ist in der DCVD traditionell höher als der Index auf Niederlassungsebene. Als Gründe dafür können wir vermuten, dass die Mitarbeiter die DaimlerChrysler AG als Arbeitgeber wahrnehmen. Dieser sorgt für überdurchschnittlich gute Lohn- und Gehaltszahlungen sowie weitere Leistungen wie Betriebsrenten oder Direktversicherungen. Diese Leistungen, sowie die traditionell starke Arbeitnehmervertretung, kommen von der DCAG und werden von den Mitarbeitern weniger als Leistung der Niederlassung wahrgenommen. Demgegenüber steht die Organisationseinheit vor Ort, also die Niederlassung und die Abteilung, in der der Mitarbeiter tätig ist. Hier findet die tägliche Arbeit statt, und diese wirkt sich offensichtlich nicht so positiv auf das Mitarbeitercommitment aus als die Leistungen und das Image der DCAG.
Das Mitarbeitercommitment, abgebildet im TRI*M-Index, das sich auf die Verpflichtung und die Identifikation mit dem Arbeitgeber bezieht, stellt sich für uns als eine Kennziffer dar, die sich über einen Zeitraum von mehreren Jahren entwickelt und verändert. Gründe für Sprünge in der Entwicklung des TRI*M-Index konnten wir in erster Linie in personellen Veränderungen erkennen, wenn die Führungskraft in einer Organisationseinheit wechselte. Starke positive Entwicklungen beim Commitment haben

wir hier nur bei einem Wechsel der Führungskraft beobachten können. Diese Entwicklung haben auch die Beteiligten in den Benchmarking-Niederlassungen beobachtet. Wenn wir davon ausgehen, dass sich Commitment vor allem durch prozessuale Gerechtigkeit, also durch die Ausgeglichenheit bei Verhandlungen und Entscheidungsfindungen bildet, dann liegt die Annahme nahe, dass sich eine neue Führungskraft mit den Befindlichkeiten der Mitarbeiter zunächst ernsthafter auseinandersetzt als eine Führungskraft, die womöglich bereits viele Jahre in ihrer Position tätig ist und - vielleicht vermeintlich - der Meinung ist, die Mitarbeiter in ihrem Verantwortungsbereich zu kennen. Es kann auch sein, dass eine noch junge Beziehungsebene dazu beiträgt, die Sachebene klarer zu sehen und sich daraus objektive Meinungsbildung leichter realisieren lässt. Dies lässt sich auch mit den Angaben in den Interviews verbinden, in denen die Mitarbeiter über die neue Führungskraft mehrmals erwähnten, sie sei „eine von ihnen" und nicht „von oben herab", sondern „packe gerne auch mal selbst mit an". Die *Person der Führungskraft* ist wichtiger als angenommen und bestimmt in hohem Maße über Entstehung und Weiterentwicklung von Commitment. Allerdings ist hier immer von einem beiderseitigen Verhältnis, genauer von einer Austauschbeziehung auszugehen. Wir konnten erkennen, dass in Abteilungen, in denen ein partnerschaftlicher Umgang zwischen Mitarbeitern und Führungskräften gepflegt wurde, das Commitment auch durchweg höher war. Für die Charakterisierung eines partnerschaftlichen Umgangs haben wir Äußerungen aus den Leitfadeninterviews herangezogen: Wenn die Befragten (sowohl Mitarbeiter als auch Führungskräfte) in einem prinzipiell sich gegenseitig wertschätzenden Tonfall übereinander berichten, dann können wir auch von einer ausgeglichenen Partnerschaft ausgehen. Inwieweit der Arbeitsinhalt sich auf das Commitment auswirkt war nicht Teil dieser Untersuchung, diese Fragestellung würde aber im Zusammenhang mit den Folgeprozessen weitere Forschungsarbeiten lohnen.

Die Beteiligten am MAB-Prozess in anderen Niederlassungen konnten auf unser Nachfragen ebenfalls keine Punkte identifizieren, an denen sich die Verbesserung oder Verschlechterungen des TRI*M-Index festmachen lassen. Sprünge im TRI*M-Index hatten hier unterschiedliche Gründe, sowohl personelle Veränderungen als auch Umstrukturierungen wurden genannt. Demnach konnten wir hinsichtlich der Auswirkungen auf das Mitarbeitercommitment keine Regelmäßigkeiten erkennen. Wir vertreten deshalb die These, dass die Faktoren, die sich auf das Mitarbeitercommitment auswirken, sehr komplex sind. Durch unsere Benchmarking-Studie konnten wir sehen, dass für eine Verbesserung des TRI*M-Index nur wenige Anhaltspunkte geliefert werden. Das liegt zum einen am im Bundesschnitt gesunkenen Mitarbeitercommitment, das nur bei zwei Niederlassungen überhaupt eine signifikante Verbesserung des TRI*M-Index zur

Folge hatte. Zum anderen hat das die Konsequenz, dass sich 20 der insgesamt 36 Niederlassungen signifikant verschlechterten. Die Erforschung der Gründe ergab auch hier kein einheitliches Bild, allerdings können wir eine Tendenz hinsichtlich der Überstrahlung der globalen Veränderungen bei der DaimlerChrysler AG annehmen, die viele Verbesserungen auf lokaler Ebene verblassen lässt.

4 Wandelverstetigung und Mitarbeiterbefragungen

Mitarbeiterbefragungen sind im Trend und das Instrument hat über die Jahre an Akzeptanz und strategischer Relevanz gewonnen. Eine aktuelle Studie von Hewitt-Kienbaum unter 90 Großkonzernen und mittelständischen Unternehmen fördert jedoch zu Tage, was wir als den großen „Haken an der Sache" bezeichnen können:[223] Demnach gibt es bei mehr als einem Viertel der Unternehmen *keinen verbindlichen oder strukturierten Prozess*, der die Ableitung und Bearbeitung von Folgemaßnahmen regelt. Die Teilnehmer der Studie bewerten die Umsetzung der Maßnahmen explizit als besonders wichtig. Trotzdem führen 30 Prozent der Befragten kein ausführliches Monitoring der Maßnahmen durch. Und in lediglich 37 % der Unternehmen erkennen die Mitarbeiter, welche Veränderungen tatsächlich aus der Befragung resultieren. Wir werden im nächsten Schritt untersuchen, wie wir diese Tatsache mit den bisher gemachten Erkenntnissen interpretieren können.

Die Ergebnisse der Studie decken sich mit unseren Erfahrungen: in vielen Fällen haben sich die jeweiligen Umsetzungs-Verantwortlichen – also die Führungskräfte - erst durch das regelmäßige Nachfragen des für das Projekt Folgeprozesse verantwortlichen Projektleiters wieder um die Maßnahmen-Kataloge gekümmert. Dies zeigt uns, wie wichtig die nachhaltige Kontrolle der Umsetzungsarbeiten ist und deutet gleichzeitig auf die Hauptschwierigkeit der angestrebten Wandelverstetigung hin: Die Verbesserungsmaßnahmen aus den Folgeprozessen dürfen nicht versanden, sondern müssen permanent mit Leben gefüllt und umgesetzt werden. Dazu gehört auch, dass die Ergebnisse und Konsequenzen aus den Folgeprozessen, die für Veränderungen und Verbesserungen gesorgt haben, den Mitarbeitern und Führungskräften immer wieder ins Bewusstsein gerückt werden. Nur so können sie sich der Wichtigkeit einer MAB bewusst werden.

Im Verlauf dieses Kapitels zeigen wir, nach welchem Schema vorgegangen werden sollte, um die Folgeprozesse für das betriebliche Umfeld effektiv und für die Mitarbeiter nachvollziehbar zu realisieren.

---

[223] http://www.marketing-boerse.de/News/details/Hewitt-Kienbaum-Studie-%84Mitarbeiterbefragungen---Die-Trends-2007%93/4831, besucht am 11.01.07.

Dabei ist es sinnvoll, die Folgeprozesse in drei Phasen einzuteilen:

- Die *Kommunikationsphase* umfasst die Präsentation der Ergebnisse bei der Unternehmensleitung sowie in den Organisationseinheiten bis spätestens drei Monate nachdem die Ergebnisse zur Verfügung gestellt wurden.
- Weitere drei Monate nimmt die *Maßnahmenphase* in Anspruch. Hierbei werden Maßnahmen erarbeitet und Meilensteine definiert, die die Umsetzungsphase strukturieren.
- In der *Umsetzungsphase* schließlich werden die Maßnahmen umgesetzt und die erzielten Verbesserungen kommuniziert. Die Dauer dieser Phase ist so kurz wie möglich und so lang wie nötig.

Das Vorgehen lässt sich also wie folgt darstellen: in zeitnah nach der MAB durchgeführten Präsentations-Workshops werden die Probleme definiert, daraus Handlungsfelder ermittelt und die Maßnahmen zur Lösung entwickelt. Dazu wird auch ein Standard definiert, also ein Ziel, das erreicht werden soll und an dem sich die Maßnahme messen lassen kann. Anschließend wird – wenn möglich – der Effekt der Maßnahme ermittelt und durch Auditierung die Nachhaltigkeit der Maßnahme sichergestellt. Wir haben gesehen, dass bislang die Folgeprozesse auf lokaler Ebene noch weitestgehend abgekoppelt von den sonstigen Veränderungs-Prozessen gesehen werden und sie deshalb aus strategischer Perspektive nur unzureichend in ein Gesamt-Konzept integriert sind. Aus diesem Grund geben wir zu bedenken, dass die MAB und ihre Folgeprozesse in parallel laufende Veränderungsprozesse sowie in die konzernweite Organisationsentwicklung und damit in ein Gesamtkonzept des organisatorischen Wandels eingebunden werden muss.
Wir werden sehen, wie sich nach dem Vorbild von Bourdieu mit den Ergebnissen der Befragungen in den einzelnen Hierarchieebenen verschiedene Sichtweisen des Wandels durch MAB darstellen lassen.[224] Dadurch wird es uns möglich, die verschiedenen Positionen und Perspektiven auf den jeweiligen Hierarchie-Ebenen für unsere weiteren Untersuchungen anschlussfähig zu machen. Besonderes Augenmerk legen wir dabei auf die subjektiven Einschätzungen der Akteure hinsichtlich der Folgeprozesse der MAB, also der Ableitung und Umsetzung von Verbesserungsmaßnahmen sowie dem Controlling des Umsetzungsprozesses. Die Informationen aus den Interviews werden uns aufzeigen, wie die Akzeptanz und die Wirkungsweise von MAB von den Akteuren

[224] Vgl. Bourdieu et al. 1997.

wahrgenommen werden. Dabei werden wir die unterschiedlichen Sichtweisen der Personen aus den jeweiligen Hierarchieebenen gegenüberstellen. So analysieren wir die spezifischen Perspektiven, zeigen Reibungspunkte auf und diskutieren mögliche Lösungsansätze. Es ist äußerst wichtig, solche Rollenkonflikte aufzudecken. Beide Seiten müssen ihre Erwartungen austauschen, das Machbare aushandeln und ihre Rollen so gestalten, dass eine positive Bilanz für Berater und Kunden herauskommt und die sachlich beste Lösung gefunden wird. Dabei wird ein permanenter Kampf gegen die Angst vor Veränderungen und gegen Besitzstandswahrung geführt.

4.1 Verbesserungsmaßnahmen erarbeiten

Den Prozess der Erarbeitung von Verbesserungsmaßnahmen gliedern wir in drei Bereiche: *Ergebnispräsentation*, *Problemdefinition* und *Ableitung der Maßnahmen*. Wir werden im Anschluss zeigen, welche Punkte für eine nachhaltige Umsetzung bereits hier beachtet werden sollten.

4.1.1 MAB-Ergebnisse vorstellen

In den Präsentationsrunden werden die Ergebnisse der MAB vorgestellt, dafür sollte ein neutraler Moderator die Ergebnisse präsentieren, eine Wertung darf nicht erfolgen. Nur so kann einerseits die fachgerechte Präsentation der Ergebnisse und andererseits eine konstruktive Gesprächsrunde geschaffen werden. Die Erfahrungen mit externen Moderatoren sind dabei jedoch nicht durchweg positiv. So kann es sein, dass den Moderatoren die Akzeptanz der Belegschaft fehlt. Außerdem fehlt externen Kräften das Wissen über die internen Strukturen und Machtverhältnisse. Dadurch könnten die Nuancen aus den Befragungsergebnissen und die Erarbeitung von Verbesserungsmaßnahmen eventuell nicht optimal bearbeitet werden. Zu empfehlen sind hier Mitarbeiter aus anderen Fachbereichen der Niederlassung, die in den Techniken der Moderation geschult sind. Wenn die Führungskraft moderiert, unterstreicht sie damit die Wichtigkeit der Befragungsergebnisse und zeigt, dass sie die Erarbeitung von Verbesserungsmaßnahmen als einen Prozess zwischen Mitarbeiter und Führung ansieht. Wenn ein Moderator die Präsentation übernimmt, so hat das den Vorteil, dass eine neutrale, methodisch geschulte Person die Ergebnisse erläutert. Die Führungskraft kann sich dabei ganz auf die Resultate konzentrieren. Hier ist also zu bedenken, welche Ziele der Abteilungsleiter bei der Ergebnispräsentation hat: will er sich mehr auf die Resultate konzentrieren und einen freien Kopf haben für die Gruppendiskussion, sollte er die Präsentation von einem Moderator durchführen lassen. Wenn er sich die Darstellung der Resultate selbst zutraut und dadurch auch Commitment gegenüber den Befragungsergebnissen signalisieren will, sollte er den Workshop selbst leiten. Wir empfehlen allerdings den Einsatz eines Moderators, da dieser bei strittigen Fragen auch ausgleichend tätig werden kann.

Wichtig ist, dass die Ergebnisse den Organisationseinheiten möglichst zeitnah präsentiert werden, ansonsten besteht die Gefahr, dass sich schon wieder personelle Veränderungen ergeben haben und somit die MAB-Befragungsergebnisse obsolet geworden sind. Außerdem sollten die Mitarbeiter das Gefühl bekommen, dass die Ergebnisse aus den Befragungen wichtig sind. Und dieses Gefühl wird nur vermittelt, wenn sich schnell um die Ergebnis-Bearbeitung gekümmert wird.

Zunächst ist dabei im Vorfeld der Präsentation der Führungskraft beziehungsweise dem Abteilungsleiter die Entscheidung überlassen, wie er mit den Ergebnissen verfahren will. Der Projektverantwortliche für die Folgeprozesse muss die Führungskräfte allerdings darauf hinweisen, dass die Mitarbeiter großes Interesse an den Ergebnissen der MAB zeigen. Eine Vorstellung der Ergebnisse ist deshalb unerlässlich. Es obliegt dem Abteilungsleiter, bis zu welcher Hierarchieebene sie die Ergebnisdarstellung und die Ideenworkshops durchführen. Sie sollten aber die Potenziale bedenken, die eine Präsentation mit anschließender Entwicklung von Ideen und Meinungen für die Abteilung bietet. Zudem besteht seitens der Mitarbeiter eine hohe Erwartung hinsichtlich der Folgeprozesse, dass sich „was tut" im Unternehmen und dadurch eventueller Verbesserungsbedarf jetzt „endlich angegangen wird".

Für eine gute Vorbereitung der Workshops sollte sich die Führungskraft vorab mit den Ergebnissen ihres Bereiches vertraut machen. Dabei wird meist der Wunsch laut, die aufgrund der Befragung sehr standardisierten Antwort-Kategorien der Mitarbeiter mit Leben zu füllen: Die Führungskräfte wünschen sich oft konkrete Anhaltspunkte, mittels derer sie die Situation in ihrer Abteilung verbessern können. Gleichzeitig besteht ein grundsätzliches Bedenken hinsichtlich der Partizipation der Mitarbeiter: Die Führungskraft fürchtet um die Kontrolle ihrer Ungewissheitszone und hat Bedenken, durch eine offene Diskussion und Beteiligung an Entscheidungen die Zügel – wenn auch nur zeitweise – aus der Hand zu geben. Die Angst vor dem Kontrollverlust ist oft gegeben. Dazu muss der Führungskraft klar gemacht werden, dass der Prozess der Partizipation ein Tauschgeschäft ist: die Mitarbeiter haben ebenfalls Angst davor, etwas von der Kontrolle über ihre Ungewissheitszone, die sie besitzen, abzugeben. Somit ist auf beiden Seiten von einer Abwehrhaltung auszugehen.

Die Führungskraft sollte sich im Vorfeld zu den folgenden Punkten Gedanken machen:

- Welche Erwartungen hat die Führungskraft an den Workshop? Was sollte angesprochen werden, was sollte sich danach ändern, was sollte beibehalten werden?
- Welche Erwartungen hat die Führungskraft an das Team (Mitarbeiter, Verhalten im Workshop und bei der Umsetzung, Unterstützung der Führungskraft)?
- Welche Erwartungen hat die Führungskraft an die Moderation und an die Vorgehensweise im Workshop?
- Gibt es innerhalb des Teams Besonderheiten zu beachten?
- Gibt es im Verhältnis von Team zur Führungskraft Besonderheiten zu beachten?
- Während des Workshops gilt: bei Statements der Mitarbeiter bitte nicht erklären oder rechtfertigen. Das Feedback immer erst einmal ruhen lassen und die Mitarbeiter an eigenen Lösungsansätzen arbeiten lassen. Das schafft Identifikation und Akzeptanz der Maßnahmen und es verdeutlicht ebenso, dass die Mitarbeiter zu selbständigem und eigenverantwortlichem Denken angehalten sind.
- Für die Zeit nach dem Workshop gilt: die Verantwortung für die Umsetzung der Maßnahmen liegt bei der Führungskraft unter Einbindung möglichst vieler Mitarbeiter.
- Die Kommunikation über Rückmeldungen des Umsetzungserfolges sollte offen geführt werden, um Maßnahmen gegebenenfalls nachsteuern zu können.
- Mit welchen Meilensteinen kann der Umsetzungsstand im eigenen Team kontrolliert werden? Reicht dafür die normale Regelkommunikation, zum Beispiel in Teamgesprächen alle vier Wochen, aus?
- Benötigt die Führungskraft weitere Mittel, Informationen oder Unterstützung, um die Umsetzung der Maßnahmen realisieren zu können? Wenn ja, welche?

Die Verantwortung für die Erarbeitung der Verbesserungsmaßnahmen liegt in der bereits bestehenden Berichtslinie, also ist die Führungskraft für die Erarbeitung verantwortlich. Gleichzeitig sollte sie aber die Gelegenheit nutzen, das Wissen der Mitarbeiter fruchtbar zu machen für die Anpassung der Folgeprozesse, um ein möglichst optimales Ergebnis zu erreichen. Das Projektteam für die Folgeprozesse sorgt lediglich für methodische und beratende Unterstützung.

Ziel ist die Erarbeitung von drei bis maximal vier Handlungsfeldern und die konsequente Verbesserung der darin festgestellten Optimierungspotenziale. Innerhalb dieser Handlungsfelder werden im Dialog mit den Mitarbeitern Maßnahmen erarbeitet. Dabei ist eine kollegiale und faire Atmosphäre wichtig. Eine Priorisierung der Handlungsfelder kann durch die Klassifizierung der Handlungsfelder anhand der Indikatoren hinsichtlich der versteckten Chancen und der Motivatoren im TRI*M-Grid von TNS Infratest erfolgen. Das Tagesgeschäft geht selbstverständlich vor, deshalb werden die Präsentationen und die Arbeit an den Folgeprozessen immer mit der Prämisse durchgeführt, für den Kunden so geräuscharm wie möglich zu verlaufen. Die Maßnahmen werden in einem Maßnahmenprotokoll festgehalten. Dieses Protokoll sollte in etwa dem in Anlage X entsprechenden Entwurf entsprechen. Hier ist vor allem wichtig, dass ein IST-Zustand und ein SOLL-Zustand gemeinsam mit den Mitarbeitern ermittelt und festgehalten wird. Daraus lassen sich im Dialog Verbesserungsmaßnahmen ableiten.[225]

4.1.2 Problem erkennen

Die Darstellung der Ergebnisse aus den MAB von TNS Infratest bietet eine Stärken- und Schwächenanalyse jeder ausgewerteten Organisationseinheit. Je nach verbaler Wichtigkeit, Zufriedenheit und Korrelation mit dem Mitarbeitercommitment wird eine Rangliste der Stärken und Schwächen erstellt. In den Maßnahmen-Workshops kann diese Rangliste herangezogen werden, um die wichtigsten Handlungsfelder zu definieren und auf die Agenda zu hieven. In Abbildung 42 sehen wir beispielhaft eine Auflistung der Schwächen in einer Organisationseinheit.

[225] Genaue „Spielregeln“ für die Erarbeitungs-Workshops finden sich in Borg 2003, 327 f.

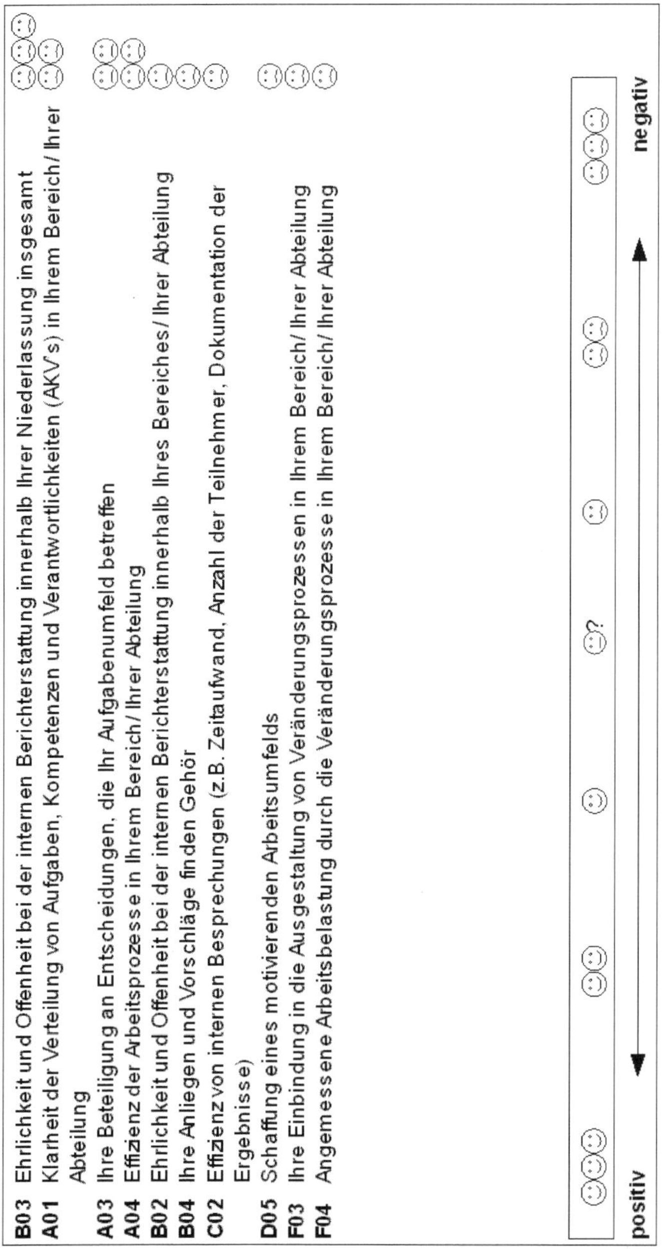

Abbildung 43, Quelle: TNS Infratest

Die Symbole geben gleichzeitig die Priorisierung der Maßnahmen an. Dabei gibt es drei negative Gesichter für Fragen, bei denen die Mitarbeiter bei Zufriedenheit („Wie zufrieden sind sie…?") „unzufrieden" angaben und bei Wichtigkeit („Wie wichtig ist Ihnen…?") „äußerst wichtig" angaben. Zudem muss die Bedingung erfüllt sein, dass die Antwort auf die Frage stark korreliert mit dem TRI*M-Index.

Es ist sehr wichtig, dass die Führungskraft nun Leadership beweisen kann. Die Mitarbeiter und die Führungskraft sollten zu diesem Zeitpunkt kein Scherbengericht veranstalten: Die vergangenheitsorientierte Sicht, die nur darauf abzielt, wie die Unzufriedenheit zustande kam, muss durch eine zukunftsorientierte Sicht ersetzt werden, die auf Verbesserungen fokussiert.[226] Dafür sollten die beteiligten Akteure sicherstellen, dass die Problembearbeitungen sich auf das konkrete und erlebbare Umfeld des Arbeitsbereiches konzentrieren. Wir wollen uns nochmals vor Augen führen, warum die Folgeprozesse einer MAB so zentral sind und weshalb dafür auch besondere Sorgfalt verwendet werden muss. Ziel ist die Erlangung von Erkenntnissen und Informationen über den Blickwinkel aus Sicht der Mitarbeiter um daraus ein besseres Verständnis untereinander und für die Situation der Mitarbeiter zu gewinnen. Das hilft dabei, die Motivation und das Engagement der Mitarbeiter zu entwickeln. Damit können wir erreichen, dass der Unternehmenserfolg und das Führungsverhalten optimiert werden. Es besteht jedoch auch die Gefahr, dass die Kommunikation durch ein zu viel an gewonnenen Informationen ins Stocken gerät. Aus den durch Mitarbeiterbefragungen ermittelten Informationen sollten deshalb unbedingt konkrete Maßnahmen abgeleitet und möglichst schnell spürbar umgesetzt werden. Die Veränderungen sollten auf allen Ebenen stattfinden und alle Mitarbeiter mit einbeziehen.

Dieses Einbeziehen muss eine Partizipationsmöglichkeit der Mitarbeiter sicherstellen: Diskussionsrunden, aktive Einbeziehung der Mitarbeiter und ihrer Erfahrungen in die Verbesserungsprozesse lassen diese dann auch besser akzeptieren und umsetzen. Während der Problemdefinition muss ein Dialog zugelassen werden können, bei der sich die Führungskraft zurückhält. Der Moderator greift moderierend in das Gespräch ein, stellt offene Fragen und macht zu allem Gesagten und Vereinbarten Notizen auf einem Flipchart, das für alle einsehbar ist. Wenn möglich werden gleich Lösungsvorschläge eingebracht und die Mitarbeiter namentlich um Ihre Meinung zum Thema gefragt.

Die Führungskraft darf nun nicht davor zurückschrecken, die Diskussion in einem offenen Dialog zu führen. Das erfordert von ihr eine selbstbewusste Grundhaltung, sie muss sich ihrer Position sicher sein. Gleichzeitig muss die Führungskraft anerkennen, dass nicht nur sie über Macht verfügt, sondern diese Austauschbeziehung durchaus auch Macht bei den Mitarbeitern in ihrem Team erzeugt und damit eine gegenseitige

Abhängigkeit besteht. Der Dialog ist also sehr wichtig an dieser Stelle. Er sollte unbedingt auf der Sachebene bleiben und auf Verteidigungsgesten verzichten, damit die Sachebene nicht verlassen wird und die Führungskraft Gefahr läuft, auf persönlicher Ebene in die Defensive gedrängt zu werden. Sollte dies dennoch der Fall sein, muss der Moderator ausgleichend eingreifen, die Situation entschärfen und auf die Sachebene zurücklenken. Die Führungskraft sollte die Runde der Problemdefinition als Chance begreifen: sie kann sich hier wichtige Expertenmeinungen bei ihren Mitarbeitern holen, um mit diesen Informationen dazu befähigt zu sein, Tabus zu brechen. Tabus in der Hinsicht, als dass die Führungskraft neue Informationen erhält, um sich innerhalb der Abteilung und gegebenenfalls auch gegen andere Abteilungen sowie ihrem eigenen Vorgesetzten gegenüber bei Veränderungsvorhaben besser durchsetzen zu können. Die angesprochenen Probleme werden nun von der Führungskraft und den Mitarbeitern als solche erkannt und damit auf die Agenda gehoben. Im Folgenden zeigen wir, welche Möglichkeiten der Partizipation sich bei der Maßnahmenentwicklung ergeben.

4.1.3 Partizipation: Maßnahmen im Dialog mit Mitarbeiter und Führungskraft entwickeln

Es ist klar, dass eine Mitarbeiterbefragung nur sinnvoll ist, wenn aus den Erkenntnissen der Befragung auch Konsequenzen gezogen werden. Ansonsten ist ein solches Projekt zum Scheitern verurteilt und kann sogar mehr schaden als nutzen, denn der pure Aktionismus einer solchen Aktion tritt dann erst richtig zum Vorschein. Und die Mitarbeiter, die sich von der Befragung eine Besserung erhofften und sich mit neuen Ideen bei den Diskussionsrunden eingebracht haben, werden aufs Neue enttäuscht. Das erhöht die Gefahr des Entstehens von weiteren „Bewohnern" im Unternehmen.

Der Prozessschritt *Maßnahmen erarbeiten* besteht dabei nicht nur aus Brainstorming, er schließt neben der Artikulation von Ideen und Vorschlägen immer auch eine politische Dimension mit ein. Wir haben bereits gesehen, dass wir Macht als ein Tauschgeschäft verstehen können, bei dem jeder Akteur - egal ob Mitarbeiter oder Führungskraft - in einer Organisation an einem Spiel teilnimmt, in dem reziprok verhandelt wird. Diesem Spiel ist eigen, dass das Machtverhältnis meist asymmetrisch gelagert ist, jedoch, und das ist sehr wichtig, keineswegs immer nur zugunsten der Führungskraft: Denn ein Mitarbeiter hat ein ganz spezifisches Expertenwissen in seinem Bereich, über das die Führungskraft keinesfalls zwingend verfügt. Das bedeutet, dass sich ein Mitarbeiter durchaus auch darauf berufen kann, dass der Teamleiter auf ihn angewiesen ist. Allerdings ist dieses Machtverhältnis in den meisten Fällen dennoch asymmetrisch zugunsten der Führungskraft, denn die offiziellen Sanktionsinstrumente

[226] Vgl. Lechelt 2006.

(zum Beispiel Verwarnung und Abmahnung) stehen nur ihr zur Verfügung. Gleichzeitig weiß die Führungskraft aber auch um die Bedeutung eines guten Klimas in ihrer Abteilung, sie ist an einer konstruktiven und kollegialen Entscheidungsfindung interessiert.

Zunächst werden die Ergebnisse der MAB vom Moderator neutral vorgestellt. Anschließend wird durch die Stärken-Schwächen-Analyse das Abteilungsergebnis nochmals zusammengefasst. Die Stärken werden angesprochen, kommentiert und als weiter ausbaufähig anerkannt. Dann folgt auch schon der Übergang zu den Schwächen. Der Moderator sollte sich darauf gefasst machen, dass die erste Zeit des Workshops von den Teilnehmern oft dazu verwendet wird, sich mal so richtig den Frust von der Seele zu reden. Das sollte man nicht im Keim ersticken, sondern zunächst gewähren lassen und unvoreingenommen zuhören. Allerdings ist dann wichtig, dass man sich im Verlauf der Gruppendiskussion nicht in eine negative Abwärtsspirale ziehen lässt. Es besteht die Gefahr, dass Störer und ewige Nörgler das Heft an sich reißen und eine konstruktive Diskussion verhindern. An dieser Stelle ist auch die Führungskraft gefragt, die dem Moderator bezüglich dieser Problematik den Rücken stärken sollte, um eine konstruktive Atmosphäre zu garantieren.

Die Auflistung der Schwächen wird jetzt dazu verwendet, die Handlungsfelder zu priorisieren und zu selektieren. Die Mitarbeiter bekommen vom Moderator die Gelegenheit zu überprüfen, ob sich die Hierarchisierung aus der Befragung noch mit der heutigen Priorität der einzelnen Handlungsfelder deckt. Wenn ja, dann werden die ersten drei Handlungsfelder in der Auflistung aus dem Abteilungsergebnis der MAB-Präsentation für die anschließende Gruppenarbeit verwendet. Falls es hierzu Zweifel in der Gruppe gibt, was die Hierarchisierung der Handlungsfelder betrifft, kann ein Verfahren zur erneuten Priorisierung durchgeführt werden. Dabei werden alle Handlungsfelder der Schwächenliste auf ein Flipchart übertragen. Dieses wird umgedreht und jeder Mitarbeiter bekommt drei Klebepunkte, die er auf die Handlungsfelder verteilen kann. Das Flipchart ist nicht für alle einsehbar, damit die Punktevergabe durch die Akteure anonym geschehen kann. Anschließend werden die Punkte zusammengezählt und die neue Reihenfolge wird aufgeschrieben. Die ersten drei Handlungsfelder werden dann Gegenstand der jeweiligen Gruppenarbeit sein. Dieses Vorgehen hat den Vorteil, dass die Teilnehmer des Workshops sich in der neuen Hierarchisierung wieder finden beziehungsweise dass klar gemacht wurde, dass die neue Priorisierung als ein Gruppenergebnis entstanden ist.

Es gibt auch die Möglichkeit, zunächst einfach nur die Ergebnisse der MAB zu präsentieren und in einem oder mehreren Terminen die Bearbeitung der Folgeprozesse mit Abteilungsleiter und Mitarbeitern zu gestalten. So lange von der Unternehmensleitung

keine standardisiertes Vorgehen bei den Folgeprozesse vorgegeben werden, bleibt es der Führungskraft überlassen, wie sie die diese gestalten kann und will. In der Praxis wird oft der Wunsch geäußert, gleich im Anschluss an die Präsentation die Folgemaßnahmen zu erarbeiten. Das hat Vorteile, aber auch Nachteile. Als Vorteile können genannt werden, dass die Abteilung durch eine effiziente Gestaltung des Folgeprozesses mit nur einem Termin für Präsentation der Ergebnisse und Erarbeitung der Folgemaßnahmen Zeit sparen kann und sich direkt an die Abarbeitung der Maßnahmen machen kann. Als Nachteile können wir sehen, dass sich die Mitarbeiter nicht genügend Gedanken machen können über die zu verbessernden Punkte. Die Führungskraft kann sich bereits im Vorfeld mit den Ergebnissen aus der Befragung auseinandersetzen, die Mitarbeiter der Abteilung bekommen aber erst im Zuge der Präsentation und anschließender Stärken- und Schwächenanalyse die Informationen über ihr Antwortverhalten. Dennoch geben wir zu bedenken, dass aufgrund des Zeitmangels und des erhöhten Effizienzdrucks durch Arbeitsverdichtung bei den Beteiligten die Akzeptanz mehrerer Termine häufig geringer ist als die Option, alles an einem Termin abzuleisten. Letztlich kommt es auch auf den Arbeitsumfang in der Workshop-Runde an, und die Vereinbarung von Zusatzterminen sollte im Einzelfall entschieden werden.
Wenn nur ein Termin für den Präsentationsworkshop vereinbart wird, erhöht das den Druck auf den Moderator und auf die Führungskraft, diesen Termin der Ergebnispräsentation mit anschließendem Workshop effizient zu gestalten. Um die Sachebene und die Beziehungsebene wirkungsvoll voneinander zu trennen, sollten alle Beteiligten des Workshops darum gebeten werden, mit Ich-Botschaften zu argumentieren und so auf ihre Unzufriedenheit und auch ihre Einschätzungen nach Möglichkeiten der Verbesserung hinzuweisen. Eine konstruktive Stimmung kann zudem dadurch erreicht werden, dass die drei Handlungsfelder von drei Untergruppen[227] bearbeitet werden. Zunächst fragt der Moderator nach einer generellen Bereitschaft zur Gruppenarbeit. Die Gruppenaufteilung erfolgt entweder freiwillig oder zum Beispiel per Durchzählen. Es bietet sich an, noch eine vierte Gruppe zu bilden. Die Mitglieder dieser Gruppe pendeln zwischen den einzelnen Arbeitsteams und übernehmen eine integrierende Funktion. Die einzelnen Gruppen bekommen angemessen Zeit zur Verfügung (je nach bearbeitetem Thema individuell, in der Regel bewähren sich 10 bis 30 Minuten, die aber auch frei und je nach Bedarf verkürzt oder ausgeweitet werden können) und bearbeiten jeweils eines der drei als am dringlichsten definierten Handlungsfelder. Wenn sich abzeichnet, dass die Gruppenarbeiten zu Ende sind, werden die Arbeitsblätter aufgehängt und je-

[227] Eine Gruppenarbeit ist dabei allerdings erst ab mindestens 10 Teilnehmern sinnvoll. Wenn sich weniger Teilnehmer im Workshop befinden, dann kann auch eine offene Gruppendiskussion mit fortlaufender Sammlung

weils ein Gruppenmitglied trägt die Ergebnisse vor. Die Mitarbeiter präzisieren die Vorschläge und sammeln im Plenum weitere Hinweise zu den Verbesserungsvorschlägen. Ergänzungen zu den einzelnen Punkten werden vom Moderator auf dem Flipchart hinzugefügt.

Beim Präsentations- und Ideenworkshop ist die Rolle der Führungskraft entscheidend. Sie sollte in der Regel im Verlauf des gesamten Ideen-Workshops dabei sein, sich aber im Hintergrund halten. Sie kann in die Diskussion eingreifen, wenn sich abzeichnet, dass ein Vorschlag von nicht realisierbaren Annahmen ausgeht oder sich die Gruppendiskussion in eine offensichtlich falsche Richtung bewegt. In der Regel sind aber die Mitarbeiter an einer konstruktiven Gesprächsführung interessiert. Die Gruppenarbeit stellt dabei sicher, dass „vernünftige" Ergebnisse erarbeitet und vorgetragen werden. Denn keiner will sich vor seinem Chef und seinen Kollegen in der Abteilung eine Blöße geben. Die Rolle des Moderators besteht darin, auf konstruktive Vorschläge zu dringen, eine sachliche Atmosphäre zu schaffen und die beteiligten Akteure bei der Zielfindung zu unterstützen: Erst wenn alle Beteiligten wissen, welches (realistische!) Ziel sie erreichen wollen und dieses auch klar definieren, kann ausgehend von diesem Endpunkt die Entwicklung und Planung der Maßnahmen realistisch durchgeführt werden.

Der nächste Schritt bleibt dann ebenfalls der Führungskraft überlassen. Sie sollte sich mit den vereinbarten Maßnahmen nochmals in Ruhe auseinandersetzen. Dabei kann sie sich auch noch zu einzelnen Veränderungen entschließen, sollte sich aber immer über die Vermittelbarkeit der Modifikationen gegenüber den Mitarbeitern im Klaren sein. Letztlich ist zwar die Führungskraft die entscheidende Instanz, aber zum einen hat diese auch wieder einen Vorgesetzten, demgegenüber sie verantwortlich ist, zum anderen braucht sie ein gutes Verhältnis zu ihren Mitarbeitern. Gerade in großen Organisationen kann leicht das Gefühl der Ohnmacht aufkommen, wenn man sich der konzernweiten Politik unterlegen fühlt. Die Führungskraft sollte ihren Mitarbeitern vermitteln, wie sie in die Hierarchie eingebunden ist. So kann sie für mehr Verständnis bei allen Beteiligten sorgen und die machbaren Handlungsoptionen von denjenigen trennen, die erst durch größere politische Strömungen innerhalb der Organisation verändert werden können.[228]

Die Beteiligten sollten, zum Beispiel vom Moderator der Veranstaltung, auf eine Politik der kleinen Schritte festgelegt werden: Dazu werden viele kleine Schritte verein-

---

der Vorschläge und Maßnahmen erfolgen. Dabei kann man sich an der Schwächenliste orientieren, die eine Agenda für die Gruppendiskussion bildet.

[228] So zum Beispiel Entlohnungsformen oder Prozesse, die zentralseitig gesteuert werden. Diese sind auch veränderbar, aber nicht im direkten Handlungsfeld der an den Workshops beteiligten Akteure. Eventuell kann

bart, die dokumentiert und abgearbeitet werden. In der nächsten Besprechung können dann die ersten Meilensteine als bereits erreicht kommuniziert werden, so finden sich die Mitarbeiter in den ersten Umsetzungen von Verbesserungen auch selbst wieder, die Maßnahmen finden damit eine breitere Akzeptanz bei den Beteiligten. Das Eis der Gewohnheit kann besser geschmolzen und auch Zweifler überzeugt werden, dass sich etwas ändern kann, wenn man sich einbringt. Dies zeugt vom Respekt gegenüber ihrem Wissen und ihren Ideen und zeigt ihnen, dass sie ernst genommen werden. Denn nach wie vor muss sich die Koalition des Wandels mit einem gefährlichen Hindernis auseinandersetzen: Warum sollten die Mitarbeiter ihr Wissen preisgeben, es der Organisation zur Verfügung stellen? Da es in der Vergangenheit schon oft der Fall war, dass das Wissen dazu genutzt wurde, effizienter zu arbeiten und damit beim Personal Einsparpotenzial zu erzeugen, stellt sich die Frage nach der Motivation der Mitarbeiter, ihr Wissen bei den Veränderungen auch einzubringen. Dem kann man unserer Ansicht nach nur begegnen, indem die Führungskraft glaubwürdig daran arbeitet, Prozessuale Gerechtigkeit zu garantieren.

Im Interesse aller Teilnehmer sollten die Besprechungen effektiv und an den Teilnehmern orientiert geführt werden. Das schließt mit ein, dass die Personen, die zur Problemlösung notwendig sind, auch wirklich anwesend sind. Sollte dies nicht der Fall sein ist es sinnvoll, die betreffenden Fragen zurückzustellen. Zum Beispiel bei der Lösung eines Konflikts oder einer Reorganisation einer Abteilung. Dann kann ein geeigneter Zeitpunkt gefunden werden, an dem die betreffenden Personen gemeinsam Lösungen entwickeln können.

Die Schwächenliste und die Priorisierung der Maßnahmen sollte noch genügend Zeit lassen, um auch andere, aktuelle Themen abfragen zu können, die aktuell „unter den Nägeln brennen". Es kann sein, dass die Zeit zwischen MAB und Erarbeitung der Maßnahmen schon so weit fortgeschritten ist, dass die Mitarbeiter momentan mit ganz anderen Problemen beschäftigt sind. Deshalb muss man für die Teilnehmerorientierung auf jeden Fall auch einen offenen Frageblock für aktuelle Themen offen halten, also auch für die virulenten und aktuellen Probleme ein Ohr zur Verfügung stellen und Bereitschaft signalisieren.

Für den Fall, dass während der MAB weniger als 6 Mitarbeiter in einer Organisationseinheit ausgewertet wurden, wird wegen Wahrung der Anonymität die Einzelauswertung zurückgestellt. Dem Abteilungsleiter bleibt dann nur, die Ergebnisse aus der übergeordneten Abteilung zu präsentieren, um die hier offensichtlich gewordenen Handlungsfelder auch im eigenen Team zu besprechen. Hier können Führungskraft

---

sich hieraus aber mit Hilfe der Arbeitnehmervertretung eine Arbeitsgruppe bilden, die ihre Vorschläge und Forderungen auf diesem Wege zu höheren Instanzen innerhalb der Organisation tragen kann.

und Mitarbeiter diskutieren und Verbesserungsmaßnahmen erarbeiten, auch wenn keine Einzelauswertung vorliegt. So kann trotz geringer Fallzahl ein Diskussions- und Verbesserungsprozess in Gang gesetzt werden.

Handlungsfelder, die nicht auf der Teamebene verarbeitet werden können, sollten aufgearbeitet und gebündelt werden und anschließend den Vertretern der höher gelegenen Hierarchieebene zur Verfügung gestellt werden. Dabei ist es allerdings unerlässlich, den Teamleiter bei den Punkten, die in der Hierarchielinie nach weiter oben mitgeteilt werden sollen, zu konsultieren. Damit beugt man der Gefahr vor, dass sich der Teamleiter übergangen fühlt oder sich hinterher herausreden kann, dass er diesen oder jenen Punkt anders verstanden hat. Wenn der Teamleiter mit in die Kommunikation einbezogen wird, dann kann er zum Beteiligten gemacht werden.

Bei der Betrachtung der Verantwortlichkeit für die Umsetzung empfiehlt sich die Orientierung an der bestehenden Organisationsstruktur: Die Führungskraft, die ihre Mitarbeiter über die Leistungsbeurteilung bewertet, wird im Gegenzug auch von den Mitarbeitern in ihrem Team in der MAB von unten nach oben und damit von den Mitarbeitern beurteilt. Gleichzeitig werden aber auch die Mitarbeiter in die Verantwortung genommen: Sie sollten gefragt werden, welche Vorschläge zu den einzelnen Punkten sie vorbringen können. Damit wird Verantwortung an die Mitarbeiter zurückgegeben: Wenn sie die Bewertung für einen speziellen Punkt so und so gegeben haben, dann sollten sie auch ihre Ideen preisgeben. Denn nur dann kann auch etwas verändert werden. Dadurch wird auch geklärt, dass die Mitarbeiter ebenfalls in der Pflicht sind, um das betriebliche Umfeld zu optimieren und damit ihr Unternehmen und letztlich ihren Arbeitsplatz zu sichern.

Für die Erarbeitung ist es hilfreich, wenn sich die Gruppe an der Ermittlung eines IST- und eines SOLL-Zustandes orientiert. Der *IST-Zustand* ist relativ offensichtlich: aus den Ergebnissen der Mitarbeiterbefragung haben sich bereits die grundlegenden Problem- und Handlungsfelder herauskristallisiert. Diese Handlungsfelder werden nun offen mit den Mitarbeitern angesprochen. Dabei sollte versucht werden, die Mitarbeiter zu ermuntern, die Ergebnisse aus der Befragung zu kommentieren: Warum ist das Ergebnis so, wie es ist? Was stört und wird als unbefriedigend empfunden? Gleichzeitig gibt es dabei zu bedenken, dass das Ergebnis, so wie es ist, nicht in Frage gestellt werden darf: die Mitarbeiter hatten zum Zeitpunkt der MAB das subjektive Empfinden, dass dieser Punkt so von ihnen wahrgenommen wird. Selbst im Falle eines strategischen Antwortverhaltens, wenn sich der Akteur also Gedanken macht, wie sein Antwortverhalten sich auswirken wird auf die Folgeprozesse, bleibt festzuhalten, dass er es zu diesem speziellen Zeitpunkt so wahrgenommen hat.

Im Anschluss daran erfolgt die Ermittlung des SOLL-Zustands. Der *SOLL-Zustand* ist sehr wichtig. Nur so lässt sich sicherstellen, dass es Ziele gibt, und nur klare Ziele können auch verwirklicht und kontrolliert werden. In diesem Stadium können die Mitarbeiter auch mal einfach ihre Wünsche und Träume loswerden: Wie wäre denn die optimale Lösung für das Problem, die zur Behebung des IST-Zustandes hin zu einem – wenn auch utopischen – SOLL-Zustand führen könnten? Die Pragmatik wird das ihre tun, und einige Lösungen werden nicht weiter verfolgt werden können. Doch vielleicht resultiert aus diesem Prozess die eine oder andere kreative Idee, die sich als umsetzbar erweist. Dabei ist wichtig, dass immer versucht wird, alle Perspektive zu berücksichtigen und praktikable Lösungen zu erarbeiten. Diese Lösungen sollten wieder nach dem Prinzip der Politik der kleinen Schritte zur Umsetzungsplanung weiterentwickelt werden.

Es kann vorkommen, dass die Mitarbeiter sich auf bestimmte Äußerungen in der anonymen MAB festgelegt haben, die sie so in der Runde nicht mehr wiederholen würden. Das kann mehrere Gründe haben. Zum einen ist natürlich die anonyme Situation hier hilfreich, mal richtig zu kritisieren. Zum anderen können aber auch durch die spezifischen Fragestellungen einige Befragte erst auf die Idee gekommen sein, eine Antwort zu geben, die sie vorher nicht gegeben hätten. Jedenfalls kann dadurch die Situation entstehen, dass die Mitarbeiter bezüglich eines speziellen Punktes zwar angeben, sie seien unzufrieden. Doch wenn es dann an die konkrete Ausformulierung einer Maßnahme zur Änderung des Sachverhaltes geht, dann „kneifen" plötzlich alle. Hier sollte der Moderator vorsichtig einen Mittelweg wählen: Einerseits kann es sinnvoll sein, bei den Mitarbeitern etwas nachzubohren und eventuell auch leicht zu provozieren. Wenn sich aber nach einer (nicht zu lange zu bemessenden) Zeit herausstellt, dass hier tatsächlich kein Handlungsbedarf besteht, sollte man den nächsten Punkt ansteuern – selbstverständlich immer mit der Option, dass in kleinerer Runde oder unter vier Augen das Thema dennoch angegangen wird.

Am Schluss jedes Workshops werden die erarbeiteten Maßnahmen zusammenfassend aufgezählt, kurz erläutert und es wird nochmals um Feedback zur Akzeptanz der Maßnahmen gebeten, bevor die Veranstaltung mit dem Ausblick auf die nächsten Schritte beendet wird. Diese sind die Verarbeitung der Maßnahmen durch die Führungskraft und gegebenenfalls Weiterentwicklung der Maßnahmen. Wenn diese festgelegt sind, ist ein Credo der Führungskraft gegenüber der Abteilung essentiell. Dabei muss die Führungskraft den Mitarbeitern mitteilen, welche Maßnahmen wie, warum, bis wann und von wem umgesetzt werden. So kann die Führungskraft signalisieren, dass die Vorschläge der Mitarbeiter ernst genommen wurden und dass sie ein starkes Commitment für die Umsetzung der Maßnahmen zeigt.

4.2 Konsequente Umsetzung der Maßnahmen

Genau an diesem Punkt ist die Rolle der Führungskraft entscheidend: Nur wenn der Vorgesetzte auch Veränderungen will, können diese zu ihrer Realisierung geführt werden. Die Frage ist immer: wer hat die Macht, Veränderungen durchzudrücken. Veränderungen müssen „von oben" kommen – diese herbeizuführen ist mit viel Arbeit, Kommunikation und Druck über die Hierarchie verbunden. Der Wandel muss herbeigeführt werden, da Mitarbeiter aber auch Führungskräfte den damit verbundenen Aufwand oft scheuen. Daraus ergeben sich typische Stolpersteine bei der Umsetzung von Maßnahmen im Zuge der Folgeprozesse einer MAB, diese sind:

- Mitarbeiter sind schwer zu motivieren, sich damit auseinander zu setzen
- Es ist schwer, zu verwertbaren Maßnahmen zu kommen
- Zeitprobleme (die MAB schon so lange her/Tagesgeschäft nicht vernachlässigen)
- Mitarbeiter tun sich teilweise schwer damit, sich im Ergebnis einer Abteilung wieder zu finden, teilweise werden auch Verständnisprobleme der Fragen offensichtlich.
- Defensive Mitarbeiter wegen Problemen bei der Vertraulichkeit ("wenn ich mich jetzt mit Ideen zum Thema äußere, dann weiß mein Chef, wer ihn da wahrscheinlich so kritisiert hat")
- Fehlinterpretationen der Fragen, die dann zu falschen Ergebnissen führen
- Führungsbeziehungen schlecht: in diesem Fall kann überlegt werden, die Führungskraft zur Erörterung von Lösungsansätzen von der Teambesprechung auszuschließen. Dies sollte aber die Ausnahme bleiben, da so Konflikte Gefahr laufen, nicht ausgetragen zu werden.

Die Führungskraft übernimmt dabei eine Vorbildfunktion: sie muss die gewählten Maßnahmen umsetzen und vorleben. Wichtig ist zunächst, dass sich die Führungskraft nicht in zu vielen Maßnahmen und Projekten verzettelt. Sie sollte nach dem Pareto-Prinzip handeln: Demnach wird 80 % des Geschehens durch 20 % der möglichen Ursachen bestimmt. Deshalb sollten von den gesammelten Ursachen nur 20 % priorisiert werden. Diese Priorisierung wurde bereits in den Maßnahmen-Workshops vorgenommen: nur die wichtigsten drei Handlungsfelder wurden angegangen. Des Weiteren ist wichtig, dass eine klare Aufgabenstellung und Aufgabenbegrenzung geschaffen wird.

Die genaue Zielfestlegung kann dabei sehr hilfreich sein, dies macht eine Erfolgskontrolle möglich. Zur Zielfestlegung gehören die folgenden Punkte:

- Realistische Ziele: exakt festlegen, was genau wann, wie, mit wem und wo gemacht werden soll. Mit diesen konkreten Punkten fällt der erste Schritt zur Veränderung viel leichter
- Priorisierung der Ziele vornehmen
- Konkreter Zeitrahmen: es sollte ein konkreter Zeitrahmen abgesteckt werden, innerhalb dessen die Vorsätze umgesetzt werden sollen. Dabei sollte das Ergebnis klar formuliert werden. Aber Vorsicht: das Ergebnis sollte realistisch sein (siehe oben), ansonsten geht die Motivation verloren
- Etappenziele: wenn man Etappenziele definiert und diese auch erreicht, schafft dies Mut zur weiteren Vorgehensweise
- Motivation: für die richtige Motivation kann ein Leitbild oder Motto hilfreich sein. Dieses sollte nicht auf Verzicht ausgerichtet, sondern positiv formuliert sein

Der Moderator übernimmt die Aufgabe, die Informationen zu bündeln und zu kanalisieren. Die Verantwortung für die Umsetzung muss in der Linie, also bei der Führungskraft und dem Team, bleiben. Im Zuge dieser Arbeit hat sich gezeigt, dass die Führungskräfte unterschiedlich mit den Herausforderungen der konsequenten Umsetzung umgegangen sind. Unsere Erfahrungen waren, dass permanent nachgehakt werden muss, sonst kümmern sich die Führungskräfte nicht mit der erforderlichen Sorgfalt um das Thema. Im Tagesgeschäft werden viele der Handlungsfelder, die sich auf der Meta-Ebene befinden (Kommunikation, Information, Art der Entscheidungsfindung) oft nicht konsequent bearbeitet. Das ist jedoch gefährlich, wenn die Mitarbeiter schon Jahre lang gesehen haben, dass mit ihren Vorschlägen und Ideen aus ihrer Sicht zu wenig geschieht, ist bereits viel Vertrauen zerstört und muss mühsam wieder aufgebaut werden. Deshalb ist e sehr wichtig, dass sich der Moderator bereits von Beginn an dieses Risikos bewusst ist und die Führungskraft bereits im Vorfeld darauf hinweist. Wichtig ist hier vor allem eine schnelle und konsequente Umsetzung von ersten Maßnahmen. Dazu können diese auch in mehreren kleinen Schritten umgesetzt und dann regelrecht bei den Mitarbeitern als realisiert „verkauft" werden – so sehen die Mitarbeiter, dass ihre Ideen auch ernst genommen werden. Das schafft Akzeptanz der Führung und Motivation der Mitarbeiter. Ein Monitoring der Folgeprozesse ist zwingend erforderlich, allerdings ist es immer auch eine Gratwanderung, denn ein zu hoher Controlling-Aufwand wird von den Abteilungsleitern nicht akzeptiert und sorgt nicht für den erwünschten Mehrwert, wenn zu viel Energie in die Fortschrittskontrolle investiert wird. Wir werden sehen, welche Chancen und Risiken bei der Veröffentlichung der Maßnahmen bestehen, dass so genannte Quick Wins entscheidend sind bei der Schaffung einer positiven Grundstimmung gegenüber den Veränderungen. Die Definition von Meilensteinen ist – analog dem Projektmanagement – vor allem bei größeren und komplexeren Maßnahmen erforderlich. Das Problem einer nachhaltigen Umsetzung wird erforscht und wir werden sehen, wie träge Organisationen und die in ihr handelnden Akteure gegenüber Veränderungen sein können. Dabei wird deutlich, dass die Angst vor Veränderungen eine zentrale Bedeutung einnimmt und besondere Aufmerksamkeit verlangt.

Die Kritik an der mangelhaften Umsetzung erfordert das Reflektieren über die folgende Frage: wie und wann erleben die Akteure die Veränderungen? Dabei kämpfen die Führungskräfte vor allem mit der Tatsache, dass die Veränderungen sehr schnell zur Selbstverständlichkeit werden. Die Kunst besteht darin, die Wahrnehmung der Veränderung zu organisieren. Allerdings gibt es hier zu bedenken, dass die Akteure sich darüber klar werden müssen, dass die Erreichung einer Ideal-Situation nicht möglich ist. Egal, in welcher Situation gemessen wird: es gibt immer etwas zu verändern. Zudem verändern sich Unternehmen nicht linear, und Transformationen ziehen wiederum neue Restrukturierungen nach sich. Aus diesen Gründen muss die Illusion aufgebrochen werden, nach der die Veränderungs-Thematik irgendwann einmal behoben sein wird.

4.2.1 Maßnahmen veröffentlichen?

In Freiburg wurden nach der MAB 2004 die Maßnahmen in Rahmen veröffentlicht und in den jeweiligen Bereichen ausgehängt. Die Erfahrungen damit waren nicht in allen Bereichen positiv, was zur Folge hatte, dass im Zuge der Folgeprozesse der MAB 2006 nur noch in einer Abteilung die erarbeiteten Maßnahmen ausgehängt wurden. Unsere Erkenntnisse sprechen nicht generell für den Aushang der Maßnahmen. Bei dieser Art der Auditierung gibt es Folgendes zu bedenken: die ausgehängten Maßnahmen sind starr, die Maßnahmen müssen möglichst alle abgearbeitet sein. Bei denen das nicht der Fall ist, muss sich die Führungskraft ebenfalls mit einem Credo an ihre Mitarbeiter wenden und möglichst plausibel erklären, warum die jeweilige Maßnahme nicht realisiert werden konnte.

Vorteil des Aushängens ist, dass die Veröffentlichung der Maßnahmen der erste offizielle Schritt zur Implementierung der Verbesserung ist. Damit herrscht eine eindeutige Verbindlichkeit und auch die Frage der Verantwortlichkeit für die Umsetzung ist für die Mitarbeiter offensichtlich.[229] Die Führungskraft sollte sich darüber im Klaren sein, dass sie sich mit Veröffentlichung der Maßnahmen verbindlich zur Umsetzung der Maßnahmen verpflichtet. Die Herstellung von Verbindlichkeiten ist damit also zunächst einmal sichergestellt. Bei einer Veröffentlichung der Maßnahmen ist allerdings zu beachten, dass diese sehr ausgewogen erarbeitet sein sollten. Wenn sich auf einem ausgehängten Maßnahmenkatalog zu viele, zu unkonkrete oder nicht realisierbare Maßnahmen finden, kann die Veröffentlichung auch negative Auswirkungen haben. Eine Veröffentlichung hat zur Folge, dass die Maßnahmen sehr statisch werden. Einmal ausformulierte Handlungspunkte sind wie in Stein gemeißelt und brauchen zur Dokumentation der Bearbeitung nur noch „abgehakt“ zu werden. Von Vorteil bei dieser Methode sind die fortlaufende Visualisierung des Bearbeitungsstandes sowie eine Kontrolle seitens der Mitarbeiter in einem Bereich. Von Nachteil ist jedoch die entstehende Gefahr, dass der Abteilungsleiter durch die sich ständig verändernden Rahmenbedingungen den veröffentlichten Maßnahmen nicht gerecht werden kann.

Es muss allerdings durch eine aufrichtige Kontrolle sichergestellt werden, dass die Maßnahmen mit dem Abhaken auch tatsächlich zur Zufriedenheit aller umgesetzt wurden. Wenn sie abgearbeitet werden, darf es nicht sein, dass nur die Haken gesetzt werden, aber die Maßnahmen-Umsetzung nicht befriedigend dokumentiert und kontrolliert wird. Das untergräbt zum einen die Glaubwürdigkeit und Autorität der Führungskraft und zum anderen auch das Instrument MAB. Das muss in den regelmäßigen Teamgesprächen ermittelt werden und die Verantwortung hierüber bleibt ausschließlich in der Hierarchie verankert. Hier ist auch weiterhin und fortlaufend zu berichten, was die einzelnen Mitarbeiter an weiteren Verbesserungs-Vorschlägen einzubringen haben.

Nach unseren Erfahrungen ist ein Nachteil der Kataloge auch der, dass sie nicht von allen beteiligten Akteuren wahrgenommen werden. Das macht erforderlich, dass Maßnahmen und Umsetzungen in den Teamgesprächen regelmäßig als Tagesordnungspunkt angesprochen werden. Es ist unbedingt zu vermeiden, dass die Führungskraft sich mit Aushängen der Maßnahmen dieser Verantwortlichkeit des Ansprechens in der Regelkommunikation entzieht. Es ist zu vermeiden, dass sich die Führungskräfte darauf ausruhen, dass die Kataloge „doch hängen“. Stattdessen muss permanent und persönlich nachbetreut und weiter der Umsetzungsstand kontrolliert und mitgeteilt werden, die Verantwortung für diesen Prozess liegt bei der Führungskraft der Abteilung.

[229] Vgl. Innerhofer et al. 2000, 13.

4.2.2 Quick Wins und Meilensteine

Für eine glaubwürdige und effiziente Veränderungsstrategie ist es wichtig, erste „Quick Wins“ zu erzeugen. Wenn sich Mitarbeiter bei den Ideen- und Präsentations-Workshops eingebracht haben, erwarten sie auch eine konstruktive Bearbeitung und Umsetzung ihrer Ideen. Die Führungskraft sollte darauf ein gesondertes Augenmerk haben. Dafür empfiehlt es sich, diejenigen Maßnahmen herauszuheben, die sich ohne großen Aufwand und möglichst schnell umsetzen lassen. Zum Beispiel wird in vielen Abteilungen von den Mitarbeitern das Handlungsfeld Information und Kommunikation als unterdurchschnittlich befriedigend wahrgenommen. Wenn sich hier Defizite erkennen lassen, dann wäre ein Quick Win, wenn sich die Führungskraft schnell auf einen Terminplan für interne Besprechungen festlegt. Diesen Terminplan kann sie im Anschluss zügig kommunizieren und sollte ihn umgehend als einen ersten Erfolg aus den Rückmeldungen der MAB den Mitarbeitern bekannt machen. Hierbei ist zu beachten, dass sich die Führungskraft nicht zu sehr mit den Errungenschaften schmücken sollte, das untergräbt wiederum ihre Glaubwürdigkeit, aber wenn sie diese erste Verbesserung als ein Ergebnis der MAB nennt, wird auch bei den Mitarbeitern das Bewusstsein geschärft, auf weitere angekündigte Verbesserungen zu achten. Hierbei sei angemerkt, dass auch die Mitarbeiter gefordert sind, ein konstruktives Klima zu schaffen, es kann nicht allein der Führungskraft zugeschoben werden, den Bereich zu verbessern.

Für die Mitarbeiter sollte zu jedem Zeitpunkt im Prozess der Nachbearbeitung einer MAB klar sein, in welchem Stadium der Umsetzung sie sich befinden. Das setzt zum einen ein effizientes Maßnahmenmonitoring voraus, zum anderen sollten auch Meilensteine definiert werden. Vor allem bei der Bearbeitung von großen Verbesserungsmaßnahmen ist es ratsam, immer wieder über den Stand der Maßnahmen zu berichten. Denkbar ist zum Beispiel, in der Regelkommunikation über das Erreichen bestimmter Abschnitte zu berichten und gleichzeitig auch Feedback einzuholen bei den Mitarbeitern, wie sie das bislang Erreichte einschätzen und welche Anmerkungen sie für die weitere Bearbeitung der Teilabschnitte haben. Dafür werden umfassende Maßnahmen in kleinere Einzelschritte zerlegt, deren Erreichen dann jeweils dokumentiert und kommuniziert werden kann. Damit kann den Mitarbeitern vermittelt werden, dass man auch bei den großen Veränderungen „dran ist“, dass also auch die großen Schritte gemacht werden.

4.2.3 Tagesgeschäft

Ein oft gehörter Einwand ist das Tagesgeschäft, das keine Zeit lässt für Veränderungen und ein Innehalten und Nachdenken über das Wie in einer Abteilung. Dieser Einwand lässt sich jedoch in den meisten Fällen als Schutzbehauptung interpretieren: das tägliche Arbeiten wird von den Akteuren vorgeschoben, um von vorneherein eine Verteidigung des Status Quo zu erreichen. Hierbei ist allerdings zu beachten, dass die Akteure in ihren Bedenken auch ernst genommen werden sollten. Beispielsweise ist es nicht sinnvoll, mit Mitarbeitern im Kundenkontaktbereich während der Öffnungszeiten MAB-Workshops durchzuführen. Vielmehr sollten diese Veranstaltungen nach Ladenschluss oder zumindest mit einer angemessenen Vertretungsregelung durchgeführt werden, immer jedoch unter der Prämisse, dass alle zentralen Akteure auch anwesend sein können.

Die Folgeprozesse sind demnach ähnlich auszugestalten: Ein wichtiges Vorzeichen bei allen Veränderungen ist, dass der normale Geschäftsbetrieb durch die Veränderungen möglichst nicht gestört wird. Die Mitarbeiter, die sich gegen die Veränderungen wehren, weil sie sich durch die Veränderungsvorhaben unangemessen stark belastet fühlen, können mit folgender Überlegung überzeugt werden: wenn sich Veränderungen, die in der Gruppe erarbeitet wurden und eine effizientere Arbeitsweise versprechen, durchsetzen, ist nach der Umsetzung ein effektiveres und damit auch angenehmeres Arbeiten möglich. Hierbei sollte auch immer der unternehmerische Grundgedanke eingeflochten werden: wenn sich die Abteilung besser aufstellen kann, dient dies letztlich auch der kostengünstigeren Arbeitsweise und damit der Sicherung des Arbeitsplatzes der Akteure.

Zu diesem Zeitpunkt der Folgeprozesse kann ein häufig beobachtetes Phänomen eintreten: die Maßnahmenumsetzung tritt im Bewusstsein der Akteure neben dem Tagesgeschäft in den Hintergrund. Führungskräfte und Mitarbeiter stehen unter einem enormen zeitlichen Druck. Es gibt vor allem die wichtigen wirtschaftlichen Kennzahlen und Rahmendaten aus den Zielvorgaben, deren Erreichung gesichert sein muss. Dazu kommt als zusätzlicher Arbeitsaufwand die nachhaltige Bearbeitung einer Mitarbeiterbefragung, die zum operativen Geschäft zunächst einmal gar nichts beiträgt, sondern sogar im Gegenteil zunächst eine Verschwendung produktiver Zeit darstellen kann. Zur Behebung dieses Dilemmas gibt es Überlegungen, den TRI*M-Index ebenfalls in die Zielvereinbarungen der Führungskräfte aufzunehmen.[230] Dabei würde dann analog zu den anderen Kennziffern ein Zielkorridor mit dem Vorgesetzten vereinbart, bei dessen erreichen (zum Beispiel TRI*M-Index zwischen 70 und 80) eine Sonderzahlung vereinbart wird. Die Aufnahme des TRI*M-Index in die Zielvereinbarung ist jedoch nicht unumstritten. Zum einen dominieren in der betrieblichen Praxis ganz andere Kennziffern das Tagesgeschäft: im Vertrieb vor Verkaufszahlen, Margen, Roh-

---

[230] Bislang ist dies nur bei den Führungskräften der Hierarchieebene E 2, der Ebene des Niederlassungsleiters, der Fall.

überschüsse und Kunden-Sensor-Index (KSI).[231] Außerdem besteht bei der monetären Entlohnung für gute TRI*M-Werte auch die Gefahr, dass sich Führungskräfte, die durch Leistungsanforderungen zwar gute betriebswirtschaftliche Kennzahlen erreichen, sich aber durch den aufgebauten Druck eher unbeliebt machen, in einer Zwickmühle befinden.

Die Führungskraft ist die zentrale Schnittstelle, denn die Macht zur Umsetzung von Veränderungen kann nur von ihr ausgehen. Sie ist verbindlich in der Pflicht und muss Veränderungen „Top-down" initiieren, einfordern und „treiben". Gleichzeitig darf jedoch nicht vergessen werden, dass im Gegenzug das „bottom up" berücksichtigt wird: Das Rückversichern bei den Mitarbeitern, dass man sich auf dem richtigen Weg befindet und beispielsweise bei der Optimierung von Prozessen auch wirklich eine Verbesserung erreicht. Das Change Management trifft dabei auf Herausforderungen, die das normale Tagesgeschäft weit übersteigen. Außerdem wird oft außer Acht gelassen, dass auch die Führungskräfte nicht für jede Veränderungs- und Verbesserungsidee die Motivation haben, diese umzusetzen. Die fehlende Motivation zur Umsetzung kann auch aus den Veränderungsbarrieren resultieren, die die beteiligten Akteure errichten.

4.2.4 Die Angst vor Veränderung

Bei Veränderungen hat jeder Akteur Angst davor, dass sich nach der Veränderung wichtige Privilegien, die er sich in der vorherigen Situation erarbeitet hat, nicht mehr gelten und er sich diese erst wieder neu erkämpfen muss. Diese Verlustaversion, also die Angst vor Verlust der Kontrolle über spezifische Ungewissheitszonen, können Veränderungsvorhaben entscheidend lähmen. Nach FRIEDBERG gibt es aus der Perspektive der Handlungsorientierung ein Bestreben jedes Akteurs, die Kontrolle über die jeweils spezifische Ungewissheitszone zu sichern. Eine Ungewissheitszone ist dabei zum Beispiel der direkte Kundenkontakt eines Verkäufers. Der Vorgesetzte des Verkäufers ist darauf angewiesen, dass dieser die Kunden mit Wertschätzung behandelt. Der Verkäufer kann sich darauf berufen, dass er diese Ungewissheitszone kontrolliert: er hat den persönlichen Kontakt mit dem Kunden und handelt mit ihm auch das Geschäft aus. In diesem Beispiel hat der Vorgesetzte lediglich eine Kontrollfunktion: er

---

[231] Beim KSI handelt es sich um eine Kennzahl, die von einem externen Institut durchgeführt wird. Sie wird über die Befragung von Kunden ermittelt, die ein Auto in der Niederlassung gekauft haben. Dabei wird deren Zufriedenheit mit den Prozessen des Autokaufs (Beratung, Verkauf, Betreuung) abgefragt. Die Kennzahl ist insofern wichtig, als eine signifikante Veränderung direkte Auswirkungen auf die Verkaufsmargen hat. Eine Verschlechterung des KSI wirkt sich auf die Konditionen beim Erwerb von Fahrzeugen durch die Niederlassung beim Großhändler aus. Dadurch sinkt die Rentabilität der Verkaufsabschlüsse und damit in letzter Konsequenz auch die Wirtschaftlichkeit der Organisationseinheit. Eine weitere Kennzahl ist der Deales Satisfaction Index (DSI), für den die Händlerzufriedenheit in jährlichem Rhythmus von der Forschungsstelle Automobilwirtschaft (FAW) Bamberg herausgegeben wird, vgl. http://www.faw-bamberg.de/html/dsi2006.htm, besucht am 13.03.2007). Demnach stagniert die Stimmung unter den deutschen Händlern weiterhin auf niedrigem Niveau. Der DSI hat jedoch keine Auswirkungen auf die Margen der einzelnen Händler.

überprüft zum einen, dass der Verkäufer genügend Geschäfte tätigt, zum anderen kontrolliert er die Qualität des Geschäfts, die sich vor allem in der Marge, also dem in diesem Geschäft erzeugten Verkaufserlös, niederschlägt.

Wenn Veränderungen anstehen, ist die subjektiv empfundene Kontrolle sehr wichtig dafür, wie Mitarbeiter Veränderungen wahrnehmen und bewältigen.[232] Deshalb sollten die Akteure die Möglichkeit bekommen, sich an den Entscheidungen, die zu der jeweiligen Veränderung führen, aktiv beteiligen zu können. Die Veränderungsunternehmer müssen sich darüber im Klaren sein, dass jede Veränderung Gewinner und Verlierer produziert. Vor allem von den Verlierern geht eine große Gefahr aus: sie können die Veränderungen behindern oder sogar sabotieren, wenn sie das Gefühl haben, ungerecht behandelt worden zu sein. Diese Tatsache offenbart ein Dilemma, in dem sich die Koalition des Wandels befindet: Sie kann es nicht allen beteiligten Akteuren recht machen und sollte dies auch gar nicht versuchen. Ein Ausweg aus dieser Situation kann es sein, dass ein besonderes Augenmerk vor allem auf diejenigen Akteure gelegt wird, die durch Veränderungen Einbußen in der Kontrolle über ihre Ungewissheitszonen hinnehmen müssen.

4.2.5 Rückfall in alte Gewohnheiten

Der Wandel von Strukturen und Prozessen kann sehr zäh sein und es besteht die Gefahr, dass sich die Akteure in der Organisation Mittel und Wege verschaffen, auf informellem Weg die Veränderungen rückgängig zu machen beziehungsweise die neuen Prozesse derart abzuwandeln, dass es ihren Interessen wieder wie vor der Veränderung entspricht. Wir haben bereits gesehen, dass aus diesem Grund die Veränderungsstrategie darauf abzielen muss, sowohl das Handeln der Mitarbeiter als auch die Strukturen in der Organisation zu verändern. Der Strategischen Organisationsanalyse zufolge muss bei Veränderungen ein paralleles, aufeinander abgestimmtes Vorgehen zur Veränderung von Strukturen und Verhaltensweisen gewählt werden.[233] Die demnach zu bearbeitenden zwei Dimensionen sind zum einen das Handeln der Akteure sowie zum anderen die Strukturen der Organisation.

Die Akteure sollten durch Vermittlung von Sinn, persönlicher Weiterbildung und Wahrung der Sicherheit des Beschäftigungsverhältnisses mit in die Koalition des Wandels aufgenommen werden. Sinn meint dabei: warum diese Veränderung, was kommt „hinten dabei heraus“? Dabei spielen die Bereiche Wettbewerbsfähigkeit und Kundenorientierung eine wichtige Rolle. Weiterbildung bedeutet: bedenken ernst nehmen, die Mitarbeiter durch Schulungen auf die geänderten Arbeitsbedingungen

[232] Vgl. Genzwürker 2006.
[233] Crozier/Friedberg1979, 262 f.

einstellen, dadurch ein „job enrichment“, also eine Bereicherung des Arbeitsinhaltes herzustellen, um Motivation herbeizuführen. Sicherheit des Beschäftigungsverhältnisses schließlich soll vermittelt werden, indem klar gemacht wird, dass die prinzipielle Anstellung auch bei umfassenderen Restrukturierungen nicht infrage gestellt ist. Dies schafft Vertrauen und die Führungskraft kann auf die Unterstützung durch die Mitarbeiter hoffen.

Ein heikler Punkt kann es sein, wenn ein Abteilungsleiter durch eine neue Führungskraft ersetzt wird. Hierbei müssen für das Ziel einer erfolgreichen Organisationsentwicklung bei der Übergabe auch alle Informationen hinsichtlich der Folgeprozesse der MAB weitergegeben werden. Bei einem Wechsel der Führungskraft zeigt sich, ob und in welchem Grad es die Organisation schafft, eine Institutionalisierung der Folgeprozesse zu realisieren. SCHIRMER schlägt hierfür die Schaffung eines so genannten *inner circle* vor, der stabil bleiben muss, die Veränderungen vorantreibt und im jeweils spezifischen Handlungsfeld aktiv ist. Dadurch erfolgt die Rückbindung an die konkreten Akteure in einer Organisation. Der Veränderungsunternehmer kann als Leitbild fungieren, der inner circle besteht aus der jeweiligen Abteilung und dem Projektteam, das in unserem Fall die Folgeprozesse der MAB methodisch sichert. Der Wandel ist Aufgabe der Führungskraft, die Verantwortung der Folgeprozesse einer MAB muss in der hierarchischen Struktur eingebettet bleiben. In den Abteilungen muss sich also eine stabile Koalition des Wandels mit dem inner circle so weit auf eine Abarbeitung der Maßnahmen einigen, dass ein Wechsel an der Spitze und die darauf folgenden Macht- und Verteilungskämpfe die Folgeprozesse nicht in den Hintergrund drängen. Ebenso ist denkbar, dass neu eingetretene Mitarbeiter über den Stand der Folgeprozesse bei Eintritt in die Organisation umfassend informiert werden. Hierbei ist zum Beispiel im Zuge einer übernommenen Patenschaft denkbar, dass diese Punkte mit in die zu kommunizierenden Informationen aufgenommen werden.

Zusammenfassend lässt sich festhalten, dass für die konsequente Umsetzung von Maßnahmen eine stabile Koalition des Wandels benötigt wird, die als wichtigster Taktgeber der Umsetzung von Maßnahmen fungiert. Diese Koalition ist - analog dem Veränderungsunternehmer - nicht in einer Person oder einer Personengruppe vereint, sondern *virtuell*: Sie besteht aus den Auftragsgebern des Wandels, zum Beispiel der Geschäftsleitung oder einem höhergestellten Abteilungsleiter, den Experten des Wandels, zum Beispiel einer internen oder externen Beratung, den Abteilungsleitern und den Mitarbeitern der jeweiligen Abteilung. Die Virtualität der Koalition des Wandels bringt zum Ausdruck, dass die Akteure in der Koalition durchaus wechseln können, die Leitbilder und grundlegenden Ziele des Wandel-Vorhabens jedoch darüber nicht verblassen dürfen.

4.3 Hierarchieebene und Wandel

Je nach Verantwortungsbereich und Hierarchieebene bestehen ganz unterschiedliche Anforderungen, die das Management von Wandel stellt. Damit wir uns ein genaueres Bild davon machen können, welche Herausforderungen auf den jeweiligen Hierarchieebenen bestehen, werden exemplarisch die einzelnen Stufen herausgestellt. Dabei soll nicht der Anspruch auf die Möglichkeit einer Verallgemeinerung erhoben werden. Die Tendenzen der jeweiligen Situation werden uns allerdings für die spezifischen Kontexte der Akteure mehr Verständnis liefern. Ziel sind weitere Antworten auf die Frage, warum Wandel oft nur schwer gegen Widerstände durchsetzbar ist. Die Informationen für diesen Teil stammen aus den Leitfadeninterviews, die mit Vertretern der jeweiligen Hierarchieebene in der Niederlassung geführt wurden. Die Auswertung dieser Daten wird uns dabei helfen, die verschiedenen Positionen im Unternehmen aus der jeweiligen Perspektive zu betrachten, um Reibungspunkte, aber auch Gemeinsamkeiten erkennbar zu machen. Durch die Interviews werden qualitative (Interviews) und quantitative (Mitarbeiterbefragung) Daten systematisch aufeinander bezogen. Bei der Erstellung des Leitfadens für die Interviews und bei den Interviews selbst fanden die Prinzipien von Pierre Bourdieu Anwendung.[234] Diese verlangen, dass der Interviewer versucht, seinem Untersuchungsgegenstand gerecht zu werden. Dabei soll die Person auf natürliche Weise in ihrer Erzählung fortfahren. Der Einfluss und die Sichtweisen des Interviewers werden dadurch möglichst gering gehalten.[235]

Für eine differenzierte Betrachtung der Ergebnisse wurden die Mitarbeiter in zwei Gruppen eingeteilt. Die beiden Gruppen Führende und Geführte wurden unter Berücksichtigung der genannten Voraussetzungen befragt, wobei nicht vergessen werden darf, dass auch die oberste Führungsebene der Niederlassung gegenüber der Vertriebszentrale wiederum, wenn auch lokal distanziert, Geführte sind. Eine besondere Rolle nimmt der Betriebsrat ein, der sich als Arbeitnehmer-Vertreter positioniert. Die Arbeitnehmer-Vertretung hat die MAB als Instrument mit eingeführt. Mit der Durchführung ist die Arbeitnehmervertretung auch generell zufrieden, denn es wird ja immer wieder ein Spiegel vorgehalten. Allerdings problematisch gesehen wird der Umgang mit den Ergebnissen aus der MAB. Die Konsequenzen, die sich hieraus für die Folgeprozesse von MAB ergeben, sind zu klären. Die Einteilung der Gruppen in Führende

---

[234] Vgl. Bourdieu 1997, 779-822.

[235] Die Interviews wurden in der Niederlassung Freiburg nach Abstimmung mit dem Betriebsrat anonym und unter Vereinbarung der Geheimhaltung durchgeführt.

und Geführte lässt sich in Abbildung 43 erkennen. Wir sehen, dass die mittlere und untere Managementebene sowohl von Führenden als auch Geführten gebildet wird.[236]

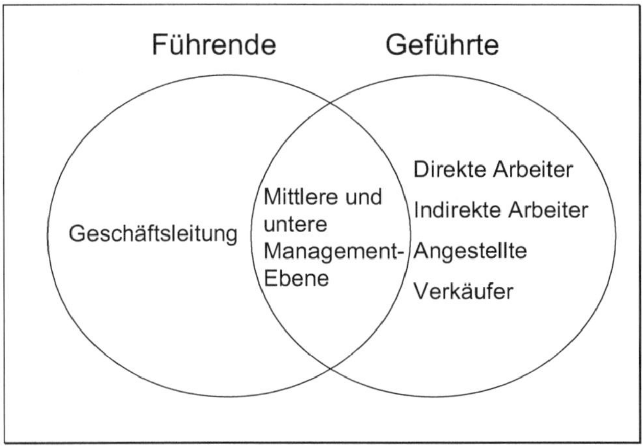

Abbildung 44

4.3.1 Geschäftsleitung und mittleres Management

Die Geschäftsleitung führt das mittlere Management und ist verantwortlich für alle Ergebnisse in der Niederlassung. Diese berichten sie in die Vertriebszentrale. Somit werden sie auch an den Ergebnissen der MAB gemessen und alle Unterergebnisse aus den einzelnen Bereichen fließen in ihr Gruppenergebnis ein. Hinsichtlich der MAB und der Folgeprozesse stehen Geschäftsleitung und mittleres Management in einem Dilemma: Einerseits sind sie an guten TRI*M-Werten interessiert, weil sie an diesen Werten gemessen werden. Andererseits sind diese Werte, wie wir bereits sehen konnten, stark von konzernweiten Entwicklungen abhängig, der die Erfolge der lokalen Folgeprozesse überstrahlen kann.

Die TRI*M-Werte spielen keine Rolle bei der Wirtschaftlichkeit der Niederlassung und wirken sich auch nicht auf variable Bestandteile der Vergütung aus. Auch in der Zielvereinbarung, die jedes Jahr für bestimmte Eckdaten einer Abteilung und deren Erreichungsgrade abgeschlossen werden, ist der TRI*M-Index nicht enthalten. Die

[236] Selbstverständlich ist auch die Geschäftsleitung, in unserem Fall die Niederlassungsleitung, von oben geführt und hat sich gegenüber Vorgesetzten zu verantworten. Die nächsthöhere Führungskraft ist allerdings räumlich weiter entfernt, der Gestaltungsspielraum als Leiter eines profit centers ist relativ groß und die Folgeprozesse sind nicht von der Vertriebszentrale vorgegeben. Aus diesen Gründen kann ein Niederlassungsleiter bei den Folgeprozessen nahezu autonom agieren. Für die Untersuchung der lokalen Gegebenheiten und des Handlungsfeldes vor Ort wollen wir die Geführten-Situation des Niederlassungsleiters für unsere weiteren Untersuchungen ausblenden.

„harten“ Kennzahlen wie Verkaufszahlen, Return on Investment (ROI) oder Kunden-Sensor-Index spielen eine viel größere Rolle. Deshalb haben die Geschäftsleitung und das mittlere Management nur wenig primäre Interessen daran, sich für die Verbesserung des TRI*M-Index einzusetzen. Dennoch ist dieser Wert für sie eine wichtige Orientierungsmarke: So werden beispielsweise bei der Besetzung neuer Stellen zur Bewertung des Potenzials der Führungskraft auch die TRI*M-Werte herangezogen. Auch wenn die Vergleichbarkeit zwischen verschiedenen Bereichen und auch mit anderen Niederlassungen nur sehr eingeschränkt möglich ist, da sich andere Kontextfaktoren (zum Beispiel die Wirtschaftlichkeit oder die Zusammenstellung der Belegschaft) auf die Werte auswirken.

Geschäftsleitung und mittleres Management haben hinsichtlich der Folgeprozesse die subjektive Wahrnehmung, dass die einzelnen Abteilungen und auch ihr Bereich sich aktiv und intensiv um die Umsetzung der Verbesserungen gekümmert haben. Dennoch ist von den Mitarbeitern im Anschluss dann oft zu hören, dass sich „doch wieder nichts getan“ hat, oder dass die Verbesserungen „nicht nachhaltig genug“ weiterverfolgt wurden. Hier wird vor allem kritisiert, dass die Mitarbeiter die Veränderungen schon sehr schnell als gegeben aufnehmen. Der Status Quo wird neu festgelegt und von diesem neuen Standard aus dann wieder verglichen, was noch alles nicht gut ist. Das vermittelt den Führungskräften, dass sie trotz ihrer Bemühungen nicht an den Punkt gelangen, an dem Verbesserungen wahrgenommen und auch anerkannt werden. Hier ist zu bedenken, dass bereits die Durchführung der MAB von der Zentrale bestimmt wird und demnach nicht im Auftrag der Geschäftsleitung vor Ort geschieht. Diese Feststellung klingt banal, ist aber von entscheidender Bedeutung hinsichtlich des Commitments der Führungskräfte gegenüber dem Ergebnis der MAB und der Folgeprozesse. Denn die Führungskräfte werden durch die MAB von zwei Seiten unter Druck gesetzt: Zum einen zeigen die Ergebnisse der Befragung, wie das Führungsverhältnis zu den Mitarbeitern aussieht und wie die Mitarbeiter die Führungskraft beurteilen. Zum anderen erwarten die Mitarbeiter in den Folgeprozessen der MAB eine Verbesserung der Arbeitsumgebung und –Organisation, da sie ja in der MAB und den Präsentations-Workshops ihr Expertenwissen weitergegeben haben.

Die Geschäftsleitung und das mittlere Management müssen sich dieser Probleme bewusst sein, um strukturierte und erfolgreiche Folgeprozesse implementieren zu können. Dabei ist wesentlich, dass:

- Die Verantwortung für die Folgeprozesse bei der jeweiligen Führungskraft bleibt und nicht delegiert wird

- Die Führungskraft glaubwürdig bleibt, indem sie eine überschaubare Zahl von Zielen vorgibt, die realistisch und erreichbar sind
- Die Führungskraft sich eine stabile Koalition des Wandels schaffen kann, in der sich Projektleiter, Teamleiter und Führungskraft als Veränderungsunternehmer positionieren können
- Die Mitarbeiter aufgeklärt werden über den Sinn der Veränderungen: sie werden als mündige Bürger behandelt und im Gegenzug wird von ihnen auch ein solches Verhalten verlangt
- Die Mitarbeiter echte Möglichkeiten zur Partizipation bekommen, indem sie die Entscheidungen mitgestalten
- Die Verlustaversion aller Akteure berücksichtigt wird: die Veränderungsunternehmer müssen sich permanent fragen, wer durch die Veränderung was verliert und wie dieses kompensiert werden kann
- Sich die Führungskraft auf die Umsetzung der Vereinbarungen festlegt und sich auch daran messen lässt
- Meilensteine definiert werden, damit auch bei größeren Veränderungen der Bearbeitungsstand dokumentiert werden kann
- Quick Wins realisiert werden: die Führungskraft kann sich Legitimation verschaffen, in dem sie einige wenige, schnell und effektiv umzusetzende Maßnahmen zeitnah realisiert, das schafft Vertrauen bei den Mitarbeitern
- Die Führungskraft nicht nachlässt in der Kommunikation der Verbesserungen. Hierzu eignen sich regelmäßige Teamgespräche, in denen auch offen über die Vorzüge und Nachteile der Veränderungen gesprochen werden sollte

Wir sehen also, dass die Herausforderungen an die Führung den Wandel betreffend komplex und vielfältig sind. Deshalb sei an dieser Stelle gewarnt vor vorschnellem Aktionismus und großen Versprechungen: sie münden in überhöhte Erwartungen, die Gefahr laufen nicht erfüllt zu werden und damit Enttäuschung hervorrufen. Besser scheint uns geeignet, wenn sich die Führungskraft auf realistische und sinnvolle Ziele festlegt, diese mit den Mitarbeitern abstimmt und mit dem unbedingten Willen zur Umsetzung angeht.

4.3.2 Unteres Management

Das untere Management ist in einer gesonderten Sandwich-Position. Zum einen ist es verantwortlich für die Kennzahlen seines Teams sowie der Organisation der Auslastung der Arbeiten im Team. Zum anderen berichten die Führungskräfte des unteren Managements wiederum an ihre Vorgesetzten und ist ihnen Rechenschaft schuldig. Die Akteure in dieser Hierarchieebene zeichnen sich durch ein Verantwortungsbewusstsein aus, aber auch durch eine gewisse Gleichgültigkeit: Viele Prozesse und Strukturen werden von oben vorgegeben und sind damit nur schwer beeinflussbar. So ist beispielsweise im Service-Bereich die Ausgestaltung der Entlohnungsformen der Teammeister und Monteure von der Zentrale vorgegeben. Sie arbeiten im Leistungslohn, das heißt, dass ein Bestandteil ihrer monatlichen Vergütung direkt gekoppelt ist mit der tatsächlich in diesem Monat erbrachten Arbeitsleistung.[237] Diese Lohnform hat einen großen Einfluss auf die Denk- und Arbeitsweise der Akteure hat, die sich in erster Linie auf die Erreichung der Leistungsvorgaben im jeweiligen Monat konzentrieren. Veränderungsvorhaben sind hier nicht leicht zu initiieren, da die für diese verwendete Arbeitszeit „unproduktiv", das heißt nicht im Leistungslohn, erbracht wird.

Das untere Management wird charakterisiert durch ein enges Verhältnis zu den Mitarbeitern in ihrem Team. Die unteren Führungskräfte sind also zum einen Leiter ihrer Gruppe und sie werden von den hier arbeitenden Mitarbeitern daran gemessen, wie sie sich ihren Vorgesetzten und der gesamten Organisation gegenüber hinsichtlich der Vertretung der Interessen des Teams positionieren können. Gleichzeitig sind die Akteure im unteren Management zu einem hohen Grade fremdbestimmt und in relativ engem Kontakt zu ihren Vorgesetzten. Oft verfügen Führungskräfte des mittleren Managements zusätzlich über viel Kundenkontakt. Sie sind das Relais zur Außenwelt der Organisation, zum Kunden. So sind beispielsweise die Teammeister im Service-Bereich damit beauftragt, mit den Kunden an den Fahrzeugen den Umfang der Reparaturen festzulegen und die Reparatur-Aufträge zu schreiben, sie kontrollieren also die Ungewissheitszone Service-Kunden-Annahme. Der Teammeister verfügt dahingehend über Einfluss, dass er die Aufträge schreibt und die Arbeit dann an die Monteure weitergibt. Darüber hinaus vermittelt er zwischen dem Kunden und dem Unternehmen. Er stellt den Kundenkontakt her und ist erster Ansprechpartner bei Wartungen, Reparaturen und Garantieleistungen.

Die Arbeitsbelastung in diesem Bereich ist enorm und viele Führungskräfte des unteren Managements waren mit den Folgeprozessen der MAB überfordert. Hinzu kommen eine geringe Methodenkenntnis und eine Abneigung gegenüber „schon wieder

[237] Genauer siehe unter 4.3.4.

einem Projekt", das durchgeführt wird. Hier sollte durch Schulungen und Aufklärung der Sinn und Zweck von MAB besser vermittelt werden, um die Führungskräfte in die Koalition des Wandels zu integrieren.

4.3.3 Verkäufer

Als eine besondere Form der Mitarbeiter in den Niederlassungen stellt sich die Gruppe der Verkäufer dar. Sie sind in erster Linie sich selbst der Vorgesetzte, da sie sich um die Aufträge eigenständig kümmern müssen, ihre Entlohnung variabel ist und mit der Anzahl der Aufträge steigt. Sie sind also keine Führungskräfte, sondern Verkäufer, die wiederum ihrem Vorgesetzten, dem Verkaufsleiter, berichten. Sie sind ein wichtiges Relais zwischen Organisation und Umwelt, denn sie sind die Ansprechpersonen für die Kunden. Sie führen die Verkaufsgespräche und gehen auch persönliche Beziehungen mit den Kunden ein. Der jeweilige Kundenstamm bezieht sich auf die Personen und macht das Unternehmen abhängig von den Verkäufern. Diese wissen, welch wichtige Ungewissheitszonen sie kontrollieren: für eine Niederlassung ist das Verkaufen von Autos – neben dem Service, also den Reparaturen an den Fahrzeugen – das Kerngeschäft. Ein erfolgreicher Verkäufer hat also viel Macht im Unternehmen. Gleichzeitig sind die Verkäufer in den Niederlassungen auch Einzelkämpfer, die unter enormem Druck stehen. Sie kooperieren mit der Wagenauslieferung und auch mit dem Service- und Ersatzteilbereich. Gleichzeitig geben sie die Bestellungen auf und kommunizieren mit den Werken über die richtige Zusammenstellung der Kundenwünsche. Wenn hier Fehler auftreten, ist der Kunde nicht optimal zufrieden gestellt und das Geschäft sowie eventuelle Folgegeschäfte sind in Gefahr.

Die Folgeprozesse einer MAB stellen – so hat sich gezeigt – für die Verkäufer vor allem die Möglichkeit dar, ihre politischen Forderungen zu lancieren. Sie sind im Alltag Einzelkämpfer, die mit den Kunden direkt verhandeln und damit eine für die Niederlassung bedeutende Ungewissheitszone beherrschen. In den Workshops der MAB wurden in erster Linie Kooperationsschwierigkeiten mit den Abteilungen Wagenauslieferung sowie dem Servicebereich genannt und diese im Anschluss bearbeitet. Allerdings hat sich gezeigt, dass durch die hohe Autonomie der Akteure im Verkauf eine gemeinsame Abarbeitung von Maßnahmen schwierig war.

4.3.4 „Direkte" Arbeiter und „indirekte" Arbeiter

Die Arbeiter in der Niederlassung sind eingeteilt in zwei Gruppen: die so genannten „direkten" Arbeiter, die im Leistungslohn arbeiten und die „indirekten" Arbeiter, die mit einem Fixgehalt bezahlt werden. Leistungslohn bedeutet, dass sie monatlich eine gewisse Leistung – in Form von abgeleisteten Reparatur-Einheiten – vollbringen müssen, um das volle Gehalt beziehungsweise bei Übertreffen auch eine Zusatzzahlung zu erhalten. Die direkten Arbeiter sind somit an einer effektiven und rationalen Arbeitsweise interessiert. Die Monteure kontrollieren ihrerseits die Ungewissheitszone Auto, sie führen die Reparaturen durch. Gleichzeitig gibt es aber vor allem in diesem Bereich starke Reglementierungen aus den Zentralbereichen: viele Ersatzteil- und Garantieabwicklungen sind sehr komplex gehalten und behindern mit dem dadurch erzeugen Verwaltungsaufwand die Arbeiter in ihrer Produktivität. Das macht sie unzufrieden. Eine MAB trifft auf diese Gemengelage an Interessen und Vorgaben und es wird deutlich, was im Bereich direkter Arbeiter eine MAB kann beziehungsweise was sie nicht kann und welche Vorgaben daraus resultieren. Die Befragung der Mitarbeiter bezieht sich in deren Wahrnehmung in erster Linie auf die direkte Arbeitsumgebung. In den Verbesserungs-Workshops wurde dies darin deutlich, dass sich die Monteure vor allem in Bezug auf die Verbesserung der Situation der technischen Ausrüstung (Werkzeuge, Arbeitsplatzgestaltung) sowie auf die Team-Kommunikation konzentrierten. Hier wurden viele Verbesserungen angefordert und die jeweiligen Teamleiter konnten wichtige Informationen daraus gewinnen.

Die Gruppe der „indirekten" Arbeiter sind vor allem im Ersatzteil-Bereich tätig, sie beliefern die Monteure in der Werkstatt mit den notwendigen Ersatzteilen. Diese Akteure haben verstärkt den Eindruck, das „fünfte Rad am Wagen" zu sein. Sie werden meist für alle Verzögerungen und Störungen im Ablauf der Werkstatt-Prozesse verantwortlich gemacht. Aus diesem Grund wurde nach der MAB 2004 in diesem Bereich ein Projekt zur Steigerung von Effizienz und Prozesssicherheit durchgeführt: Weiterentwicklung Logistik-Prozess (WLP). Dieses Projekt wird von Experten aus der Vertriebszentrale in Berlin für die Niederlassungen angeboten. Im Zuge dieses Projektes wurden umfangreiche Reorganisationen eingeleitet, die sich im Sinne der Philosophie des Kontinuierlichen Verbesserungsprozesses (KVP) bei Workshops des Wissens und den Vorstellungen der Beteiligten bedienen sollten. Dabei wurde zum Beispiel roulierendes System für den Einsatz der Mitarbeiter entwickelt, diese werden nun in einem festgelegten Turnus an den verschiedenen Stationen im Ersatzteil-Bereich eingesetzt, um eine optimale Allokation der Arbeitskraft sowie einen Wissenstransfer zwischen den einzelnen Teilbereichen zu sichern. Dieser Wandel war also tief greifend und hat sich direkt auf das Handeln der Akteure ausgewirkt. Auffallend im MAB-Ergebnis ist, dass sich der TRI*M-Index stark verschlechtert hat. Er kam in 2004 mit 26 bereits von einem schwachen Niveau, die TRI*M-Kennziffer verschlechterte sich allerdings nochmals um zehn Punkte auf 16. Dies ist umso signifikanter, als sich der TRI*M-Index im Service-Bereich allgemein von 50 auf 53 erhöht hat. Während also alle Mitarbeiter im Service-Bereich sogar über ein etwas gestiegenes Mitarbeitercommitment gegenüber der Organisationseinheit verfügen, ist im Ersatzteile-Bereich das Commitment um zehn Punkte gesunken. Die Veränderungen in diesem Bereich haben sich also negativ auf das Commitment der Mitarbeiter ausgewirkt, die Maßnahmen scheinen die Interessen der Mitarbeiter nicht genügend berücksichtigt zu haben.

4.3.5 Angestellte in der Verwaltung

Zu den Angestellten in der Verwaltung zählen Sachbearbeiter und Sekretärinnen. Die verbesserte Regelkommunikation in diesem Bereich hat dazu geführt, dass sich die Mitarbeiter besser informiert fühlen. Nach wie vor kritisieren sie die Informationspolitik hinsichtlich sensibler Personalthemen, die teilweise Tage vor der offiziellen Bekanntgabe bereits die Runde machen. Oft wird von dieser Gruppe auch kritisiert, dass bei Entscheidungen, die das direkte Arbeitsumfeld betreffen, die Führungskräfte zu wenig Expertenrat bei den Mitarbeitern einholen. Angestellte in der Verwaltung haben sich prinzipiell nach den Vorgaben der Vorgesetzten zu richten, können aber auch, je nach Ausgestaltung des Arbeitsumfelds, Freiräume nutzen: sie müssen zwar bestimmte Arbeiten zur Zufriedenheit der Empfänger erledigen und müssen sich auch an Vorschriften zum Beispiel für die Revisionssicherheit der Aktenablage kümmern. Gleichzeitig entscheidet aber die Art der Tätigkeit über ihre Freiräume. Hier lässt sich argumentieren, dass Standardisierungen auch in der Verwaltung, zum Beispiel die Einführung von konzernweit einheitlicher Software, den Gestaltungsspielraum einengen und gleichzeitig auch erweitern: Der Mitarbeiter muss sicherstellen, dass alle Eingaben fristgerecht und korrekt eingegeben sind. Wie und wann er diese Arbeiten genau erledigt, bleibt aber seiner freien Entscheidung überlassen, so lange er die Termine einhält. Gleichzeitig machten sich auch hier in den letzten zwei Jahren die strengen Auflagen zum Personalabbau in den Verwaltungsbereichen bemerkbar, der zu einer spürbaren Arbeitsverdichtung geführt hat. Diese Mehrarbeit, die auf weniger Akteure übertragen wird, gepaart mit einer subjektiv empfundenen Unsicherheit des Arbeitsplatzes durch Zentralisierungen von Verwaltungsaufgaben sorgt für den Trend hin zu einem Gefühl der Nutzlosigkeit.

Zusammenfassend lässt sich festhalten, dass sich Geschäftsleitung und mittleres Management hinsichtlich der Folgeprozesse einer MAB an selbst festgelegten Zielen messen lassen. Diese Ziele sind allerdings aufgrund fehlender Integration in die Zielvereinbarungsverhandlungen von eher unverbindlicher Natur. In den einzelnen Abteilungen wurden die Ergebnisse und Konsequenzen aus der MAB 2004 heterogen nachbetreut. Wir haben gesehen, dass wir hinsichtlich der Folgeprozesse von einem *dezentralen Organisationsaufbau* ausgehen können: Die einzelnen Niederlassungen führen als Profit Center die Folgeprozesse eigenverantwortlich durch. Das sorgt für einen heterogenen Bearbeitungsmodus, jede Niederlassung hat eine eigene Annäherung an die Bearbeitung der Folgeprozesse. Welche Herangehensweise die Beste ist, konnte in dieser Untersuchung nicht ermittelt werden. Da die Befragung von der Zentrale in Berlin angeordnet wird, ist sie in den Niederlassungen weder von der Geschäftsleitung veranlasst noch inhaltlich ausgestaltet worden. Dennoch kann eine MAB ein wichtiges Instrument sein, damit die Abteilungen in regelmäßigen Abständen zusammenkommen, um sich auf der Meta-Ebene über Prozess- und Strukturverbesserungen und damit über Organisationsentwicklung Gedanken zu machen. Die Folgeprozesse sollten dabei zielgerichtet, glaubwürdig und überschaubar gehalten werden. Denn alle Hierarchieebenen haben schnell ein Gefühl der Überforderung, wodurch die Gefahr besteht, dass die Akteure die Folgeprozesse nicht mehr angehen.

Eine Unterstützung der Abteilungsleiter mit Methoden des Change- und Projektmanagements durch einen Beauftragten der Geschäftsleitung für die Folgeprozesse ist sinnvoll. Der Verantwortliche für die Folgeprozesse kann als neutraler Moderator die MAB-Ergebnisse vorstellen und die Führungskräfte methodisch unterstützen bei der Planung und Umsetzung der Folgeprozesse. Die Verantwortung für die Umsetzung der Verbesserungen ist damit aber nicht in Frage gestellt und bleibt bei den Abteilungsleitern. Diese Anmerkung ist wichtig, da sich Führungskräfte teilweise darauf auszuruhen scheinen, dass es ja einen Verantwortlichen für die Folgeprozesse gibt, der sich um die Realisierung der Maßnahmen kümmert.

4.4 Nachhaltigkeit: Kontrollinstrumente der Umsetzung

Bevor wir zu den Kontrollinstrumenten der Umsetzung kommen, sei nochmals die Notwendigkeit betont, dass die Führungskräfte sich dazu verpflichtet fühlen, die Umsetzung der Maßnahmen voranzutreiben. Die technischen Voraussetzungen einer Umsetzungskontrolle sind nicht viel wert, wenn sich die Akteure in ihrem Handeln nicht an diesen Kontrollinstrumenten orientieren und mit ihnen arbeiten. Die Kontrolle der Umsetzung muss „Top-down" erfolgen. Die Führungskraft muss also die Nachhaltigkeit der vereinbarten Maßnahmen fortlaufend überprüfen. Nur wenn sie sich zu den Ergebnissen und Umsetzungen verpflichtet fühlt, können die Maßnahmen auch effektiv realisiert werden. Der Moderator und der Beauftragte für die Folgeprozesse unternimmt hier permanent eine Gratwanderung zwischen Präsentation und therapeutischem Einsatz, ist aber nicht verantwortlich für die Umsetzung. Die Führungskraft kann dem mit den Folgeprozessen beauftragten Projektleiter mit der Umsetzungskontrolle beauftragen, dies hat den Vorteil, dass ein Außenstehender die Umsetzung der Maßnahmen bei den Akteuren erfragt und dokumentiert. Bei regelmäßigen Besprechungen – zum Beispiel im Zuge der Teamgespräche – wird der Umsetzungsstand präsentiert und diskutiert. Ein professioneller Umgang mit Feedback besteht auch darin, dass ein nächster Termin festgelegt wird, um zu überprüfen, wie der Stand der Umset-

zung sich zum gegebenen Zeitpunkt darstellen lässt. Bei umfassenderen Maßnahmen (zum Beispiel bauliche Veränderungen, Umstrukturierung eines Bereiches) ist es sinnvoll, Meilensteine bezüglich der Erfüllung von Teilabschnitten zu setzen. Auch kann die Führungskraft ein generelles Credo voranschicken, dass bestimmte Maßnahmen zu einem festgelegten Zeitpunkt umgesetzt sein sollen. Dann muss sich die Führungskraft allerdings auch selbst daran messen lassen.
Die Priorität der nachhaltigen Umsetzung wird bestimmt durch das Commitment der Geschäftsleitung gegenüber den Folgeprozessen der MAB. Für eine effiziente Gestaltung der Folgeprozesse sollte sie deshalb gegenüber den Führungskräften klar machen, was sie von ihnen erwartet. Wir sehen an diesem Punkt, dass die Führungskraft als Teil der Koalition des Wandels eine zentrale Rolle bei der Kontrolle der Umsetzungen einnimmt. Sie muss bei laufendem Tagesgeschäft noch Reserven frei haben, um ein effektives Informations- und Kommunikationsmanagement zu garantieren. Dafür sollte sie sich einen Zeitraum reservieren, die Herausforderungen dieser Aufgabe auch ernst nehmen und darf sie nicht unterschätzen.

Die Maßnahmen sollten in eine weiterbearbeitungsfähige Datei aufgenommen werden, welche auch das Nachverfolgen und die Dokumentation der jeweiligen Aktionspläne erlauben, zum Beispiel Tabellen.
Diese Tabelle enthält links ein Feld, in dem das Handlungsfeld genannt wird, im Feld Quelle wird, wenn möglich, die Herkunft der Information über das Problem genannt, wenn dabei später Rückfragen auftauchen sollten. Dann kommt eine Benotung der Maßnahme.[238] Dabei sollte in Auditierungs-Sitzungen die Führungskraft zusammen mit ihrem Team sicherstellen, dass die Benotung objektiv erfolgt. Dies stellt einen guten Anlass dar, einerseits den Umsetzungsstand gegenüber dem Team zu dokumentieren und andererseits auch Feedback aus den Reihen der Mitarbeiter aufzunehmen. Dadurch können Maßnahmen bewertet und eventuell auch nachgesteuert werden. Dies macht deutlich, wie wichtig die Weiterbearbeitungsfähigkeit der Datei ist. Die Maßnahmen müssen bis zu einem gewissen Grad „flüssig" gehalten werden, um sie an die sich verändernden Umweltbedingungen stetig anpassen zu können. Die Felder Wer und Wann dokumentieren, wer die Umsetzung der Maßnahme verantwortet und bis wann die Maßnahme realisiert sein soll. Diese Datei sollte ein Tagesordnungspunkt bei jeder Teamsitzung sein. Der Audit-Plan dient dabei der Gesprächsführung: jede einzelne Maßnahme wird dokumentiert und hinsichtlich des Stands der Realisierung durchgesprochen.
Große Bauvorhaben, wie zum Beispiel eine Dachsanierung oder eine Modernisierung der Verkaufsräume, sollten mit einer Software zum Projektmanagement bearbeitet werden (zum Beispiel MS Project). Dieses Projekt war ein aus der MAB 2004 resultierendes Vorhaben.
Dabei lassen sich Meilensteine definieren und deren Erreichungsgrad kann dokumentiert werden. Zudem können etwaige Abhängigkeiten zwischen Maßnahmen festgehalten werden, die vor der Durchführung von Folgeabschnitten realisiert sein müssen. Das fortlaufende Kommunizieren in den einzelnen Organisationseinheiten ist sehr wichtig. Nur dadurch kann sichergestellt werden, dass die Entwicklungen der Folgeprozesse verfolgt werden können. Hiermit können die Mitarbeiter feststellen, wie sich die Maßnahmen auswirken. Und nur so erfahren die Führungskräfte auch direkt, ob die Mitarbeiter zufrieden sind, was sich ihrer Wahrnehmung nach bereits gebessert hat und was nach wie vor noch besser werden muss. Die Mitarbeiter bekommen dabei das Gefühl, dass ihre Meinung zählt und dass ihre Ideen und Anregungen ernst genommen werden. Die Leitfaden-Interviews haben uns gezeigt, dass sich Mitarbeiter, die sich in

[238] Im Schwarz-Weiß-Druck lässt sich nicht erkennen, dass die Felder neben den Noten farblich gestaltet sind: Die Noten 1 und 2 bekommen grün, die Note 3 gelb und Note 4 bis 6 die Farbe rot. Die drei Felder rechts im Bild geben nur die jeweilige Farbzuteilung an und haben ansonsten keine Bedeutung.

die Entscheidungs- und Umsetzungsprozesse eingebunden fühlten, auch positiver zu den umgesetzten Maßnahmen äußerten. Durch eine aktive Betätigung auf dieser Ebene bei den Mitarbeitern kann das Gefühl der Nutzlosigkeit abgebaut werden.
Die Niederlassung Freiburg hatte als Pilot-Niederlassung noch einen weiteren Versuch unternommen, die Maßnahmen zu dokumentieren: In jedem Bereichs-Sekretariat waren die im Zuge der Folgeprozesse aus der MAB 2004 vereinbarten Maßnahmen ausgehängt worden. Die Kontrolle der Umsetzung erfolgte durch die Nominierung eines Verantwortlichen für jede Organisationseinheit mit Maßnahmenkatalog, der die Aktualisierung der Kataloge vornahm. Dieser trat in einen Dialog mit der Führungskraft. Wenn er der Meinung war, dass eine bestimmte Verbesserungsmaßnahme bislang nicht umgesetzt wurde, so konnte auch kein Haken an die Maßnahme gemacht werden. Erst wenn die Führungskraft die Umsetzung der Maßnahmen dem verantwortlichen Abzeichner plausibel erläutern kann, wird hier die Maßnahme als abgehakt bezeichnet. Vorteil dieses Vorgehens war, dass Führungskräfte und Mitarbeiter täglich daran erinnert wurden, dass die Umsetzung dieser Maßnahmen anstehen. Gleichzeitig konnten auch die bereits abgearbeiteten Maßnahmen abgehakt und damit öffentlichkeitswirksam deren Umsetzung dokumentiert werden. Das Abhaken der Maßnahmen wurde somit auch öffentlich kontrolliert und damit legitimiert. Bei einem voll erfüllten Leistungskatalog konnte zudem in einem feierlichen Akt die Aufmerksamkeit nochmals auf die Realisierung der Maßnahmen gelenkt werden. Als Nachteile dieser Vorgehensweise haben sich herausgestellt: die veröffentlichten Maßnahmen sind sehr statisch, wenn sie einmal veröffentlicht und ausgehängt wurden, sind die ausgedruckten Maßnahmen so festgelegt. Wenn sich Kontextfaktoren ändern und damit auch Maßnahmen nachgebessert und umgeändert werden müssen, sind die Akteure, allen voran die Führungskraft, auf den ausgehängten Katalog fixiert, was die aktuelle Handhabung behindert. Hierbei ist man flexibler, wenn man sich auf eine elektronische Auditierungs-Datei beruft. Allerdings lebt diese Datei dann wirklich nur, wenn sie in den Abteilungsbesprechungen auch angewendet wird. Ein weiterer Nachteil ist, dass die Kataloge teilweise länger hängen und sich dabei auch die noch nicht umgesetzten Maßnahmen bei den Mitarbeitern einbrennen und sie diese täglich vor Augen geführt bekommen. Dies gilt es zu bedenken, wir können erkennen, dass es sinnvoller sein kann, die Maßnahmen in der Regelkommunikation mittels weiterbearbeitungsfähiger Dateien zu verwalten, denn so kann fortlaufend nachgesteuert werden.

4.4.1 Kommentieren der Umsetzung im Zuge der Regelkommunikation

Bei der Kommunikation der Maßnahmenumsetzung in den Teamgesprächen ist von zentraler Bedeutung, dass ein Top-Down-Kommunikations-Vorgangs auch Bottom-Up für Rückmeldungen jederzeit offen ist. So können Erfolgsmeldungen ins Bewusstsein gelangen, aber es kann auch Fehlentwicklungen schnell und effektiv begegnet werden. Die Mitarbeiterbefragung und das Audit der Nachhaltigkeit sollten unbedingt als Tagesordnungspunkt in jeder Regelkommunikation[239] angesprochen werden, bis das Team eine Umsetzung der Maßnahmen realisiert hat. Dabei kann es geschehen, dass von den Akteuren festgelegte Maßnahmen im Nachhinein als nicht umsetzbar erkannt werden, dass sich die Maßnahmen über die Zeit als nicht realisierbar herausstellen. Dies ist vor allem dann der Fall, wenn Maßnahmen von Investitionen abhängen, das Budget jedoch nicht zur Verfügung steht. Hier muss sich die Führungskraft das Verständnis verschaffen, welche Gründe zur fehlenden Umsetzung der Maßnahme geführt haben. So können sich die Mitarbeiter auch ein Bild davon machen, warum nicht alle Maßnahmen umsetzbar sind.

4.4.2 Messbarkeit: Ermittlung von Effekten der Umsetzung

Welche Möglichkeit gibt es, die Messbarkeit der Effekte, die die Umsetzung der Folgeprozesse in der Organisation haben, zu gewährleisten? Wir haben bereits gesehen, dass sich die Kennziffer TRI*M-Index, die das Mitarbeitercommitment abbildet, stärker auf langfristige und strategische Maßnahmen bezieht und weniger auf die operativen und lokalen Prozesse, die in den Folgeprozessen einer MAB von den Akteuren vor Ort angegangen und umgesetzt werden. Aus diesem Grund erscheint es uns nicht plausibel, die Effekte der Folgeprozesse an der Entwicklung des Mitarbeitercommitments zu messen. Die zweite abgefragte Dimension, die einzelnen Themenfelder wie Information und Kommunikation und die darin ermittelten Einzel-Items, die Zufriedenheit der Befragten mit dem Item sowie die verbale Wichtigkeit und die Korrelation mit dem Mitarbeitercommitment hat wie dargestellt ebenfalls einen gravierenden Nachteil: die Symbole und Anordnungen im TRI*M-Grid stellen immer nur relative Werte dar, sodass mit allen Items ein Durchschnitt gebildet wird und die Einzel-Items sich dann nur als zum Durchschnitt relativ besser oder schlechter bewertet interpretieren lassen. Ein Zeitreihenvergleich, also ein Vergleich zum Beispiel zwischen 2004 und 2006, ist dadurch nicht möglich.

So bleibt die Frage, welche Möglichkeiten es gibt, die Umsetzung der Folgeprozesse in messbare Größen abzubilden. Aufgrund der fehlenden Kennziffern haben wir uns für die vorliegende Untersuchung auf die Informationen aus den Leitfaden-Interviews gestützt. Anhand des Umsetzungsstandes, der in den Audit-Plänen abgebildet ist und anhand der Interviews konnten Informationen darüber gewonnen werden, wie die Mitarbeiter die Effekte der Folgeprozesse erlebt haben. Dabei wurden die Verbesserun-

---

239 Regelkommunikation ist die regelmäßige Durchführung von Team- und Abteilungsbesprechungen. So können sich zum Beispiel die Akteure eines Teams darauf verständigen, alle vier Wochen einen Termin zur Besprechung der in der Abteilung und im Unternehmen aktuellen Dinge zu vereinbaren.

gen zunächst mehrheitlich begrüßt, dann aber angemahnt, dass sich viele zunächst erfolgreiche Veränderungen mit der Zeit als nicht konstant herausgestellt haben. Die Akteure konnten sich also im Handlungsfeld zu oft auf den Status Quo zurückbewegen, der vor dem Veränderungsvorhaben geherrscht hatte.

Aufgrund unserer Erkenntnisse kommen wir zu dem Ergebnis, dass eine Kontrolle der Folgeprozesse über Zielvereinbarungssysteme sinnvoll sein kann. Allerdings ist fraglich, wie dieser Prozess genau ablaufen soll. Die Zielvereinbarungen werden in der Regel in einem jährlichen Turnus durchgeführt. Dafür wäre es sinnvoll, die MAB strategisch so einzutakten, dass zwischen der Befragung, Auswertung und Ergebnispräsentation genau so viel Zeit bleibt, dass die Folgeprozesse definiert und dann mit der Führungskraft in die Zielvereinbarungen mit aufgenommen werden können. Nach unseren Erfahrungen sollte demnach die MAB 4 bis 6 Monate vor dem Zielvereinbarungsprozess durchgeführt werden. Die Durchführung der Befragung dauert einen Monat, die Auswertung zwei Monate, anschließend werden die Ergebnisse präsentiert. Im Zuge der Präsentationen definieren die Akteure den Handlungsbedarf und leiten daraus gegebenenfalls Maßnahmen ab. Wenn diese Maßnahmen definiert sind, wird die Führungskraft von ihrem Vorgesetzten mittels Zielvereinbarungen zur Umsetzung der Maßnahmen verpflichtet und in der Folge auch an der Umsetzung und dem Umsetzungsgrad gemessen.

4.4.3 Aufnahme des TRI*M-Index in die Zielvereinbarung?

Kann es eventuell sinnvoll sein, den TRI*M-Index, der das Mitarbeitercommitment abbildet, in den Zielvereinbarungsprozess und damit in den variablen Lohnbestandteil aufzunehmen? Nach den Erfahrungen von TNS Infratest haben Zielvereinbarungen den größten Effekt für die Nachhaltigkeit des Umsetzungsprozesses. Sie sollten die Bearbeitung von Handlungsfeldern und die Maßnahmenumsetzung als Bestandteil haben. Zur Vermeidung von so genannten Rattenrennen[240] sollten die Zielvereinbarungen in einem realistischen Korridor liegen. Es bringt nicht viel, utopisch hohe TRI*M-Index-Werte zu vereinbaren. Besser wäre, wenn sich Führungskraft und Abteilungsleiter etwa auf eine Verbesserung des Wertes um + 6 Punkte einigen. Wenn eine Verbesserung um 6 Punkte erreicht wird, so wäre das ein Zielerreichungsgrad von 100%, jeder weitere Punkt Verbesserung könnte dann einen um 10% gesteigerten Erreichungsgrad beschreiben. Leider können wir noch nicht auf Erfahrungswerte zurückgreifen, die mit der Aufnahme von MAB-Kennziffern in die Zielvereinbarungen der Führungskräfte zusammenhängen. Der Hinweis auf das Modell Balanced Scorecard zeigt je-

[240] Die Abteilungsleiter tragen untereinander Wettrennen um die höchsten TRI*M-Werte aus, die ineffizient für das Unternehmen sein können. Dies stellt eine grundlegende Gefahr des Benchmarking und der dabei entstehenden Fixierung der Akteure auf die Erreichung von bestimmten Kennzahlenwerten dar.

doch, dass sich strategisch der Trend hin zu einer Aufnahme dieser Kennziffer bewegt. Führungskräfte der Hierarchieebene zwei (E2) werden bereits heute auch mittels des TRI*M-Index beurteilt. Dadurch kann im Sinne des Stakeholder Managements beurteilt werden, wie sich die Mitarbeiter im Verantwortungsbereich des E2 mit dem Unternehmen verbunden fühlen. Es bleibt allerdings der E2-Führungskraft allein überlassen, wie sie die Folgeprozesse in ihrem Bereich gestaltet.

Hier gilt es zu bedenken, dass es kontraproduktiv sein kann, den TRI*M-Index direkt mit der Zielvereinbarung und damit auch mit den variablen Vergütungsbestandteilen zu koppeln. Es erscheint fraglich, ob der Index-Wert nicht zu stark von Faktoren abhängt, die die Führungskraft vor Ort gar nicht beeinflussen kann. So kann zum Beispiel die Beendigung des Arbeitsverhältnisses eines Mitarbeiters dazu führen, dass die Führungskraft durch die Mitarbeiter in ihrer Abteilung schlecht bewertet wird. Dadurch kann der TRI*M-Index-Wert leiden, obwohl eigentlich in der Abteilung Verbesserungen realisiert werden konnten. Hier werden wir wieder aufmerksam auf die wichtige Dimension der organisationalen Gerechtigkeit bei Entscheidungsprozessen: wenn die Personalentscheidung an für die Akteure nachvollziehbaren Kriterien gemessen werden kann, ist anzunehmen, dass das Mitarbeitercommitment nicht so stark leidet. Letztlich können auch harte Personalmaßnahmen manchmal angebracht sein, die Konzentration auf das Mitarbeitercommitment sollte auch nicht dazu führen, dass ein „Schmusekurs" gefahren wird. Es sollten dennoch immer die nachvollziehbare prozessuale Gerechtigkeit beachtet werden.

Hinsichtlich der Verwendung des TRI*M-Index für die Zielvereinbarung der Führungskräfte gab es bislang nur wenig Bewegung in der DCVD. Bis heute werden in der betrieblichen Praxis die Zielvereinbarungen noch mehrheitlich im Hinblick auf betriebswirtschaftliche Kennzahlen getroffen. Diese Zahlen (Absatzmengen, Margen, Rohüberschüsse) werden dem Niederlassungsleiter von der Vertriebszentrale abgerungen. Der Niederlassungsleiter gibt die Zahlen dann an die jeweiligen Bereiche weiter und so entstehen die Verhandlungsgrundlagen für die Verkaufs- und Serviceleiter mit ihren Abteilungsleitern und Mitarbeitern. Der Niederlassungsleiter wird bereits auf die Entwicklung des TRI*M-Index seiner verwalteten Organisationseinheit festgelegt. Die unter ihm liegenden Hierarchieebenen sind aber was den TRI*M-Index betreffen noch nicht in den Zielvereinbarungsprozess aufgenommen. Für die Anwendung des TRI*M-Index für die Zielvereinbarungen gab es in der DCVD-Zentrale ein Pilotprojekt. Hierbei wurden so genannte Bündelwerte für die drei Bereiche Effizienz, Führungsverhalten und Kommunikationskultur gebildet. Diese setzen sich aus den Werten mehrere Einzel-Items zusammen, die sich auf den jeweiligen Begriff beziehen und in der MAB abgefragt werden. Es besteht die Planung, diese Bündelwerte in die Zielvereinbarungen der Führungskräfte mit aufzunehmen. Es gilt abzuwarten, welche Erkenntnisse die Unternehmensleitung mit der Erweiterung gewinnen. Ein weiterer Bestandteil des Pilotprojektes ist die Reduzierung des Befragungs-Intervalls: die MAB würde dann alle 6 Monate bei jeweils der Hälfte der Belegschaft durchgeführt werden. Dadurch erhofft sich die Unternehmensleitung differenziertere Werte für die Zeitreihen-Analyse. Die Bündelwerte der Zentrale wurde nach der Testphase auch in der MAB 2006 angewendet, sie deuten die Richtung an, die die Kennziffer TRI*M-Index nehmen könnte: über Bündelwerte wird die Führungskraft bezüglich dreier Schlüsselkompetenzen von den Mitarbeitern in ihrer Abteilung bewertet und der variable Lohnbestandteil wird über den Zielerreichungsgrad beeinflusst. Die Erfahrungen mit dieser Vorgehensweise versprechen interessante Erkenntnisse und sind eine weitere Vertiefung der Forschungen wert.

4.5 Aktives Projektmarketing

Um spürbare Veränderungen auch zu kommunizieren, sollten die Führungskräfte ihren Mitarbeitern direkte, offene und schnelle Rückmeldung geben über die Erfolge, die sich aus den Folgeprozessen der MAB ergeben haben. Damit kann verhindert werden, dass Veränderungen realisiert werden, ohne dass die Mitarbeiter den Zusammenhang zwischen Mitarbeiterbefragung und Verbesserung erkennen. Dieser Punkt ist besonders wichtig für die Akzeptanz weiterer Mitarbeiterbefragungen. Es sollte nochmals und immer wieder erneut darauf eingegangen werden, wer für welches Handlungsfeld verantwortlich ist und welche Personen bei der Besprechung anwesend, welche abwesend sind. Die Protokollierung sollte möglichst transparent gestaltet werden und zeitnah auch an die nicht Anwesenden verteilt werden, damit alle Beteiligten auf dem gleichen Wissensstand sind. Dadurch kann auch der so genannte „Flurfunk“[241] verhindert werden. Dafür eignet sich in erster Linie die *Regelkommunikation*, also das regelmäßige Teamgespräch mit einer zeitnahen, ausführlichen Protokollierung. Die Regelkommunikation stellt ein wichtiges Führungsinstrument dar, um die persönliche Beziehung zu den Mitarbeitern aufbauen zu können. Hier kann die Führungskraft die weitere Abstimmung über den Stand der Bearbeitung der Handlungsfelder vornehmen, außerdem auch die namentliche Aufgabenverteilung, die Kontrolle der abgearbeiteten Punkte in der Abteilung und eine effektivere Protokollierung (zeitnah, kompakt und im Verteiler an alle Anwesenden und Nichtanwesenden). Für ein aktives Projektmarketing ist eine strukturierte Regelkommunikation mit effektiver Protokollführung existentiell. Wichtig ist hierbei auch, dass eine Darstellung der Maßnahmen auf eine Weise erfolgt, die die Dokumentation des Bearbeitungsstandes ermöglicht.

Ergänzend kann auch das *informelle Gespräch* eingesetzt werden. Vielfach wird eine Politik der „offenen Tür" propagiert, die einen offenen Umgangston sowie ein „immer offenes Ohr" der Führungskraft symbolisieren soll. Neben der Regelkommunikation soll der Mitarbeiter auch sonst die Möglichkeit haben, die Führungskraft auf einfachem und unbürokratischem Weg zu erreichen. Allerdings gilt hier anzumerken, dass dadurch in der Abteilung eine asynchrone Informationsverteilung stattfindet. Die Führungskraft muss sich gerade bei wichtigen Themen darüber im Klaren sein, dass die Information alle Beteiligten erreichen muss. Wenn zu viele Gespräche „unter der Hand" geführt werden, kann eine effektive Information an alle gefährdet sein und dadurch das Arbeitsklima Schaden nehmen.

Um den Stand der jeweiligen Entwicklung abzubilden, empfiehlt es sich außerdem, die *schwarzen Bretter* der Organisationseinheit zu nutzen. Hier können in regelmäßigen Abständen Aushänge angebracht werden. Das hilft dabei, im Gespräch zu bleiben und die Verbesserungsprozesse immer und immer wieder ins Bewusstsein von Führungskräften und Mitarbeitern zu bringen. Eine Zusammenstellung der erarbeiteten und bereits umgesetzten Folgeprozesse und Maßnahmen kann ergänzend auch im Intranet erfolgen. Das Medium der *Mitarbeiterzeitschrift* ist ein wichtiges Instrument der Mitarbeiterinformation.[242] Hier können vor allem Berichte mit Bildern von den beteiligten Mitarbeitern und den erreichten Verbesserungen dafür sorgen, dass die Folgeprozesse wahrgenommen werden. Jedoch wird die Mitarbeiterzeitschrift meist nicht als offenes Medium verwendet, sondern dient in erster Linie der positiven Darstellung der Entwicklungen im Unternehmen. Das ist verständlich, möchte doch die Unternehmensleitung ihre Arbeit in gutes Licht rücken. Kritische Beiträge finden in Mitarbeiterzeitschriften so gut wie keinen Platz. Oft sind Mitarbeiterzeitschriften nur das Sprachrohr der Geschäftsleitung, also ein Instrument der internen PR. Dieser Umstand sollte beachtet werden bei der Kommunikation der Erfolge von Folgeprozessen. Dennoch kann es für Informationen rund um die MAB sehr gut eingesetzt werden.

Wenn wichtige Informationen vorliegen, sollte die Führungskraft diese möglichst direkt und gezielt ansprechen. Dies ist möglich im Rahmen der Teamgespräche aber auch bei informellen Gesprächen. Letztlich bedeutet Information immer auch Macht, weshalb mit der Informationsverbreitung verantwortungsvoll umgegangen werden muss. Aus diesem Grund sollten die Entwicklungen in den Terminen der Regelkommunikation fortlaufend kommentiert werden. Es bietet sich an, die Feedback-Runden als festen Tagesordnungspunkt in die Teamgespräche aufzunehmen.

---

[241] Vgl. Rothfuss 2005.
[242] Vgl. Kunst 1998.

Abschließend muss noch bedacht werden, dass die nächste Mitarbeiterbefragung in Bezug auf die Kommunikation der Folgeprozesse aus der vorherigen MAB vorbereitet werden sollte: Zur Erreichung einer erhöhten Akzeptanz und zur Vermittlung an die Mitarbeiter, dass ihre Meinungen nicht überflüssig sind, sondern dass diese gebraucht werden, sollten im Vorfeld einer neuen MAB die aus der letzten MAB resultierenden Verbesserungen erneut mitgeteilt werden. Zudem ist darauf hinzuweisen, dass alle technischen und strukturellen Möglichkeiten zur Kommunikation und Dokumentation der Folgeprozesse den direkten Dialog zwischen den Mitarbeitern und ihren Vorgesetzten nicht ersetzen können. Es sollte immer im Hinterkopf behalten werden, dass die Sachebene nicht losgelöst von der Beziehungsebene verhandelbar und kommunizierbar ist.

Zusammenfassung

Eine MAB liefert Möglichkeiten zur Partizipation, die Nutzung dieser Möglichkeiten hängt aber stark von Faktoren ab, die sich nicht ohne weiteres durch die bloße Durchführung einer MAB gewährleisten lassen. Ausgangsfrage dieses Kapitels war die Zusammenstellung von Leitplanken für die erfolgreiche Umsetzung von Folgeprozessen einer MAB. Dafür wurden die wichtigsten Schritte von der Ergebnispräsentation bis zum Controlling von Change-Management-Maßnahmen zusammengestellt. An dieser Stelle darf nicht unerwähnt bleiben, dass es neben einer MAB mit Folgeprozessen auch andere Möglichkeiten für Führungskräfte und Mitarbeiter gibt, sich auszutauschen. Darunter fallen die Instrumente *Mitarbeiter-Feedback, Ideenmanagement, Regelkommunikation, KVP-Projekte und TQM-Maßnahmen.* Der fundamentale Unterschied zu den bestehenden Instrumenten ist allerdings die anonyme Befragungssituation während der MAB sowie der systematischen Ableitung von Verbesserungspotenzialen aus diesen Ergebnissen.

Die Folgeprozesse lassen sich in drei Prozessschritte einteilen: *Kommunikationsphase, Maßnahmenphase* und *Umsetzungsphase.* Bezüglich der Implementierung mit dem Ziel der Wandelverstetigung ist bereits bei der Erarbeitung von Verbesserungsmaßnahmen folgendes zu beachten: Die Maßnahmen stoßen auf eine größere Akzeptanz bei allen Beteiligten, wenn die Möglichkeit bestand, sich bei der Erarbeitung und Ausgestaltung der Veränderungen aktiv einzubringen. Die Ergebnisse sollten deshalb dem Team von einem neutralen Moderator vorgestellt werden, der darauf achtet, dass alle Interessengruppen des Teams ihre Sichtweisen einbringen können. Die Führungskraft sollte sich der wichtigen Bedeutung von Fairness beim Prozess der Entscheidungsfindung im Zuge der Maßnahmenerarbeitung bewusst sein. Die Problemerkennung in einem Bereich lässt sich über die Priorisierung der Handlungsfelder erreichen. Dies kann durch Auswertung der Befragungsergebnisse, aber auch durch anonyme Abstimmungsprozesse innerhalb der Workshops geschehen. Die Partizipation durch die Mitarbeiter sollte gewährleistet werden durch ein Verständnis der Führungsbeziehungen als eine Machtbeziehung, die durch den gegenseitigen Austausch lebt. Mitarbeiter und Führungskraft haben Angst davor, durch anstehende Veränderungen einen Verlust von Kontrolle über ihre jeweils spezifische Ungewissheitszone zu erleiden. Deshalb muss mit den erhaltenen Informationen

Die Frage nach dem Nutzen einer MAB führt uns immer wieder zur Identifikation von Verbesserungspotenzialen. Wenn die in der Führung stehenden Adressaten informiert werden, können sie auch in die Verantwortung genommen werden, die Verbesserungspotenziale konsequent auszuschöpfen. Diese Verantwortung darf nicht an ein Projektteam delegiert werden, dieses unterstützt die Führungskräfte lediglich methodisch und beratend. Ziel ist immer die Erarbeitung von handlungsorientierten Ergebnissen. Dabei lässt sich als Regel aufstellen, dass derjenige, der die Leistungsbeurteilung macht auch derjenige ist, der führt, also wird auch derjenige mit der MAB durch den Mitarbeiter beurteilt. Schließlich ist es auch derjenige, der die Verantwortung für die Umsetzung der Folgeprozesse innehat. Damit lässt sich dieses Führungsinstrument als Beurteilung der Führungskraft durch den Mitarbeiter bezeichnen.

Die Veröffentlichung von Maßnahmen kann eine wirksame Kontrollfunktion haben. Sie birgt jedoch die Gefahr, dass die Führungskraft in ihrem Bereich in den Teamgesprächen zu wenig auf die Maßnahmenumsetzung eingeht und dadurch die Aufmerksamkeit der Akteure hinsichtlich der Umsetzung zu gering ist. Die Aushängung von Katalogen ersetzt die aktive Auseinandersetzung mit den Maßnahmen inklusive Feedback über den Umsetzungserfolg nicht.

Eine Akzeptanz der Umsetzung kann durch das Erzielen von schnellen Erfolgen erreicht werden. Diese Quick Wins erzeugen eine positive Stimmung gegenüber den Verbesserungen und sorgen zusammen mit den erreichten Meilensteinen für ein effektives Management der Wahrnehmung hinsichtlich des Umsetzungserfolgs. Die Macht des Tagesgeschäftes darf dabei von allen Akteuren nicht unterschätzt werden. Sie kann dazu führen, dass das Wichtige verdrängt wird durch das Dringliche. Dadurch werden die Arbeiten an den Folgeprozessen in den Hintergrund gerückt und die Führungskraft verliert hinsichtlich ihres Credos, die Verbesserungen schnell und konsequent anzugehen, an Glaubwürdigkeit und Respekt. Deshalb sollten einige wenige Handlungsfelder – sinnvoll sind drei bis maximal fünf – gezielt ausgesucht, im Team festgelegt und anschließend vollständig bearbeitet werden. Dabei stoßen alle Akteure auf Veränderungsbarrieren. Jeder Akteur hat Angst davor, nach der drohenden Veränderung zu den Verlierern zu gehören. So versuchen die Akteure, die Kontrolle über ihre Ungewissheitszone wieder zu erlangen, indem die alten Handlungsmuster nach der Veränderung wieder übernommen werden. Nach der Strategischen Organisationsanalyse können die Veränderungsunternehmer diesem Umstand nur entgegensteuern, wenn sie den Akteuren durch die Veränderung ihrer Handlungsweisen, ihrer Weiterbildung in diesen Prozessen sowie die Veränderungen der Strukturen für die Akteure sicherstellen. So kann es gelingen, den Rückfall in alte Gewohnheiten zu verhindern. Führungskräfte und Mitarbeiter sollten an die Erfolgsmessung der Folgeprozesse gebunden werden. Der TRI*M-Index als Kennziffer für die Erfolgsmessung hat sich aufgrund seiner multikausalen Interdependenzen als nicht geeignet herausgestellt. Umsetzungserfolge müssen von den Führungskräften und den Mitarbeitern selbst erarbeitet und bewertet werden.

Bei der Erarbeitung und Umsetzung von Maßnahmen spielen auf den unterschiedlichen Hierarchieebenen jeweils spezifische Zwänge eine Rolle. Die oberen Hierarchieebenen sehen sich vor allem mit den Forderungen der Mitarbeiter konfrontiert, nach der MAB auch „endlich etwas zu tun“, damit die angesprochenen Problemfelder aufgearbeitet werden. Dabei müssen Führungskräfte dazu in der Lage sein, eine stabile Koalition des Wandels zu bilden, die sich die Machtressourcen zur Veränderung immer wieder neu erhandeln kann. Gleichzeitig müssen sie lernen, von vorneherein diejenigen Maßnahmen zu priorisieren, die in ihrem unmittelbaren Handlungsumfeld angegangen werden können. Die Abteilungsleiter und die Führungskräfte befinden sich in einer Sandwich-Position, in der sie einerseits den Ansprüchen ihrer Mitarbeiter, gleichzeitig aber auch den Anforderungen ihrer Vorgesetzten gerecht werden müssen. Dabei befürchten sie bei einem zu hohen Anteil an Partizipation durch die Mitarbeiter im Team einen Kontrollverlust. Die Mitarbeiter in den Teams wiederum scheuen vor den Veränderungen zurück, weil sie befürchten, dadurch benachteiligt zu werden. So kann beispielsweise ihr Expertenwissen zu Effizienzsteigerungen führen, die letztlich zur Folge haben, dass die gleiche Arbeit mit weniger Arbeitskräften erledigt werden kann. Letztlich blieb ungeklärt, wie Maßnahmen, die nur in höheren Hierarchieebenen entschieden werden können, auch zur Umsetzung gelangen. Im Unterschied zur anonymen und damit vom machtpolitischen Feld der Organisation losgelösten MAB sind die Folgeprozesse wieder in die bestehenden Machtstrukturen eingebettet. Für den Fall, dass Handlungsfelder da sind, die nicht auf Teamebene bearbeitet werden können, sollten sie an die Ebene weitergegeben werden, die das bearbeiten kann. Was anschließend mit dieser Information passiert, ist zwar nicht mehr durch das Team beeinflussbar, aber es ist sehr wichtig, dass die Informationen weitergegeben werden und dass dies dem Team mitgeteilt wird.

Hier ist zu bedenken, dass nur das Commitment der Führungskräfte gegenüber der Maßnahmenumsetzung eine Wandelverstetigung garantieren kann. Die Verwendung von Kontrollinstrumenten für die Umsetzung ist wichtig für die Dokumentation und Kommunikation des Umsetzungserfolgs, kann aber das Leadership und die Koalition des Wandels nicht ersetzen. Eine reine Technikgläubigkeit, die sich lediglich mit der Implementierung von Auswertungen und Datenbanken beschäftigt, darüber hinaus aber das Bewusstsein der Akteure nicht erreicht, ist für die Sicherstellung von Wandelverstetigung nicht geeignet. Die Verwendung von Netzplänen aus dem Projektmanagement und von weiterbearbeitungsfähigen Dateien, in denen der Umsetzungsstand fortlaufend dokumentiert werden kann, ist sinnvoll.

Besonderes Augenmerk muss auf Kommentierung der Maßnahmenumsetzung im Zuge der Regelkommunikation gelegt werden. Hier ist dafür zu sorgen, dass die Aufmerksamkeit der Akteure auf die Umsetzung gelenkt wird und gleichzeitig ein Feedback zum Stand des Erfolgs direkt an die Führungskraft gerichtet werden kann. Dass dies eine offene Unternehmenskultur mit Kritikfähigkeit voraussetzt, ist evident. Die Messbarkeit der Ermittlung von Effekten der Umsetzung ist komplex und sollte dezentral für die jeweiligen Organisationseinheiten erfolgen. So kann erreicht werden, dass auch wirklich die Bedürfnisse der Akteure berücksichtigt werden und nicht lediglich vorgefertigte Normen und Regeln erfüllt werden. Die Bedeutung der Regelkommunikation ist auch für das aktive Projektmarketing zentral. Die Nutzung von Medien wie Mitarbeiterzeitung oder Aushänge ist wichtig, sie kann jedoch den offenen Dialog und die direkte Kommunikation des Abteilungsleiters mit seinem Team nicht ersetzen. Das Projektmarketing sollte aus diesem Grund als unterstützendes und die Umsetzungsphase flankierendes Instrument verstanden und eingesetzt werden.

Die Diskussion um die Aufnahme des TRI*M-Index in den Prozess der Zielvereinbarung bei den Führungskräften hinterließ ein disparates Bild. Vorteil wäre eine klare Kennziffer, die es ermöglicht, die MAB und deren Ergebnisse stärker in den Fokus zu rücken, da sie damit verknüpft wären mit monetären Gesichtspunkten. Allerdings haben wir gesehen, dass der TRI*M-Index sich auch auf globale Entwicklungen eines Konzerns bezieht und diese Gefühlslagen das Mitarbeitercommitment zur Organisationseinheit beeinflusst. Allerdings wäre zu überlegen, ob nicht die Folgeprozesse in die Zielvereinbarung aufgenommen werden könnten. Dazu wäre eine Taktung der MAB in der Art erforderlich, dass die Erarbeitung der Maßnahmen zu dem Zeitpunkt abgeschlossen ist, wenn die Zielvereinbarungen für das nächste Jahr getroffen werden. Dann hätte der Vorgesetzte des Abteilungsleiters ein Kontrollinstrument bei der nächsten Zielvereinbarung und könnte den Zielerreichungsgrad der Folgeprozesse ermitteln.

Zusammenfassend können wir festhalten, dass sich die MAB in den Niederlassungen der DCVD als aus unserer Sicht noch zu wenig strategisch implementiert darstellt: es fehlen sowohl die Aufnahme in die Zielvereinbarung zumindest von Bündelwerten bei den Führungskräften. Die Durchführung der MAB zu einem festen Termin sollte angestrebt werden, um die Folgeprozesse in die Zielvereinbarungsprozesse aufnehmen zu können. Zudem sollte eine über die Jahre identische Abfrage der Einzel-Items garantiert werden, von einer Veränderung und drastischen Reduzierung des Fragebogens sollte abgesehen werden. Nicht zuletzt sollte das Monitoring der Folgeprozesse durch die höheren Hierarchieebenen konsequenter betrieben werden, dazu könnten Schulungen im Umgang mit den Folgeprozessen für die beteiligten Akteure durchgeführt werden.

Wir haben gesehen, welche praktischen Implikationen sich aus unseren Untersuchungen ableiten lassen. Um die Ergebnisse nun auf einen Blick erfassen zu können, werden diese im abschließenden Kapitel zusammengetragen und deren Bedeutung und Erkenntnisgewinn reflektiert.

5 Ergebnisse

Ausgehend von den Forschungsfragen werden wir nun sehen, welche Erkenntnisse in dieser Arbeit gewonnen werden konnten. Dabei wird zunächst auf die Potenziale und Risiken von MAB eingegangen. Anschließend ist zu zeigen, welche Einsichten hinsichtlich des Zusammenhangs von Commitment und Wandel erzielt wurden. Hier steht zum einen das Commitment zum Wandel im Vordergrund, also die Verpflichtung der Mitarbeiter und vor allem der Führungskräfte, den Wandel durch die Umsetzung von Verbesserungsmaßnahmen auch nachhaltig zu garantieren. Zum anderen wird gezeigt, dass sich die Auswirkungen von Verbesserungen nur schwer über Kennziffern für das Mitarbeitercommitment dokumentieren lassen. Zu unklar und zu komplex sind die Faktoren, die sich auf das Mitarbeitercommitment auswirken und zu unklar sind auch die Kausalitäten.

5.1 Potenziale und Risiken von MAB

Wir haben gesehen, dass MAB als Teil eines modernen Verständnisses von Mitarbeiterführung angesehen werden. Die Kernelemente sind das Monitoring mittels Kennziffern sowie die Partizipation durch Erhebung des Expertenwissens der Mitarbeiter. Dabei wird mehrheitlich die Kennzahl *Mitarbeitercommitment* erfasst. Sie soll Zufriedenheit, Motivation und Engagement des Mitarbeiters in seinem Unternehmen abbilden. MAB reihen sich dabei in das System des *Stakeholder Management* ein, auch beim *Balanced Scorecard* werden MAB angewendet. Meist werden sie mit dem Anspruch angewandt, die Situation für die Mitarbeiter im Unternehmen zu analysieren und, darauf aufbauend, Verbesserungen einzuleiten. Die Funktion des Monitoring übernehmen MAB durch einen Bottom-Up-Ansatz, durch den die Kommunikationsrichtung von Mitarbeiter zu Führungskraft gewährleistet werden soll. Gleichzeitig werden über Kennzahlen der Zufriedenheit oder des Commitments die Führungskräfte beurteilt.

Welche Potenziale und welche Risiken wir hinsichtlich der Wandelverstetigung sehen können, ist in diesem abschließenden Kapitel zu klären. Dabei werden die Chancen und Gefahren, die sich aus den jeweiligen Themenfeldern ergeben, einander direkt gegenübergestellt, um daraus die Reibungspunkte ableiten zu können.

Betriebsvereinbarung versus betriebliche Praxis: Wir haben gesehen, dass die konzernweit geltende Betriebsvereinbarung die Anwendung von MAB genau definiert. Bis auf die strategische Implementierung hinsichtlich der Einordnung der MAB in das bestehende Set von Führungsinstrumenten – vor allem der Zielvereinbarung – sind die wichtigsten Schritte geregelt. Unsere Untersuchungen im Vertrieb in Deutschland und in den USA haben gezeigt, dass diese Vorschriften aber in den Organisationseinheiten des Konzerns ganz unterschiedlich gelebt werden. Im Deutschland-Vertrieb lässt sich die Situation zusammenfassend als im Sinne der Betriebsvereinbarung umgesetzt darstellen, mit Ausnahme der Umsetzungs- und Wandelverstetigungsphase der Folgeprozesse. Hier konnten wir Schwachstellen erkennen, die sich durch eine optimierte strategische Integration hinsichtlich der Eintaktung der Folgeprozesse in die Zielvereinbarungsverhandlungen ausmerzen lassen. Im Vertrieb von Mercedes-Benz USA hingegen werden MAB nicht gemäß den Vorschriften aus der Betriebsvereinbarung durchgeführt. Dieser Mangel der Vorschriftsumsetzung hinsichtlich der Anwendung von MAB sollte von der Konzernleitung behoben werden. Eine einheitliche Durchführung mit den gleichen Fragestellungen liefert Möglichkeiten hinsichtlich Benchmarking, Best Practices und Organisationsentwicklung, die so verschenkt werden. Zudem besteht bei dezentralen durchgeführten und intern ausgewerteten MAB die Gefahr von fehlendem wissenschaftlichem Anspruch und von Problemen beim Datenschutz.

Agenda-Setting versus "Zensur": Die Zusammenstellung der Fragen geschieht in der Regel in Kooperation mit einem externen Institut, welches die Befragung durchführt und auswertet. Die Unternehmensleitung kann durch die inhaltliche Gestaltung des Fragebogens ein Agenda-Setting betreiben und - je nach gewählter Unternehmensstrategie - ganz unterschiedlich priorisieren und fokussieren. Gleichzeitig wird hier aber eine Gefahr deutlich: denn die Ergebnisse sind nur die Antworten auf die Fragen, die auch gestellt wurden. Daraus folgt, dass die Unternehmensleitung hier bereits im Vorfeld auch eine Tabuisierung vollziehen kann und sich der Verantwortung bewusst sein muss. Diese Feststellung klingt banal, aber sie verdeutlicht: Die Antworten auf die gestellten Fragen sind insofern vorgezeichnet, weil bereits die Fragenzusammenstellung von der Unternehmensleitung beeinflusst wird. Somit verändert sich der Umgang mit den Ergebnissen einer Befragung: denn Resultate sind immer Ausdruck der Gestaltung des Fragebogens. Von Vorteil ist jedoch die Zusammenstellung des Fragebogens durch die Unternehmensleitung insofern, als das Unternehmen ausgehend von der gewählten Unternehmensstrategie ganz bewusst auf eine bestimmte Ausrichtung des Fragebogens fokussieren kann. Wird zum Beispiel auf Innovationsführerschaft gesetzt, dann bietet es sich an, die Mitarbeiter nach den prinzipiellen Möglichkeiten der Ideeneinbringung und der Innovationsfreude der Kollegen und Führungskräfte zu befragen. Die einheitliche und zentrale Steuerung des Befragungsinhaltes ist hinsichtlich Kennziffern für das Mitarbeitercommitment sinnvoll. In unserem Fall bietet sich durch den TRI*M-Index, der von TNS Infratest weltweit in allen Befragungen auf identische Art und Weise ermittelt wird, eine große Datenbasis, mittels derer die Unternehmensführung das Mitarbeitercommitment in ihrer Organisation intern wie auch extern, über Branchen und Länder hinweg, vergleichen kann. Diese Vergleichbarkeit sollte jedoch nicht zu stark auf die absolute Höhe der Kennziffer abzielen, sinnvoller ist die Betrachtung der Relationen zu vergleichbaren Einheiten, um daraus eine Deutung von Trends und Hinweisen vorzunehmen.

Sachebene versus Beziehungsebene: Mitarbeiterinformationen und deren richtige Ausdeutung: Die Mitarbeiter bieten durch die Beantwortung der Fragen wichtige Informationen zu den abgefragten Themenfeldern. Diese geben Aufschluss über Verbesserungspotenziale des betrieblichen Umfelds und für die Führungskraft wichtige Hinweise. Gleichzeitig werden aber folgende Punkte deutlich:

- Die Mitarbeiter, wenn sie Zufriedenheit angeben, nicht unbedingt Zufriedenheit meinen müssen: je nach dem können sie bereits von vielen Befragungen und Projekten abgestumpft sein und wollen in Ruhe gelassen werden, lässt sich von resignativer Zufriedenheit sprechen. Bei der Bewertung der MAB-Ergebnisse muss immer auch die Vorgeschichte des Unternehmens mit einbezogen werden
- Über die Vorgeschichte und die hinter dem Antwortverhalten liegenden Gründe müssen in den Präsentations- und Verbesserungsworkshops weitere Informationen gesammelt werden
- Mitarbeiter können durch besonders schlechte Bewertungen einer Führungskraft diese regelrecht abstrafen. Hier muss ein diplomatischer Umgang mit den Ergebnissen gesichert sein, damit nach einer MAB nicht ein gestörtes Verhältnis zwischen Mitarbeitern und Führungskraft entsteht. Dabei besteht die Gefahr des Lagerdenkens und der Instrumentalisierung von Informationen.

Meta-Ebene über dem Tagesgeschäft versus Überforderung: Alle beteiligten Akteure haben ein aufreibendes Tagesgeschäft. Zusätzlich zu diesem kommen Projekte, die auf Verbesserungen in verschiedenen Bereichen abzielen. So stellt sich leicht ein Gefühl der Überforderung ein, dem mit Fingerspitzengefühl und Sinnvermittlung begegnet werden sollte. Ansonsten wird durch die zusätzliche Arbeit das Projekt gefährdet. Führungskräfte und Mitarbeiter sind durch die operativen Aufgaben zeitlich sehr ausgelastet. Dadurch bleiben für strategische und strukturelle Entscheidungen oft zu wenige Reserven übrig. Die Ergebnisbearbeitung von MAB wird dann nur als weitere Pflichterfüllung empfunden. Es kann sinnvoll sein, hier durch eine Entlastung mittels eines Projektteams die Führungskräfte von den administrativen Aufgaben einer MAB (Durchführung, Terminerstellungen, Protokollierungen, Controlling der Nachhaltigkeit, Kommunikation der Erfolge) zu entlasten. Gleichwohl darf dabei aber nicht dem

Projektteam die Verantwortung übertragen werden, Veränderungsverantwortung ist nicht delegierbar.

Handlungsbedarf wird aufgedeckt versus Widerstände des Wandels: MAB werden anonym und unter Wahrung der Datenschutzbestimmungen durchgeführt und haben das Potenzial, auf der Sachebene Probleme zu identifizieren. Vor allem in den Präsentations-Workshops können – eine offene Atmosphäre vorausgesetzt – wichtige Erkenntnisse gewonnen und Vorschläge zur Verbesserung erarbeitet werden. Führungskräfte erhalten Informationen darüber, wie die Mitarbeiter denken und welche Vorschläge und Potenziale zur Verbesserung des betrieblichen Umfeldes sie sehen. Allerdings sind gerade die Mitarbeiter sehr empfindlich gegenüber Datenschutz und der Lieferung von Ideen zur Verbesserung. Dies muss in einer vertraulichen Atmosphäre geschehen können. Dabei ist zentral, welches Klima die Führungskraft in ihrer Abteilung schafft. Gleichzeitig haben die Akteure auch Verlustaversion, denn die Kontrolle über ihre Ungewissheitszone ist in Gefahr. Hier muss diplomatisch und lösungsorientiert verhandelt und umgesetzt werden.

Sinnvolle Verbesserungen versus Aktionismus: Vor allem Führungskräfte, die sich gern als „Macher“ sehen, werden von einer MAB zu Aktionismus verleitet. Hier sollte nach dem Pareto-Prinzip gehandelt werden, dass 80 Prozent des Geschehens durch 20 Prozent der möglichen Ursachen bestimmt wird, demnach reicht es, wenn von den erarbeiteten Ursachen nur 20 % priorisiert werden. Zudem wurde deutlich, dass Maßnahmen auf drei Ebenen entstehen und umsetzbar sind: die *individuelle Ebene* bringt die Führungskraft zu einem veränderten Verhalten im persönlichen Umgang mit ihren Mitarbeitern, die *informelle Ebene* wird zwischen Führungskräften und Mitarbeitern intern geregelt, das heißt, es werden keine Maßnahmen offiziell veröffentlich. Die *offizielle Ebene* sieht die Veröffentlichung der Maßnahmen vor sowie das Credo der Führungskraft gegenüber den Mitarbeitern, diese zeitnah und konsequent umzusetzen. Es gilt zu bedenken, dass eine Mitarbeiterbefragung nicht zwangsläufig auch Verbesserungsmaßnahmen zur Folge haben muss. Das unbedingte Ableiten und Aufstellen von Aktionsplänen kann in Aktionismus enden und damit wichtige Ressourcen verschwenden. Es ist Aufgabe des Managements, hier die Entscheidungen klug und vorausschauend zu treffen.

Partizipation versus unerfüllte Erwartungen: Die Mitarbeiter liefern durch ihre Teilnahme an der MAB, den Präsentations-Workshops und der Erarbeitung von Verbesserungen wichtige Information und bringen sich in Entscheidungen ein. Wenn es zu lange dauert, bis die Ergebnisse in die Organisationseinheiten zurückgespiegelt werden, fragen sie sich, was mit den Ergebnissen überhaupt passiert und ob sich die Befragung überhaupt gelohnt hat. Sie warten auf die Ergebnisse und wollen diese auch präsentiert bekommen. Eine zeitnahe Vorstellung der Resultate ist demnach unerlässlich. Die Erwartungen an eine anschließende Maßnahmen-Umsetzung sind seitens der Mitarbeiter hoch. Wenn hier nicht strukturiert abgearbeitet wird, werden die Erwartungen nicht erfüllt und der Schaden durch Vertrauensbruch kann immens sein. Wenn die Ideen zunächst gesammelt werden und vollmundig die Umsetzung der Maßnahmen verkündet wird, diese aber nicht stattfindet, ist die Ernüchterung groß. Die Alternative wäre, sich im Dialog mit den Mitarbeitern auf sinnvolle und für alle nachvollziehbare Veränderungsmaßnahmen zu verständigen. Eine ehrliche und offene Kommunikation der Umsetzungsaktivitäten ist wichtig, damit den Mitarbeitern vor Augen geführt wird, dass sich etwas tut. Dabei spielt die Regelkommunikation eine tragende Rolle. Es ist wichtig festzuhalten, dass die fehlenden Möglichkeiten der Partizipation nicht explizit dem direkten Vorgesetzten angelastet werden, da es sein kann, dass dieser in Zwänge eingebunden ist, die ein Agieren auf lokaler Ebene nicht erlauben. Sollte dies der Fall sein, ist der Führungskraft allerdings zu raten, dass sie sich mit den Mitarbeitern über die fehlenden Gestaltungsmöglichkeiten austauscht, um hier für Verständnis zu sorgen.

Verpflichtung auf Lösungen versus Versanden der Verbesserungen: Die Führungskraft muss sich der Gefahr des Verlustes der Glaubwürdigkeit stets bewusst sein. Im Zuge der Workshops verpflichtet sie sich auf Lösungen und deren Umsetzung. Gerade in großen Organisationen, zu denen international agierende Konzerne gehören, gibt es häufig traditionell relativ hierarchische Strukturen. Wenn sich die Führungskraft nicht permanent und konsequent der Umsetzung der Maßnahmen unter Berücksichtigung aller Verlustaversionen und konsequent widmet und Verantwortung übernimmt, versanden die Verbesserungen. Hinzu kommt, dass in unserem Beispiel durch die sehr enge Anbindung der Niederlassungen an den Konzern und die Vertriebszentrale in Berlin viele unternehmenspolitische Entscheidungen „über die Köpfe" der Betroffenen vor Ort hinweg gefällt werden. Zwar wird unter anderem für einen Ausgleich der fehlenden Gestaltungsmöglichkeiten in großen Organisationen auch eine höhere Vergütung an die Arbeitnehmer bezahlt. Dennoch sehen wir hier Frustrationspotenzial, dem bei Veränderungs- und Verbesserungsvorhaben mit konsequenter Partizipation und Maßnahmenumsetzung begegnet werden sollte.

Expertenwissen der Mitarbeiter versus Verlustaversion: Die beteiligten Akteure – sowohl Mitarbeiter als auch Führungskräfte – haben Angst vor dem Verlust der Kontrolle über die Ungewissheitszone, die sie sich erkämpft haben. Sie fürchten, durch eine Preisgabe ihres spezifischen Wissens die Bestimmung über ihr Revier zu schmälern. Eine offene Unternehmenskultur, also ein Klima in der Organisation, in dem ein freier Meinungs- und Informationsaustausch zwischen den Mitarbeitern und den Führungskräften aufrecht erhalten werden kann, entsteht nicht allein mit der Durchführung von Mitarbeiterbefragungen. Dieses Führungsinstrument kann hier jedoch eine wichtige Säule bilden. Entscheidend dabei ist, wie mit der Bearbeitung der Ergebnisse aus der Befragung unternehmensintern umgegangen wird und ob sich daraus Verbesserungen im betrieblichen Umfeld ergeben.

Ent-Hierarchisierung versus Veto-Recht der Führungskraft: Durch den Vorgang der Ent-Hierarchisierung im Zuge der MAB-Workshops in den Folgeprozessen geben die Mitarbeiter Informationen preis und erwarten dafür im Gegenzug eine Verbesserung der Situation, die sie kritisieren. Die Führungskraft erzeugt bei den Mitarbeitern die Erwartung, dass sich nun „was tut", gleichzeitig werden die Mitarbeiter aber auch auf eine Lösung festgelegt, die sie erarbeitet haben. Allerdings hat die Führungskraft bei der Re-Hierarchisierung ein Veto-Recht. Sie hat die Macht darüber zu entscheiden, was in welcher Form umgesetzt wird. Mit dieser Aufgabe muss die Führungskraft verantwortlich umgehen.

In den Niederlassungen der DCVD wurden die MAB bislang zentral bestimmt. Die Organisationseinheiten hatten also keine andere Wahl, als an der Befragung teilzunehmen. Dadurch ist die Einstellung der Führungskräfte zu einer MAB eine andere, als wenn sie sie selbst initiiert und in Auftrag gegeben hätten. Es kann das Gefühl aufkommen, dass die Abteilungsleiter sich überwacht vorkommen. Seitens der Unternehmensleitung ist das ein Motiv, aber es sollte nur eines unter mehreren von sich gegenseitig ergänzenden Zielen sein. Es ist davor zu warnen, die Ergebnisse als reine Kennzahlen zur objektiven Messung von Mitarbeitercommitment zu überhöhen. Im betrieblichen Alltag sind die Faktoren für das Fehlen oder das Vorhandensein von Mitarbeitercommitment nicht überzeugend darzustellen als abhängig von Faktoren wie Information und Kommunikation oder den so genannten „soft skills" der Führungskraft. Monokausale Zusammenhänge zu vermuten ist nicht angebracht.

Bleibt festzuhalten, dass sich die Geschäftsleitung nicht auf Kennziffern für Mitarbeitercommitment, wie es der TRI*M-Index darstellt, alleine verlassen darf. Die Beeinflussung des Mitarbeitercommitments stellt kein Allheilmittel dar, um den Erfolg des Unternehmens zu sichern. Die Führungskräfte dürfen nicht unter Druck gesetzt werden, was die Beeinflussung des TRI*M-Index betrifft, sonst besteht die Gefahr, dass unter den Führungskräften MAB an Akzeptanz verlieren. Das kann zu schwerwiegenden Folgen führen, da die Führungskräfte wichtige Multiplikatoren sind und insbesondere die Folgeprozesse stark vom Commitment der Führungskräfte hinsichtlich der Koalition des Wandels abhängen.

5.2 Commitment zum Wandel

Wir haben gesehen, dass es für erfolgreiche Folgeprozesse von MAB wichtig ist, bei den beteiligten Akteuren ein Commitment zum Wandel zu entwickeln. Es muss also eine Verpflichtung der Akteure gegenüber den erarbeiteten Maßnahmen und deren Umsetzung bestehen. Im Folgenden werden die Stellschrauben aufgezeigt, durch die bei den beteiligten Akteuren in einem Handlungsfeld ein Commitment zum Wandel dauerhaft etabliert werden kann.

Die **Stabile Koalition des Wandels** stellt ein virtuelles Modell des Veränderungsunternehmers dar. Dieser Veränderungsunternehmer besteht aus mehreren Akteuren in einem Handlungsumfeld, die gemeinsam dazu in der Lage sind, eine stabile Koalition des Wandels zu schaffen und diese über die Zeit vital zu halten. Die Akteure sind dabei in einem *inner circle* derart untereinander verbunden, dass sie sich als eine zentrale Quelle zur Strukturierung von Interessenbetroffenheiten und –Konflikten und zur Durchsetzung strategisch-inhaltlicher Ansprüche der Initiatoren positionieren können.[243] Diese Koalition umfasst die Führungskraft, Experten auf dem Gebiet der neuen Prozesse sowie die Mitarbeiter in der jeweiligen Organisationseinheit.

Die **Glaubwürdigkeit** einer Führungskraft ist im Zuge der Folgeprozesse einer MAB bedroht. Die Aufbruchstimmung kann sie dazu verleiten, frühe Versprechungen zu machen und in Aktionismus zu verfallen. Dies birgt das Risiko, dass Umsetzungen nicht realisiert werden können und das Dringende das Wichtige verdrängt. Dadurch wird die Führungskraft in ihrer Glaubwürdigkeit geschwächt und läuft Gefahr, die wichtige Führungsressource Respekt zu verlieren. Besser ist es, einige wenige Optimierungen anzugehen, die auf die Bedürfnisse der Belegschaft zugeschnitten sind, Meilensteine zu definieren und diese konsequent umzusetzen. Dies kann verhindern, dass man sich in zu vielen Projekten zu verzetteln droht. Wann müssen Ideen über Verbesserungsmaßnahmen kommuniziert werden? Es sollte so schnell wie möglich, aber gleichzeitig auch so langsam wie nötig geschehen. Erst wenn die Führungskräfte das notwendige Commitment gegenüber den Maßnahmen aufweisen, sie sich also selbst auch verpflichtet sehen, die Umsetzung der Maßnahmen voranzutreiben, ist da-

[243] Vgl. Schirmer 2000, 364.

von auszugehen, dass sich der Wandel vollzieht und die Führungskraft ihre Glaubwürdigkeit erhalten und ausbauen kann.
Die **Kommunikation** der Maßnahmenumsetzung muss permanent und zweiseitig erfolgen. Permanent, damit die Ergebnisse der Umsetzung im Sinne eines Wahrnehmungs-Managements auch bei der Belegschaft ankommen. Zweiseitig meint, dass ein offener Dialog mit den Beteiligten neben der Top-Down-Information auch eine Bottom-Up-Kommunikation ermöglicht. Nur so können Veränderungsmaßnahmen bei Bedarf nachgesteuert und an eventuell veränderte Umweltbedingungen angepasst werden.
Die **Partizipation** der beteiligten Akteure muss unbedingt gewährleistet sein: Wer Veränderungen mittragen soll, muss auch ein Mitspracherecht haben. Ansonsten kommt es zu einem "not invented here"-Syndrom, das zur Folge hat, dass die Verbesserungen nicht angenommen werden. Diejenigen, die die Veränderungen sowie die Prozesse nach den Veränderungen anwenden, sollten über das Design der Veränderungen mitentscheiden können. Die Führungskraft hat nach wie vor die Hoheitsgewalt über die Entscheidung, muss dies aber partizipativ und partnerschaftlich mit den beteiligten Akteuren verhandeln.
Alle an den Folgeprozessen beteiligten Akteure eint **Verlustaversion:** Veränderungen bringen immer Gewinner und Verlierer hervor. Die Akteure haben Angst vor dem Verlust von Macht, genauer: vor dem Verlust ihrer Kontrolle über die Ungewissheitszone, die sie sich vor den Veränderungen teilweise mühsam erkämpft haben. Diesem Umstand muss sich die Koalition des Wandels immer bewusst sein. Vor allem die Frage nach der Gewinner-Verlierer-Problematik offenbart, wo sich bei geplanten Veränderungen neue Verteidigungslinien bilden könnten. Einerseits kann hier durch Sinnvermittlung versucht werden Verständnis zu erreichen. Andererseits könnten die Akteure auf der Verlierer-Seite mit Kompensationsangeboten wie beispielsweise dem Bereithalten von neuen Ungewissheitszonen zu einem Tauschgeschäft animiert werden, um im Gegenzug dafür Kooperation zu erreichen. Dabei ist wichtig, dass die Veränderungen und ihre Entwicklung von den Akteuren als gerechtfertigt und fair empfunden werden. Dass dies nicht in allen Fällen erreicht werden kann, scheint evident. Ein Grund mehr also, sich bereits bei der Zielfestlegung der Umsetzungspläne vorsichtig zu positionieren und von Beginn an die Verlustaversion der Akteure mit einzuplanen.
Für Veränderungsbereitschaft kann es hilfreich sein, wenn die Akteure in der gegebenen Situation einen **Leidensdruck** verspüren. Wenn dieser nicht besteht, sieht sich keine Seite dazu genötigt, etwas zu verändern. Der Druck kann beispielsweise für eine Führungskraft entstehen, wenn die Mitarbeiter sich schlecht informiert fühlen und dadurch ihre Arbeit nicht mehr so gut durchführen können, weil ihnen wichtige Details

(zum Beispiel neue Aktionen zur Verkaufssteigerung) entgangen sind. Das kann die Führungskraft dazu veranlassen, das Abteilungsergebnis durch effektiveren Informationsaustausch in der Teamkommunikation zu verbessern. Denkbar ist auch der Aufbau eines in gewisser Weise „künstlichen" Leidensdrucks: Führungskräfte müssen in ihren Zielvereinbarungen Komponenten mit aufnehmen, die sich auf die erfolgreiche Umsetzung von Verbesserungen beziehen. So könnte zum Beispiel eine gewisse Zahl von Folgeprozessen definiert und deren Erfüllungsgrad an festgelegten Meilensteinen überprüft werden. Allerdings ist nicht immer möglich, eine effektive Messung des Umsetzungsstandes zu gewährleisten. Das Hinzuziehen des TRI*M-Indexes als Kennziffer für das Mitarbeitercommitment wirft die Frage nach der Beeinflussbarkeit des Commitments durch die Führungskraft auf. Dennoch könnte sinnvoll sein, die Folgeprozesse der MAB so einzutakten, dass bei der Zielvereinbarung konkrete Maßnahmenumsetzungen vereinbart werden, an der sich die Führungskraft im Laufe der nächsten Periode messen lassen muss.

Wie wir sehen können, sind vor allem die mit den genannten Punkten in Verbindung stehenden Anforderungen an die Führungskräfte enorm. Unsere Erfahrungen haben gezeigt, dass nicht alle Führungskräfte mit den Fragestellungen eines geplanten Wandels vertraut sind. Deshalb ist es – analog zu unseren Überlegungen hinsichtlich der Glaubwürdigkeit der Führungskraft – nicht sinnvoll, wenn sich Abteilungsleiter zu früh festlegen, indem sie schnelle und konsequente Verbesserungen versprechen. Denn damit kann die Gefahr bestehen, dass das Folgende geschieht: im Kielwasser der MAB entsteht eine Art Aufbruchsstimmung, von der sich Abteilungsleiter anstecken lassen. In den Präsentations-Workshops verpflichten sie sich vollmundig zur Umsetzung aller Ideen und Maßnahmen, die in den Gruppendiskussionen erarbeitet wurden. Wir sehen also, dass hier die Führungskräfte mit den mikropolitischen Feinheiten der Organisationstheorie vertraut sein sollten. Die Vorgehensweise eines ruckartigen, aber wenig nachhaltigen Umsetzungsprogramms ist gefährlich, denn nach wenigen Monaten haben die Mitarbeiter das subjektive und nicht immer falsche Empfinden, dass die Maßnahmen zur Veränderung und Verbesserung bereits wieder „versandet" sind. Gleichzeitig ist allerdings zu bedenken, dass seitens der Mitarbeiter oft gesagt wird, dass „sich sowieso nichts geändert hat" und die Führungskräfte sich für die MAB und ihre Folgen „sowieso nicht interessieren." Diese Aussagen können stimmen, sie lassen sich aber ebenso als Schutzbehauptungen interpretieren, laut derer letztlich die Führungskraft allein dafür verantwortlich gemacht wird, dass sich nichts verändert oder verbessert hat.

Die Veränderungsbereitschaft von Mitarbeitern im Zuge der Folgeprozesse einer MAB lässt sich im Prozessverlauf beeinflussen. Gestaltungsbereitschaft, Gestaltungskompetenz sowie Anpassungsfähigkeit lassen sowohl Führungskraft als auch Mitarbeiter zu den „Betroffenen“ des Wandels werden. Im Zusammenhang mit der Maßnahmen-Umsetzung und dem Kampf gegen die Schutzbehauptungen lässt sich eine präzise Definition des **Leadership** vornehmen, die notwendig ist, um effektive Folgeprozesse von MAB zu garantieren. Dieses Leadership ist gekennzeichnet durch drei Faktoren:

1. Die **Fähigkeit zur Ent-Tabuisierung**
2. Der **Wille zur Ent-Tabuisierung**
3. Die **Fähigkeit, stabile Koalitionen des Wandels zu schmieden**

Punkt eins bedeutet, dass eine Führungskraft dazu in der Lage ist, sich von den machtpolitischen Gegebenheiten im Handlungsfeld der Organisation gedanklich zu trennen, um sich auf der Meta-Ebene der Analyse der in einer MAB angesprochenen Problemfelder zu nähern. Dabei ist wichtig, dass sie sich auf die Interessen der jeweiligen Akteure konzentriert, so kann sie die Strategie hinter dem jeweiligen Handeln und die konkreten Aktionen der Akteure besser deuten. Die Frage nach der Sicherung der Kontrolle über die jeweilige Ungewissheitszone kann ebenfalls wichtige Hinweise geben. Ziel ist die Optimierung der Sachlage und damit eine Verbesserung der Kooperation in der Organisation.

Punkt zwei trägt dem Umstand Rechnung, dass sich meist neben der Sachebene eine Machtebene erkennen lässt. Dies führt dazu, dass nur in seltenen Fällen ganz auf die Sachlage fokussiert wird, sondern sich vielmehr auf der Machtebene Austauschbeziehungen abspielen, die sich bei Verhärtung der Fronten in Verlustvermeidungs- und Grabenkämpfe verwandeln können. Hier sind Auseinandersetzungen vorprogrammiert und es lässt sich eine Notwendigkeit der Konfliktbereitschaft erkennen. Eine Führungskraft, die Leadership zur Veränderung in Folge von MAB beweisen will, muss über einen Status verfügen, der sie nicht davor zurückschrecken lässt, unliebsame Begebenheiten zu benennen, diese aufzudecken und dann auch in konstruktiver Weise zu verändern.

Punkt drei beschreibt die politische Dimension in Organisationen und offenbart, wie eine Führungskraft als Akteur dazu in der Lage ist, den Willen der Veränderung umzumünzen in die Sicherung ihrer Machtposition, die sie immer wieder neu verhandelt mit dem Ziel der Sicherung einer stabilen Koalition des Wandels, die dem Veränderungsunternehmer entspricht. Dieser Veränderungsunternehmer ist virtuell zu verstehen, da er sich aus verschiedenen Personen zusammensetzt, welche die Veränderungskoalition bilden. Für die Veränderungen müssen die Akteure sich Verbündete an ihre

Seite holen. Diese können zum einen externe Partner sein, die vor allem zur Objektivierung und Legitimation des Veränderungsvorhabens beitragen. Zum anderen sind die Verbündeten aber vor allem die Promotoren der Veränderung innerhalb des Teams. Ziel ist die Sicherstellung der permanenten Rückmeldung der Verbesserungsfortschritte, um den Prozess der Veränderung gegebenenfalls bei gleichzeitiger Partizipation der Beteiligten auch nachsteuern zu können.
Dabei befinden sich Führungskräfte in einer so genannten Sandwich-Position: In den einzelnen Hierarchieebenen haben die Führungskräfte selbst wiederum einen Vorgesetzten, in dessen Verantwortungsbereich sie agieren. Dadurch sind sie in verschiedenen Interessenlagen eingebunden, die ihren Handlungsspielraum beeinflussen: Zum einen sind sie verantwortlich für den von ihnen geführten Bereich, zum anderen berichten sie an ihren Vorgesetzten, der wiederum für sie verantwortlich ist. Diese Sandwich-Position hat zur Folge, dass die Führungskräfte des mittleren Managements versuchen müssen, den Interessen ihrer Vorgesetzten und gleichzeitig den Interessen der Mitarbeiter in ihrem Bereich gerecht zu werden. Diese Ausgangslage ist komplex und sollte bei den Anforderungen an das Leadership sowie der Umsetzung erfolgreicher Folgeprozesse berücksichtigt werden. Denn ein erfolgreicher Folgeprozess auf Teamebene muss die Führungskraft des Vorgesetzten bei ihren eigenen Folgeprozessen mit einbeziehen. Es kann auch erforderlich sein, Maßnahmen auf nächst höherer Ebene an die Folgeprozesse auf Teamebene anzupassen. Dabei besteht die Gefahr, dass durch die Hierarchie die Kommunikation und dadurch die Abstimmungsprozesse gestört sind und sich Maßnahmen auch gegenseitig beeinträchtigen können.
Keinesfalls wollen wir hier außer Acht lassen, dass für die Erreichung einer Organisationsverbesserung auch die Mitarbeiter „mitgenommen" werden müssen. Der Wandel, der durch die Verbesserungsmaßnahmen eintritt, bedarf ihrer Flexibilität. Hierbei ist zu bedenken, dass die Veränderungen in der Organisation auf drei Ebenen realisiert werden müssen: Die individuelle Lernfähigkeit der Mitarbeiter, die sich auf die Veränderung des Handelns der Mitarbeiter auswirkt, die Kultur im Zusammenspiel zwischen Führungskraft und Mitarbeiter sowie die Veränderungen der Struktur, wie beispielsweise Veränderungen von Prozessschritten innerhalb oder zwischen Abteilungen. Veränderungen sind für alle Beteiligten, Mitarbeiter wie Führungskräfte, heftige Eingriffe, die von allen Interessenten hart umkämpft sind. Wir können davon ausgehen, dass die Kooperation bei den Veränderungen nur über Tauschgeschäfte gesichert werden kann.

5.3 *Commitment und Wandel*

Die Untersuchung der spezifischen Organisationseinheit des Vertriebs in Deutschland hat gezeigt, dass sich der TRI*M-Index durch strukturierte und effektive Folgeprozesse der MAB nicht maßgeblich beeinflussen ließ. Dies liegt nach unseren Erkenntnissen an den folgenden Punkten. Zunächst ist festzuhalten, welche Bereiche über den TRI*M-Index abgefragt wurden, diese beziehen sich auf folgende Punkte:

- Gesamtzufriedenheit des Mitarbeiters mit dem Arbeitsverhältnis
- Wiederbewerbung in der Niederlassung/bei DaimlerChrysler
- Weiterempfehlung der Niederlassung/DaimlerChrysler als Arbeitgeber
- Identifikation mit der Niederlassung/DaimlerChrysler
- Motivation der direkten Kollegen in der Abteilung
- Wettbewerbsfähigkeit

Diese sechs so genannten TRI*M-Fragen wurden zum einen für die DaimlerChrysler AG als Arbeitgeber, zum anderen für die jeweilige Niederlassung als Organisationseinheit abgefragt. Der daraus ermittelte TRI*M-Index war sowohl für die DCAG als auch für die spezifische Niederlassung im Beobachtungszeitraum zwischen 2004 und 2006 rückläufig. In der Niederlassung Freiburg wurden die Folgeprozesse nach der MAB 2004 auf operativer Ebene systematisch angegangen. Dies konnte den TRI*M-Index auf Niederlassungsebene stabilisieren, was dazu führte, dass sich Freiburg dem bundesweiten Trend eines sinkenden Commitments entgegenstemmen konnte, wenn auch keine Verbesserung des TRI*M-Wertes erreicht wurde. Die Verbesserungen konnten sich also leicht auf das Commitment auswirken. Vor allem hinsichtlich der Einschätzung der Wettbewerbsfähigkeit konnte ein Unterschied festgestellt werden: Die Befragten schätzten auf Niederlassungsebene die Niederlassung in der MAB 2004 und der MAB 2006 mit einen Wert von 2,9 ein. Die DaimlerChrysler AG wurde im selben Zeitraum in ihrer Wettbewerbsfähigkeit von 3,6 in 2004 auf 3,3 in 2006 und damit um 0,3 Punkte schlechter eingeschätzt. Es lässt sich argumentieren, dass die Folgeprozesse der MAB 2004 mit dazu geführt haben, dass die Mitarbeiter die Wettbewerbsfähigkeit ihrer Niederlassung gleich bleibend eingeschätzt haben, während sie die globalen Veränderungen des Konzerns hinsichtlich der Wettbewerbsfähigkeit schlechter bewerteten. Die Studie der Abteilungsergebnisse sowie der jeweils spezifischen Herangehensweise an die Folgeprozesse konnte zeigen, dass für eine effektive Bearbeitung der Folgeprozesse folgende Stellhebel wichtig sind:

- Partnerschaftlicher Umgang zwischen Führungskraft und Mitarbeitern
- Daraus folgt eine faire und partizipative Erarbeitung von Maßnahmen, die in einer konstruktiven Arbeitsatmosphäre entstehen
- Glaubwürdigkeit bei der Maßnahmenumsetzung
- Vermittlung der fehlenden Macht zur Veränderung von strukturellen Management-Themen (zum Beispiel Entlohnungspolitik, Prozessketten über verschiedene Divisionen des Konzerns hinweg), eventuell politisches Engagement hinsichtlich struktureller Maßnahmen, die sich auf die Konzernpolitik beziehen. Hier kann die Kooperation mit der Arbeitnehmervertretung in höheren Hierarchieebenen fruchtbar sein[244]
- Verpflichtung der Führungskraft gegenüber der Maßnahmenumsetzung auch über die Zeit (Verstetigung der Veränderungen) muss gegeben sein

Aus diesen Ergebnissen folgt eine Zusammenstellung der wichtigsten Punkte, die für eine erfolgreiche MAB mit Folgeprozessen unbedingt beachtet werden sollten. Diese gelten für alle Beteiligten: Führungskräfte, Mitarbeiter und Projektleiter.

- Vorgeschichte der Abteilung hinsichtlich MAB berücksichtigen
- „Drei-Z-Regel": Zuhören, Zuhören, Zuhören. Rechtfertigungen zunächst vermeiden
- Bewertung der Kritiken und Vorschläge nur in Ausnahmefällen
- „Darüber schlafen"
- Den Mitarbeitern zu jeder erarbeiteten Maßnahme ein Credo geben: Erörtern, warum diese Maßnahme nicht oder zumindest in dieser Form so nicht umgesetzt werden kann. Aufzeigen, bis wann welche Maßnahme abgearbeitet sein wird
- Einordnung der Reaktionen in individuelle, informelle und offizielle Maßnahmen
- Realistische Ziele, um die Glaubwürdigkeit zu erhalten
- Meilensteine definieren
- „Quick Wins": schnelle Erfolge erzielen und diese – mit dem richtigen Augenmaß – auch als Erfolge aus der MAB verkaufen
- Kontrolle der Umsetzung der Maßnahmen nicht delegieren: Verantwortung selbst übernehmen

---

[244] Inwieweit hier eine offene Diskussion gefördert wird und wie weit sich hier Vertreter des mittleren Managements dazu bereit erklären, sich zu exponieren, wird maßgeblich von der bestehenden

Die Kausalitäten zwischen Mitarbeitercommitment und Wandel in Form von Verbesserungen sind nicht geklärt. Die dieser Untersuchung zugrunde liegenden Daten lassen keine Rückschlüsse zu. Es ist plausibel anzunehmen, dass die „externen" Effekte zu stark waren, welche die lokalen Veränderungen überstrahlt haben. Die Zeitreihenanalyse aus den MAB von 2001 bis 2006 hat gezeigt, dass der Commitment-Index stetig gesunken ist. Die Gründe dafür konnten nicht isoliert werden. Es ist plausibel anzunehmen, dass sich in unserer Untersuchung die Fragen zur Ermittlung des TRI*M-Index[245] zu einem großen Teil auf globale und strategische Bereiche des Unternehmens beziehen, die auf lokaler Ebene nur sehr schwer zu beeinflussen sind. Lediglich bei einem Wechsel der Führungskraft konnten wir einen teilweise sprunghaften Anstieg des Mitarbeitercommitments beobachten. Dies könnte damit zusammenhängen, dass die Persönlichkeit der Führungskraft bei den Mitarbeitern einen starken Einfluss auf ihr Commitment gegenüber der Organisation hat.

Unklar geblieben ist, wie sich als vorteilhaft wahrgenommene Verbesserungen und Veränderungen auf das Mitarbeitercommitment auswirken. Wir haben jedoch einige Hinweise darauf bekommen, dass vor allem bedeutsam ist, wie diese Veränderungen erarbeitet und wahrgenommen wurden. Führungskraft befindet sich dabei auf einem schmalen Grat: Zum einen muss sie das Wissen der Mitarbeiter berücksichtigen, zum anderen darf sie sich aber auch nicht der Handlungsfähigkeit berauben lassen. Gleichzeitig sind die Erwartungen seitens der Mitarbeiter zu bändigen. Was kann dabei die Lösung sein? Eine Idee wäre, für die TRI*M-Fragen vermehrt Bereiche aufzunehmen, die die Führungskräfte vor Ort aktiv angehen können. Für die MAB in den Niederlassungen der DCVD gibt es deshalb bereits eine Besonderheit. Der Fragebogen bietet aufgrund der Anbindung an den Konzern den Befragten die Möglichkeit zu differenzieren: Zum einen nach der Zufriedenheit mit der Niederlassung, zum anderen nach der Zufriedenheit mit der DaimlerChrysler AG. Das schafft methodisch mehr Transparenz bei der Bewertung des betrieblichen Umfeldes durch die Mitarbeiter. Aber bislang wurden in erster Linie Dimensionen abgefragt, die beispielsweise ein Abteilungsleiter nicht unbedingt beeinflussen kann: Gesamtzufriedenheit, Wiederbewerbung, Weiterempfehlung, Identifikation, Motivation und Wettbewerbsfähigkeit sind sehr globale Begrifflichkeiten und es ist nahe liegend, dass diese Dimensionen von einem Abteilungsleiter nicht direkt in Angriff genommen werden können.[246]

Unternehmenskultur beeinflusst. Wenn kritische Stimmen gefördert werden, kann dies besser gelingen, als wenn diese Kritiker von den höheren Hierarchieebenen eher als Störenfriede wahrgenommen werden.

[245] Fragen nach Gesamtzufriedenheit, Wiederbewerbung, Weiterempfehlung, Identifikation, Motivation und Wettbewerbsfähigkeit.

[246] Hier ist zu bedenken, dass die Veränderungen der TRI*M-Index-Fragen große Schwierigkeiten aufwerfen. Die ermittelte Kennzahl wird bereits seit vielen Jahren von TNS weltweit in allen MAB-Studien ermittelt und

Hier ist anzumerken, dass die Veränderung der TRI*M-Fragen aufgrund der weltweiten Anwendung sowie der langjährigen Funktion als Benchmark-Vergleich nur schwierig zu gestalten wäre. Nach einer Kosten-Nutzen-Analyse könnte dies jedoch den geänderten Umweltbedingungen der Unternehmen (verstärkter Wettbewerbsdruck, beschleunigte Reorganisationsprozesse) Rechnung tragen. Ein erster Schritt hin zu einer Fokussierung des Fragebogens auf die strategische Implementierung der Folgeprozesse könnte sein, die Abfrage der Einzel-Items dazu zu nutzen, den Veränderungsprozess sowie die Wahrnehmung der umgesetzten Verbesserungen bei den Mitarbeitern zu evaluieren. Dies kann der Führungskraft Aufschluss darüber geben, wie die Mitarbeiter die Bearbeitung der Folgeprozesse einschätzen und ihr demnach Stellschrauben für die zukünftige Herangehensweise an Verbesserungen liefern.

An diese Überlegungen schließt eine weitere Idee an, die als Alternatives Agenda-Setting bezeichnen werden kann: ein oft genannter Einwand ist, dass die Fragen sich auf Punkte beziehen, die zu abstrakt oder auch zu ungenau gestellt wurden. Sicherlich kann dies eine Schutzbehauptung der Befragten sein, dennoch ist dieser Einwand zu entkräften oder zumindest abzuschwächen, indem Vertreter der Arbeitnehmer – und dabei ausdrücklich nicht nur die gewählten Arbeitnehmervertreter des Betriebsrates – sich an der inhaltlichen Gestaltung des Fragebogens beteiligen. Der Vorschlag zielt darauf ab, dass sich Mitarbeiter bereits bei der strategischen Ausrichtung der MAB mehr einbringen sollten. Zwar wird jede MAB in der Entwicklungsphase auch an einer Auswahl von Mitarbeitern getestet, und die damit gewonnenen Erkenntnisse fließen in das Design des endgültigen Bogens ein, aber die inhaltliche und strategische Gestaltung obliegt letztlich der Unternehmensleitung und dem externen Befragungsinstitut. Dazu ist anzumerken, dass auch bei dieser Vorgehensweise unbedingt ein MAB-Experte, am besten vom externen Partner, bei der Erarbeitung des Fragebogens dabei sein muss. Nur so können methodische Fehler vermieden werden, die das gesamte Projekt gefährden.

Leider wurde beim Design des Fragebogens für die MAB 2006 ein entscheidender Fragenblock abgeändert. In der MAB 2004 gab es den Block „Mitarbeiterbefragung". Dabei wurde abgefragt, wie die Durchführung von Mitarbeiterbefragungen aufgenommen wurde, wie die Information über die letzte MAB sich gestaltete, wie die Einbindung in die Erarbeitung von Maßnahmen aus der letzten MAB lief, wie die Qualität und Zweckmäßigkeit der Maßnahmen und die Umsetzung der Maßnahmen bewertet wurden. Dieser komplette Fragenblock wurde bei der MAB 2006 nahezu ersatzlos gestrichen. Lediglich die Fragen nach der „Ausgestaltung von Veränderungsprozessen

dient als Datenbasis für ein umfassendes Benchmarking nach Dimensionen wie Ländern, Branchen und Unternehmensgrößen.

im Bereich/der Abteilung“ wurde beibehalten, allerdings nicht spezifisch auf Veränderungsprozesse durch MAB gestellt. Die Ergebnisse aus der MAB 2006 lassen damit also nur indirekt Schlüsse zu auf die Auswirkungen des Veränderungsmanagements nach der MAB 2004.

Es ist plausibel anzunehmen, dass ein hohes Commitment dazu beiträgt, die Belastbarkeit der Mitarbeiter zu erhöhen. Unsere Beobachtungen in der betrieblichen Praxis konnten bestätigen, dass ein sich stark mit dem Unternehmen identifizierender Mitarbeiter mehr Leistung für das Unternehmen erbringt. Diese Leistung kann auch darin bestehen, Wandel zu akzeptieren und selbst mitzugestalten. Hier ist zu bedenken, dass statt der Aufnahme des TRI*M-Index besser die Folgeprozesse in die Zielvereinbarung aufgenommen werden sollten. Das würde bedeuten, dass die MAB-Folgeprozesse strategisch derart in den Führungsprozess eingegliedert werden, dass die Maßnahmen zum Zeitpunkt der Zielvereinbarung bereits definiert sind. Diese Verbesserungen würden dann mittels eines Zielerreichungsgrades in der laufenden Zielvereinbarungsperiode beurteilt.

Schlussbetrachtung

Das Ziel dieser Untersuchung war, zu klären, welches Verhältnis zwischen Wandelverstetigung, Commitment und Mitarbeiterbefragungen besteht. Die vorliegende Studie ist das Ergebnis eines Pilotprojekts, bei dem eine von insgesamt 35 Mercedes-Benz Niederlassungen der DaimlerChrysler Vertriebsorganisation Deutschland hinsichtlich der Folgeprozesse von MAB exemplarisch herausgestellt wurde. Für einen Vergleich zwischen Deutschland und in den USA wurde zudem der Vertrieb von Mercedes-Benz USA zu dieser Fragestellung untersucht.

Die Vertriebsgesellschaften von DaimlerChrysler sind eigenständige Organisationseinheiten. Innerhalb der Niederlassungen gibt es einzelne Abteilungen und Teams, die jeweils von Abteilungs- oder Teamleitern geführt werden. Die Folgeprozesse der MAB sind nicht standardisiert, so dass in jeder Niederlassung der Niederlassungsleiter die Art der Folgeprozesse bestimmen kann. Er gibt zusammen mit dem MAB-Beauftragten die Marschrichtung vor, die einzelnen Abteilungsleiter mit ihren Teams setzen diese Vorgaben dann in die Praxis um, wobei die Sicherstellung des geplanten Wandels eine komplexe Herausforderung darstellt. Es wurde deutlich, dass bei der strategischen Implementierung der Folgeprozesse noch Handlungsbedarf besteht. Bislang sind in den Zielvereinbarungen der Führungskräfte in den Niederlassungen noch keine qualitativen und quantitativen Ziele bezüglich der MAB mit aufgenommen, zu denen sich die Führungskraft verpflichtet.[247] Dabei sollte die Aufnahme von Zielen zur Abteilungs- und Bereichsentwicklung vorangetrieben werden, wobei die Objektivierbarkeit und Messbarkeit der Vereinbarungen schwer realisierbar sein kann. Hier sollten die verhandelnden Parteien Spielraum erhalten, gleichzeitig müssen sie aber auch in den Methoden des Change Management geschult sein, um über die Qualifikationen einer effektiven Umsetzungsdokumentation zu verfügen.

Das Verhältnis zwischen Wandelverstetigung und Commitment konnte nicht eindeutig geklärt werden, da sich die konzernweiten Restrukturierungen auf die Wahrnehmung der Mitarbeiter auswirkten. Dadurch wurden auf lokaler Ebene erreichte Verbesserungen in den Schatten gestellt. Wir konnten sehen, dass die Bewertung von Verbesserungsprozessen über den TRI*M-Index nur eingeschränkt möglich ist: konzernweite Restrukturierungen können das Mitarbeitercommitment stärker belasten, als lokale Verbesserungen es intensivieren können. Hinzu kommt, dass die Erwartungen der Mitarbeiter bezüglich der Umsetzungsmaßnahmen hoch sind. Selbst wenn nachweislich Verbesserungen und Veränderungen eingeleitet und auch umgesetzt sind, werden diese Optimierungen nach relativ kurzer Zeit als mehr oder weniger selbstverständlich hin-

---

247 Mit Ausnahme des Niederlassungsleiters.

genommen. Deshalb sei davor gewarnt, die ohnehin hohen Erwartungen der Mitarbeiter durch vorschnelle Ankündigungen weiter zu steigern. Ansonsten besteht die Gefahr, dass diese anschließend nicht mehr erfüllt werden können.

Im Zuge der MAB 2004 und 2006 konnten auf Team- und Abteilungsebene Verbesserungen erzielt werden. So wurde beispielsweise eine neue Schulungsplanung eingeführt, um den Mitarbeitern mehr Weiterbildungsmöglichkeiten zu bieten. Eine spürbare Verbesserung der Information und Kommunikation konnte erreicht werden, indem in allen Abteilungen regelmäßige Teamgespräche eingeführt und deren Stattfinden auch kontrolliert wurden. Viele der gesammelten Ideen und Vorschläge auf lokaler Ebene konnten also realisiert werden. Im Zuge der Folgeprozesse einer MAB sind kluge und vorausschauende Entscheidungen durch das Management gefordert. Folgeprozesse auf gruppenbezogener und projektbezogener Ebene sind meist in der Überzahl, auf strategischer Ebene hingegen meist selten. Diese Maßnahmen werden meist auf hohen Hierarchieebenen entschieden.

Es blieb unklar, wie die auf lokaler Ebene wahrgenommenen Verbesserungspotenziale, welche die Organisationsentwicklung auf globaler Ebene betreffen, beeinflusst werden können. Die strukturellen Management-Themen wie beispielsweise Entlohnungsformen sind nur über einen langen Zeitraum hinweg veränderbar. Gleichzeitig erleben Teile der Belegschaft, zum Beispiel Monteure, die im Leistungslohn arbeiten, die Vor- und Nachteile der gewählten Bezahlform täglich in ihrer Arbeit. Sie empfinden MAB als eine gute Möglichkeit, Kritik an den bestehenden Regelungen zu üben. Doch im beobachteten Zeitraum dieser Untersuchung wurde an diesen Themen nichts verändert und bei den Mitarbeitern machte sich Ernüchterung breit. Es gilt also zu bedenken, dass eine offene Unternehmenskultur, also ein Klima, in dem ein freier Meinungs- und Informationsaustausch zwischen Mitarbeitern und Führungskräften auch der höheren Hierarchieebenen aufrechterhalten werden kann und sich in Verbesserungen niederschlägt, nicht allein mit der Durchführung von MAB entsteht. Zwar kann ihr Einsatz eine wichtige Säule bilden, welche die Führung und Kommunikation im Unternehmen effektiv ergänzt. Die Tatsache, dass eine MAB durchgeführt wird, führt allerdings nicht automatisch dazu, dass „Ideen der Mitarbeiter Gehör finden“ oder dass die Geschäftsleitung „die Meinung der Mitarbeiter interessiert.“ Diese naive Sicht verkennt, dass in einer Organisation immer auch Macht und mikropolitische Strukturen wirken. Partizipation ist mit Risiko verbunden, das untere und mittlere Management braucht dafür Garantien und Entscheidungsspielraum.[248] Auf dieser Ebene leisten MAB und Folgeprozesse einen wichtigen Beitrag, da sie für die Akteure einen Anlass herbeiführen, Verbesserungspotenziale herauszuarbeiten.

Damit die Leistungsträger, die sich bereits überdurchschnittlich stark für das Unternehmen engagieren und sich deshalb vermutlich auch vermehrt in die Ideeneinbringung im Zuge der MAB eingebracht haben, nicht enttäuscht werden, müssen die Maßnahmen nachhaltig umgesetzt werden. Ansonsten hat man mit einer MAB mehr zerstört als Verbesserungen geschaffen. Vor allem in großen Organisationen können Vorschläge, die von Mitarbeitern kommen und Dimensionen auf der Ebene des gesamten Konzerns betreffen, nur schwer angebracht werden. Die Herausforderung für solche Organisationen besteht darin, Möglichkeiten für die Einbringung von Ideen zu schaffen. Diese Optionen sind ein wichtiges Instrument, um den Anteil der „Bewohner" im Unternehmen möglichst gering zu halten. In vielen Konzernen gibt es bereits Ansätze, die unter dem Begriff des Ideenmanagements zusammengefasst sind. Doch oftmals sind hier bürokratische Hürden zu hoch und es vergeht zu viel Zeit, bis Vorschläge umgesetzt werden. Zudem muss sichergestellt sein, dass auch im täglichen Miteinander Optionen zur Partizipation geschaffen werden, die sich in Veränderungen des betrieblichen Umfelds niederschlagen.

Bei der Suche nach den Personen, welche über die Macht verfügen, um Veränderungen bleibend umzusetzen, sind wir letztlich immer wieder auf die *zentrale Rolle der Führungskraft* gestoßen. Die Führungskraft benötigt legitime Herrschaft zur Sicherstellung von effektiven Folgeprozessen. Die drei Formen der legitimen Herrschaft, rationale Regeln, persönliche Autorität und Charisma, werden bei den Folgeprozessen einer MAB in unterschiedlicher Weise benötigt. Die Selbstrechtfertigung der Herrschaft über rationale Regeln kann im Hinblick auf MAB und Folgeprozesse erfolgen, indem sich die Führungskraft auf die bestehende Betriebsvereinbarung hinsichtlich der Implementierung von MAB beruft. Die Führungskraft kann also die festgelegten Prozessschritte bezüglich Durchführung der Folgeprozesse inklusive Erarbeitung von Maßnahmen und Umsetzungscontrolling als Anlass nehmen, wichtige Veränderungen herbeizuführen. Die bestehenden Regelungen erhöhen dabei die Chance, dass sie für einen Befehl bestimmten Inhalts bei den Akteuren in ihrem Team Gehorsam findet. Dieser Gehorsam allerdings, das sei hier einschränkend vermerkt, sollte Partizipationsmöglichkeiten bieten. Gehorsam kann ansonsten als nicht mehr zeitgemäß wahrgenommen werden und bei den Mitarbeitern Widerstände provozieren.

Die Legitimation der Veränderung durch MAB mittels Betriebsvereinbarung ist wichtig, umfasst allerdings gleichzeitig eine Rückbindung an die Bürokratie, die wiederum Veränderungen lähmen kann. Aus diesem Grund braucht es hier zusätzlich persönliche Autorität, über welche die Führungskraft verfügen muss. Wenn sie sich derart positio-

[248] Vgl. Friedberg 1995, 354.

nieren kann, dass sie Verantwortung für die Umsetzung übernimmt und sich dadurch über allzu starre Bürokratisierungstendenzen hinwegsetzt, kann sie wichtige Voraussetzungen für die Schaffung einer stabilen Koalition des Wandels herstellen. Die Führungskraft kann ihre legitime Herrschaft ausbauen, wenn sie über MAB für ihre Abteilung Verbesserungspotenziale erschließt. Diese Herrschaft über persönliche Autorität erarbeitet sich die Führungskraft über den Respekt ihrer Mitarbeiter: die Machtbeziehung verläuft als Tausch, die Mitarbeiter liefern Ideen zur Verbesserung und die Führungskraft sorgt kraft ihres Amtes für die Umsetzung der Ideen. Wenn ihr diese Aufgabe auch gegen größere Widerstände gelingt, kann sogar von Elementen der charismatischen Herrschaft gesprochen werden.
Es wurde zudem deutlich, dass bei Veränderungsprozessen die jeweiligen Interessen, auch die der Mitarbeiter, von großer Bedeutung sind. Was bringt die Mitarbeiter dazu, ihr Wissen über Verbesserungen kontinuierlich an die Führungskraft weiterzugeben? Was bringt die Führungskraft dazu, das Wissen und die Vorschläge anzunehmen und diese auch konsequent umzusetzen? Zunächst ist davon auszugehen, dass jede Führungskraft ein starkes Interesse an motivierten Mitarbeitern hat. Hier ist die Wahrung der Reziprozität zu beachten, also ein Verhältnis zwischen Führungskraft und Mitarbeitern, das auf Gegenseitigkeit beruht. Kein strategischer Akteur will sich der Gefahr aussetzen, die Kontrolle über seine Ungewissheitszone zu verlieren oder einzuschränken. Neue Methoden, standardisierte Prozesse und Effizienzsteigerungen müssen immer die Menschen und deren Bedürfnisse berücksichtigen. Wenn neue Prozesse eingeführt werden, muss im Vorfeld eine sorgfältige Recherche der Kosten und Nutzen durchgeführt werden. Gleichzeitig darf man aber die Innen- und Außenwirkung bei Belegschaft, Kundschaft und in der Gesellschaft nicht vernachlässigen.
Wenn die Entscheidung für die Einführung eines neuen Prozesses getroffen ist, muss dies sehr diplomatisch und integrativ geschehen. Die Organisationseinheiten sollten den Sinn von neuen Prozessen, Strukturen und Abläufen verstehen, nur so kann eine stabile Koalition des Wandels mit wichtigen Veränderungsunternehmern entstehen. Dabei muss kunden- und verkaufsorientiert gedacht werden: Wenn für alle Beteiligten eine win-win-Situation entsteht, gelingt der Wandel einfacher. Wenn allerdings, was oft der Fall ist, auch Verlierer zu erwarten sind, muss man dies gesondert berücksichtigen und gegebenenfalls Ersatzaufgaben für die Mitglieder der Gruppe der Verlierer erarbeiten. Hier ist zu bedenken, dass jeder Akteur die Kontrolle über seine Ungewissheitszone zu erhalten gedenkt. Daraus kann resultieren, dass die Probleme und deren Lösungen nicht alleine auf der Sachebene verhandelt werden, sondern dass sie auch eine mikropolitische Komponente enthalten. Hier ist die Frage der Gewinner-Verlierer-Problematik zu stellen und gleichzeitig ist zu überprüfen, welche Ungewiss-

heitszonen kontrolliert werden und wie auftretende Kontrollverluste ausgeglichen werden können. Dies stellt wichtige Schritte dar, die zur Realisierung von Projekten zur Implementierung neuer Prozesse durchgeführt werden müssen.

Ausflüchte bei Wandelvorhaben sind vielseitig und zeigen uns, wie die Akteure darauf erpicht sind, die erkämpfte Kontrolle über ihre jeweiligen Ungewissheitszonen zu verteidigen. Für den Wandel von Organisationen gibt es eine Menge Hindernisse. Als die wichtigsten haben sich in unserer Untersuchung die folgenden Punkte herausgestellt: Abteilungs- und Gruppendenken, Angst vor Veränderungen, Lippenbekenntnisse, Aktionismus, Selbstüberschätzung, Rückkehr zu alten Gewohnheiten und Zeitmangel während des Tagesgeschäfts. Die Hindernisse eines geplanten Wandels sind also vielschichtig. Deshalb ist hier zu bedenken, dass geplante Veränderungen und ihre Umsetzung nicht zu früh und zu vollmundig verfasst werden sollten. Wir konnten sehen, dass sich erfolgreiche Veränderungen immer in einem vielseitigen Netz von Interessen und Macht abspielen. Als Initiator von Veränderungsprozessen kommt dabei dem Management eine tragende Rolle zu. Vielfach wird durch externe Faktoren Verbesserungsdruck aufgezwängt, der viele interne Anstrengungen behindert. Dies war im Zuge der Aktivitäten der Vertriebsstraffung zu beobachten, die durch Einsparungen von Kosten durch Personalabbau realisiert wurden. Diese Prozesse trugen zu einem Klima der Angst bei, das der kontinuierlichen und konstruktiven Verbesserung innerhalb der Organisation entgegenwirkte.

Die wichtigsten Führungsinstrumente für Möglichkeiten der Partizipation stehen in den konzerneigenen Organisationseinheiten in den USA und in Deutschland zur Verfügung: Mitarbeiterfeedback, Ideen-Management, Regelkommunikation, Total Quality Management (TQM) und Mitarbeiterbefragung. Sie müssen allerdings in der Praxis die konsequente Durchführung erfahren. Führungskräfte sind teilweise mit den verschiedenen Projekten und Befragungen hinsichtlich des begrenzten Zeitbudgets überlastet. Dabei wird noch zu wenig bedacht, dass vor allem das Instrument der Zielvereinbarung viele Möglichkeiten hinsichtlich des Umsetzungscontrollings der Folgeprozesse bietet. Die Führungskräfte sollten durch eine strategische Implementierung der MAB darin unterstützt werden, auch die Bearbeitung von Folgeprozessen in die Zielvereinbarungen aufnehmen zu können. Dafür kann es hilfreich sein, ihnen den Eigennutzen der Verbesserungen zu vermitteln. Die über die MAB und deren Verbesserungsworkshops erhaltenen Informationen führen zu Optimierungen, die letztlich das Abteilungsergebnis steigern können. Um eine Überregulierung der Folgeprozesse zu verhindern, ist das Zulassen von Autonomie bei der Entscheidung über die Art und Weise der Wandelverstetigung angebracht. Diese Selbständigkeit darf allerdings nicht dazu führen, dass Folgeprozesse vernachlässigt werden, was eine Entwertung des Füh-

rungsinstruments MAB auslöst. Eine Kontrolle der Folgeprozesse ist deshalb unerlässlich.
Offen geblieben ist, welche Umsetzungsanreize implementiert werden sollten. Auf diesem Gebiet warten auf die DCVD und die DCAG noch einige Herausforderungen. Denn die Konzern-Politik bestimmt in vielen Belangen „von oben herab", welche Rahmenbedingungen für das Tagesgeschäft gelten. Speziell durch die sehr enge Anbindung der Niederlassungen an den Konzern und die Vertriebszentrale in Berlin werden viele unternehmenspolitische Entscheidungen „über die Köpfe" der Betroffenen hinweg gefällt. Die Leitlinien bestehend aus Kennzahlen, spezifischem Lohngefüge[249] und Provisionsregelungen bestimmen den Korridor, in dem sich die Mitarbeiter in Verwaltung, Service und Verkauf am Arbeitsplatz betätigen können. Das kann in einem großen Unternehmen wie der DaimlerChrysler AG bei den Beschäftigten zu einem starken Gefühl der Ohnmacht und Fremdbestimmung führen. Nach der Theorie des kompensierenden Lohndifferentials wird die fehlende Autonomie in großen Unternehmen zwar mit einer vergleichsweise guten Bezahlung ausgeglichen. Darüber hinaus ist es jedoch existentiell, dass in den mikropolitischen Strukturen, also beispielsweise auf der Ebene der Niederlassungen in den Hierarchiestufen E2 bis E5 die Handlungsoptionen fortlaufend ausgelotet werden. Dazu kann eine MAB sehr wohl beitragen, die in dieser Untersuchung herausgearbeiteten Fallstricke sollten jedoch zwingend beachtet werden.
Durch Interventionsinstrumente wie Mitarbeiterbefragungen können weit reichende Eingriffe erzielt werden, welche die vorhandenen Strukturen und Abläufe innerhalb einer Organisation verändern. Dieser Wandel kann sehr konkrete Folgen für die Arbeit der Mitarbeiter und ihrer direkten Vorgesetzten haben, denn bestehende Strukturen müssen aufgebrochen werden. Die Mitarbeiter sind dann dazu gezwungen, von Funktionsoptimierungen vermehrt zu Prozessmusterwechseln überzugehen.[250] Hier ist jedoch zu beachten, dass ein mit Veränderungen einhergehender Paradigmenwechsel eine lange Zeit benötigt, denn Denk- und Handlungsmuster aller Akteure müssen sich ändern. Akteure der alten Arbeitsweise müssen erst aus der Organisation ausscheiden oder sie müssen lernen, in neuen Mustern zu denken und vor allem zu handeln. Das macht das Change Management so langwierig und auch so empfindlich für Rückfälle. Diese Problemlage muss man sich bewusst machen, wenn man Verbesserungsprozesse in Organisationen erfolgreich realisieren will. Die Beratung durch das Erstellen eines Konzeptes für die nachhaltige und effektive Umsetzung von Verbesserungsmaßnah-

---

[249] Unterscheidbar in Arbeiter (Leistungslohn und Zeitlohn) und Angestellte (Gehaltsempfänger und Provisionsempfänger).
[250] Kruse/Furkel 2006.

men kann jedoch lediglich Deutungsmuster und Deutungshilfestellungen bieten. Die wirkliche Veränderung muss durch die Akteure im mikropolitischen Machtgefüge wirksam durchgesetzt werden.[251]

Wie sich die Verbesserungsmaßnahmen auf das Mitarbeitercommitment auswirken, konnte nicht eindeutig geklärt werden. Für weitere Untersuchungen hinsichtlich der Auswirkungen von Verbesserungsmaßnahmen auf das Mitarbeitercommitment müssten vor allem zwei Ebenen deutlicher voneinander unterschieden werden: zum einen die konzernweite Strategie, die von der Konzernzentrale und ihren Geschäftsbereichen festgelegt wird. Zum anderen die lokale, aus den betrieblichen Einheiten bestehende Ebene, die durch die Akteure im Handlungsfeld vor Ort mitgestaltet wird. In erster Linie setzen MAB und Folgeprozesse an dieser lokalen Ebene an. Die globale Ebene kann nur mitgestaltet werden, wenn MAB strategisch in die Organisationsentwicklung eingebettet werden. Das bedeutet, dass die Geschäftsbereiche dazu angehalten werden sollten, sich mit den MAB-Ergebnissen in strategischen Fragestellungen wie Entlohnungsformen und Weiterentwicklungsmöglichkeiten einzuklinken.

Für Vertriebsunternehmen, wie es die Niederlassungen der DaimlerChrysler AG sind, ist eine durchgehende Kundenorientierung auf einer sehr persönlichen Ebene unerlässlich. Sie ist einer der wichtigsten Schlüssel zum betrieblichen Überleben im gnadenlosen Verdrängungswettbewerb. Komplexität und Dynamik des Marktes verlangen immer wieder aufs Neue Nachbesserungen der Organisations-Strukturen. Die Wirtschaftlichkeit der Niederlassungen steht dabei im Vordergrund und letztlich sind es die Mitarbeiter, die den Erfolg eines Unternehmens beeinflussen. Dafür leistet eine effiziente Kommunikation durch eine partizipative Mitarbeiterführung wichtige Beiträge und der Wandel kann durch Einbindung der Mitarbeiter effizient gestaltet werden. Denn nur sie verfügen über das spezifische Expertenwissen in ihrem jeweiligen Arbeitsgebiet. Für die Nutzbarmachung des Wissens der Mitarbeiter ist ein *modernes Verständnis von Mitarbeiterführung* unabdingbar. Die Wichtigkeit und Effizienz eines Führungsmodells, das auf einer *partizipativen Mitarbeiterführung* aufbaut, konnte gezeigt werden. Bei diesem *kooperativen Führungsstil* besteht allerdings immer die Gefahr, dass eine Schein-Partizipation entsteht, die den Mitarbeitern vorgaukelt, sich an Entscheidungen beteiligen zu können. Im Arbeitsalltag hat dann aber meist die Führungskraft das letzte Wort, denn sie trägt am Ende die Verantwortung für die getroffenen Entscheidungen. Sie sollte dabei allerdings behutsam vorgehen und sich bereits im Vorfeld einen gewissen Vorbehalt bei Umsetzungsentscheidungen einräumen. Dies muss im Sinne eines Erwartungsmanagements den beteiligten Akteuren mitgeteilt werden.

---

[251] Akteure: siehe Minssen 1998.

Ansonsten besteht die Gefahr, dass zu große Hoffnungen der Mitarbeiter entstehen, sich einbringen zu können, die sich hinterher nicht ihren Vorstellungen gemäß in den getroffenen Entscheidungen wieder finden.

MAB können Bestandteil der kooperativen und modernen Mitarbeiterführung sein, nach wie vor ist hierfür aber wichtig, dass Führung als Vorbildfunktion verstanden und gelebt wird. Es gilt zu bedenken, dass es letztlich der Führungskraft selbst obliegt, ein positives Verhältnis zu den Mitarbeitern aufzubauen, dies kann ihr nicht diktiert werden und bis zu einem bestimmten Grad kann sie selbst über die Art ihres Agierens entscheiden. Führungskräfte sollten dazu die wertvollen Funktionen einer MAB nutzen, denn hier erhalten sie ein großes Arsenal von Wissen und Informationen in einer Form, die sonst das Alltagsgeschäft nicht oder nur begrenzt zulässt.

Anhang

MAB-Fragebögen 2004 und 2006

Muster Maßnahmenkatalog

Muster Weiterbearbeitungsfähige Datei

Muster Nachhaltigkeits-Audit

Fragen Leitfaden-Interviews

Bitte nicht beschädigen oder entfernen.

Mercedes-Benz Niederlassungen

Mitarbeiterbefragung 2004

Fragebogen

(DCVD)

Gewährleistung Ihrer Anonymität

Die Anonymität hatte bei der Konzeption der Mitarbeiterbefragung absolute Priorität.

- **Anonymität beim Versand**

  Jeder Mitarbeiter erhält den Fragebogen in einem verschlossenen Kuvert.

- **Anonymität beim Rückversand**

  Sie haben zwei Möglichkeiten, den Fragebogen an TNS Infratest zurückzusenden:

  - Geben Sie das Rückantwortkuvert in den internen Postweg oder
  - Schicken Sie das Rückantwortkuvert direkt auf dem Postweg an TNS Infratest.

- **Organisationseinheit ist nicht gleich Auswertungseinheit**

  Alle Fragebogen sind mit einem Code versehen, der die Organisationseinheit verschlüsselt. Der Code verschlüsselt keine individuellen Merkmale von Mitarbeitern. TNS Infratest vergibt diesen Code.

  Alle Mitarbeiter einer Organisationseinheit erhalten immer Fragebogen mit der gleichen Code-Nummer. Um den Datenschutz von Einzelpersonen zu gewährleisten, werden ausschließlich Organisationseinheiten ausgewertet, für die mindestens 6 Fragebogen zurückgesendet wurden.

  Also: Ob für eine Organisationseinheit ein Ergebnis erstellt wird, hängt vom Rücklauf ab.

- **Auswertung der statistischen Merkmale**

  Die statistischen Merkmale im hinteren Teil des Fragebogens werden ausschließlich auf Ebene der gesamten Niederlassung ausgewertet.

  Auch hier gilt die Regel, dass ausschließlich Gruppen ausgewertet werden, für die mindestens 6 Fragebogen zurückgesendet wurden.

  Also: Eine Rückidentifikation einzelner Mitarbeiter anhand dieser Merkmale ist nicht möglich!

Hotline

Sollten Sie darüber hinaus Fragen zur Mitarbeiterbefragung haben, stehen Ihnen ab sofort gerne folgende Ansprechpartner zur Verfügung:

- **Ansprechpartner in Ihrer Niederlassung**

  Ihr kaufmännischer Leiter

- **Ansprechpartner bei TNS Infratest**

  Rainer Saborny   Tel. 089 / 56 00 1388
  e-Mail rainer.saborny@tns-infratest.com

Hinweise zum Ausfüllen dieses Fragebogens

Bitte füllen Sie den Fragebogen gleich nach Erhalt aus.

Da die Fragebogen maschinell eingelesen werden, kreuzen Sie bitte mit einem schwarzen oder einem blauen (bitte auf keinen Fall mit einem roten) Kugelschreiber die entsprechenden Kästchen auf folgende Weise an: ☒

I. Allgemeine Fragen

1. Wie zufrieden sind Sie insgesamt mit Ihrem Arbeitsverhältnis?

- Äußerst zufrieden ☐
- Sehr zufrieden ☐
- Zufrieden ☐
- Weniger zufrieden ☐
- Unzufrieden ☐

2a. Würden Sie sich in Ihrer Niederlassung wieder bewerben?

- Bestimmt ☐
- Wahrscheinlich ja ☐
- Eventuell ☐
- Wahrscheinlich nicht ☐
- Bestimmt nicht ☐

4a. Wie stark identifizieren Sie sich mit Ihrer Niederlassung?

- Äußerst stark ☐
- Sehr stark ☐
- Stark ☐
- Weniger stark ☐
- Überhaupt nicht ☐

4b. Wie stark identifizieren Sie sich mit DaimlerChrysler?

- Äußerst stark ☐
- Sehr stark ☐
- Stark ☐
- Weniger stark ☐
- Überhaupt nicht ☐

2b. Würden Sie sich bei DaimlerChrysler wieder bewerben?

- Bestimmt ☐
- Wahrscheinlich ja ☐
- Eventuell ☐
- Wahrscheinlich nicht ☐
- Bestimmt nicht ☐

3a. Würden Sie Ihre Niederlassung aufgrund Ihrer Erfahrungen Freunden und Bekannten als Arbeitgeber weiterempfehlen?

- Bestimmt ☐
- Wahrscheinlich ja ☐
- Eventuell ☐
- Wahrscheinlich nicht ☐
- Bestimmt nicht ☐

3b. Würden Sie DaimlerChrysler aufgrund Ihrer Erfahrungen Freunden und Bekannten als Arbeitgeber weiterempfehlen?

- Bestimmt ☐
- Wahrscheinlich ja ☐
- Eventuell ☐
- Wahrscheinlich nicht ☐
- Bestimmt nicht ☐

5. Wie beurteilen Sie die Motivation Ihrer direkten Kollegen Ihrer Abteilung?

- Äußerst stark ☐
- Sehr stark ☐
- Stark ☐
- Weniger stark ☐
- Überhaupt nicht motiviert ☐

6a. Wie beurteilen Sie die Wettbewerbsfähigkeit Ihrer Niederlassung?

- Äußerst gut ☐
- Sehr gut ☐
- Gut ☐
- Weniger gut ☐
- Schlecht ☐

6b. Wie beurteilen Sie die Wettbewerbsfähigkeit von DaimlerChrysler?

- Äußerst gut ☐
- Sehr gut ☐
- Gut ☐
- Weniger gut ☐
- Schlecht ☐

II. Beurteilung einzelner Aspekte

Im folgenden Teil des Fragebogens geht es um die Beurteilung konkreter Aspekte. Es wird jeweils in der linken Spalte nach der Wichtigkeit eines Aspektes für Sie und in der rechten Spalte nach Ihrer Zufriedenheit mit diesem Aspekt gefragt.

Für die Auswertung der Ergebnisse ist es unbedingt notwendig, dass Sie jeden Aspekt sowohl nach der Wichtigkeit als auch nach der Zufriedenheit beurteilen.

Beantworten Sie bitte zuerst komplett die linke Spalte (Wichtigkeit) und dann die rechte Spalte (Zufriedenheit).

a. Qualität der Arbeit

Wie **wichtig** sind Ihnen die folgenden Aspekte?						Wie **zufrieden** sind Sie mit den folgenden Aspekten?					
äußerst wichtig	sehr wichtig	wichtig	weniger wichtig	un-wichtig		äußerst zufrieden	sehr zufrieden	zufrieden	weniger zufrieden	un-zufrieden	kein Urteil möglich
☐	☐	☐	☐	☐	Einsatz nach Kenntnissen und Fähigkeiten	☐	☐	☐	☐	☐	☐
☐	☐	☐	☐	☐	Vielseitigkeit der Arbeit	☐	☐	☐	☐	☐	☐
☐	☐	☐	☐	☐	Selbständigkeit und Eigenverantwortlichkeit der Arbeit	☐	☐	☐	☐	☐	☐

☐	☐	☐	☐	☐	Klare Zuständigkeits- und Verantwortungsregelungen	☐	☐	☐	☐	☐	☐
☐	☐	☐	☐	☐	Zweckmäßiges Arbeitsumfeld (d. h. Arbeitsplatzgestaltung und Arbeitsplatzumgebung, wie z. B. Luft, Lärm, Temperatur)	☐	☐	☐	☐	☐	☐
☐	☐	☐	☐	☐	Zweckmäßige Arbeitsmittel (z. B. Werkzeuge, PC-Ausstattung)	☐	☐	☐	☐	☐	☐
☐	☐	☐	☐	☐	Möglichkeit eigene Verbesserungsvorschläge einzubringen	☐	☐	☐	☐	☐	☐
☐	☐	☐	☐	☐	Bestehende Arbeitszeitregelung	☐	☐	☐	☐	☐	☐
☐	☐	☐	☐	☐	Angemessene Arbeitsbelastung	☐	☐	☐	☐	☐	☐

b. Einkommen und betriebliche Leistungen

Wie **wichtig** sind Ihnen die folgenden Aspekte?						Wie **zufrieden** sind Sie mit den folgenden Aspekten?					
äußerst wichtig	sehr wichtig	wichtig	weniger wichtig	un-wichtig		äußerst zufrieden	sehr zufrieden	zufrieden	weniger zufrieden	un-zufrieden	kein Urteil möglich
☐	☐	☐	☐	☐	Leistungsgerechte Vergütung im Vergleich zu Kollegen in Ihrer Niederlassung	☐	☐	☐	☐	☐	☐
☐	☐	☐	☐	☐	Leistungsgerechte Vergütung im Vergleich zu Mitarbeitern in anderen Unternehmen Ihrer Branche	☐	☐	☐	☐	☐	☐
☐	☐	☐	☐	☐	Verpflegungsmöglichkeiten in Ihrer Niederlassung	☐	☐	☐	☐	☐	☐
☐	☐	☐	☐	☐	Betriebliche Altersversorgung	☐	☐	☐	☐	☐	☐
☐	☐	☐	☐	☐	Sonstige betriebliche Leistungen (z. B. Wohnbaudarlehen, Kuren, Belegschaftsaktien)	☐	☐	☐	☐	☐	☐
☐	☐	☐	☐	☐	Angebot von Produkten des Firmenange-hörigengeschäfts (z. B. Jahreswagen, Leasing, Finanzierung)	☐	☐	☐	☐	☐	☐

c. Information und Kommunikation

Wie **wichtig** sind Ihnen die folgenden Aspekte?						Wie **zufrieden** sind Sie mit den folgenden Aspekten?					
äußerst wichtig	sehr wichtig	wichtig	weniger wichtig	un-wichtig		äußerst zufrieden	sehr zufrieden	zufrieden	weniger zufrieden	un-zufrieden	kein Urteil möglich
☐	☐	☐	☐	☐	Informationen, die Sie durch schriftliche Medien erhalten (z. B. Mitarbeiterzeitschriften)	☐	☐	☐	☐	☐	☐
☐	☐	☐	☐	☐	Informationen, die Sie durch elektronische Medien erhalten (z. B. Intranet, e-Mail, Mitarbeiterportal)	☐	☐	☐	☐	☐	☐
☐	☐	☐	☐	☐	Angemessener Umfang der Informationen, die Sie erhalten	☐	☐	☐	☐	☐	☐
☐	☐	☐	☐	☐	Ehrlichkeit / Offenheit bei der internen Berichterstattung (z. B. über Geschäftsentwicklung, Unternehmenssituation, Organisationsveränderungen)	☐	☐	☐	☐	☐	☐
☐	☐	☐	☐	☐	Regelkommunikation (d. h. regelmäßige Besprechungen zusammen mit dem Vorgesetzten)	☐	☐	☐	☐	☐	☐

d. Zusammenarbeit mit Kollegen im eigenen Team

Wie **wichtig** sind Ihnen die folgenden Aspekte?						Wie **zufrieden** sind Sie mit den folgenden Aspekten?					
äußerst wichtig	sehr wichtig	wichtig	weniger wichtig	un-wichtig		äußerst zufrieden	sehr zufrieden	zufrieden	weniger zufrieden	un-zufrieden	kein Urteil möglich
☐	☐	☐	☐	☐	Teamgeist und Zusammenhalt unter den Kollegen	☐	☐	☐	☐	☐	☐
☐	☐	☐	☐	☐	Einsatzbereitschaft der Kollegen	☐	☐	☐	☐	☐	☐
☐	☐	☐	☐	☐	Offener und fairer Umgang mit Konflikten	☐	☐	☐	☐	☐	☐
☐	☐	☐	☐	☐	Team-Besprechungen	☐	☐	☐	☐	☐	☐
☐	☐	☐	☐	☐	Einhaltung und konsequente Umsetzung von getroffenen Vereinbarungen innerhalb des Teams	☐	☐	☐	☐	☐	☐

e. Zusammenarbeit mit Kollegen aus <u>anderen</u> Abteilungen Ihrer Niederlassung

Wie **wichtig** sind Ihnen die folgenden Aspekte?						Wie **zufrieden** sind Sie mit den folgenden Aspekten?					
äußerst wichtig	sehr wichtig	wichtig	weniger wichtig	un-wichtig		äußerst zufrieden	sehr zufrieden	zufrieden	weniger zufrieden	un-zufrieden	kein Urteil möglich
☐	☐	☐	☐	☐	Erreichbarkeit der Ansprechpartner	☐	☐	☐	☐	☐	☐
☐	☐	☐	☐	☐	Freundlichkeit der Ansprechpartner	☐	☐	☐	☐	☐	☐
☐	☐	☐	☐	☐	Kompetente Auskunft und Beratung	☐	☐	☐	☐	☐	☐
☐	☐	☐	☐	☐	Rasche Bearbeitung und Erledigung von Aufträgen	☐	☐	☐	☐	☐	☐
☐	☐	☐	☐	☐	Wie ein Kunde behandelt zu werden	☐	☐	☐	☐	☐	☐

f. Führungsverhalten des direkten Vorgesetzten

Hinweis: Den Namen Ihres direkten Vorgesetzten finden Sie auf dem Etikett auf der Titelseite.

Wie **wichtig** sind Ihnen die folgenden Aspekte?						Wie **zufrieden** sind Sie mit den folgenden Aspekten?					
äußerst wichtig	sehr wichtig	wichtig	weniger wichtig	un-wichtig		äußerst zufrieden	sehr zufrieden	zufrieden	weniger zufrieden	un-zufrieden	kein Urteil möglich
☐	☐	☐	☐	☐	Anerkennung als Partner	☐	☐	☐	☐	☐	☐
☐	☐	☐	☐	☐	Gemeinsamer Zielvereinbarung mit Ihnen	☐	☐	☐	☐	☐	☐
☐	☐	☐	☐	☐	Rückmeldungen über Ihre Zielerreichung	☐	☐	☐	☐	☐	☐
☐	☐	☐	☐	☐	Offenheit und Fairness bei der Bewertung Ihrer Leistungen	☐	☐	☐	☐	☐	☐
☐	☐	☐	☐	☐	Motivation und Ermutigung	☐	☐	☐	☐	☐	☐
☐	☐	☐	☐	☐	Unterstützung bei fachlichen Problemen	☐	☐	☐	☐	☐	☐
☐	☐	☐	☐	☐	Unterstützung bei Schwierigkeiten und Kritik von anderer Seite	☐	☐	☐	☐	☐	☐
☐	☐	☐	☐	☐	Gemeinsamer Vereinbarung von beruflichen Weiterentwicklungsmaßnahmen	☐	☐	☐	☐	☐	☐

☐	☐	☐	☐	☐	Schnelligkeit und Klarheit von Entscheidungen	☐	☐	☐	☐	☐	☐
☐	☐	☐	☐	☐	Eingestehen eigener Fehler	☐	☐	☐	☐	☐	☐
☐	☐	☐	☐	☐	Übertragung von Verantwortung an Sie	☐	☐	☐	☐	☐	☐
☐	☐	☐	☐	☐	Ihrer Ausstattung mit entsprechenden Handlungsspielräumen	☐	☐	☐	☐	☐	☐
☐	☐	☐	☐	☐	Forderung und Anerkennung von Eigeninitiative Ihrerseits	☐	☐	☐	☐	☐	☐
☐	☐	☐	☐	☐	Erreichbarkeit bei Fragen	☐	☐	☐	☐	☐	☐
☐	☐	☐	☐	☐	Regelmäßigkeit von Gesprächen mit Ihnen (z. B. Regelkommunikation)	☐	☐	☐	☐	☐	☐
☐	☐	☐	☐	☐	Information über Bereichs- und Abteilungsziele	☐	☐	☐	☐	☐	☐
☐	☐	☐	☐	☐	Möglichkeit, auch über persönliche Themen zu sprechen	☐	☐	☐	☐	☐	☐

g. Führungsverhalten des nächsthöheren Vorgesetzten

Hinweis: Den Namen Ihres nächsthöheren Vorgesetzen finden Sie auf dem Etikett auf der Titelseite.

Wie **wichtig** sind Ihnen die folgenden Aspekte?						Wie **zufrieden** sind Sie mit den folgenden Aspekten?					
äußerst wichtig	sehr wichtig	wichtig	weniger wichtig	un-wichtig		äußerst zufrieden	sehr zufrieden	zufrieden	weniger zufrieden	un-zufrieden	kein Urteil möglich
☐	☐	☐	☐	☐	Motivation und Ermutigung	☐	☐	☐	☐	☐	☐
☐	☐	☐	☐	☐	Schnelligkeit und Klarheit von Entscheidungen	☐	☐	☐	☐	☐	☐
☐	☐	☐	☐	☐	Regelmäßigkeit von Gesprächen mit Ihnen	☐	☐	☐	☐	☐	☐
☐	☐	☐	☐	☐	Information über übergeordnete Ziele (z. B. strategische Ziele der Niederlassung)	☐	☐	☐	☐	☐	☐
☐	☐	☐	☐	☐	Unkomplizierte Erreichbarkeit	☐	☐	☐	☐	☐	☐
☐	☐	☐	☐	☐	Feedback / „Lob und Tadel“	☐	☐	☐	☐	☐	☐

h. Berufliche Entwicklung und Förderung

Wie **wichtig** sind Ihnen die folgenden Aspekte?						Wie **zufrieden** sind Sie mit den folgenden Aspekten?					
äußerst wichtig	sehr wichtig	wichtig	weniger wichtig	un-wichtig		äußerst zufrieden	sehr zufrieden	zufrieden	weniger zufrieden	un-zufrieden	kein Urteil möglich
☐	☐	☐	☐	☐	Innerbetriebliche Stellenausschreibungen	☐	☐	☐	☐	☐	☐
☐	☐	☐	☐	☐	Entwicklungsmöglichkeiten und Aufstiegschancen innerhalb Ihrer Niederlassung	☐	☐	☐	☐	☐	☐
☐	☐	☐	☐	☐	Entwicklungsmöglichkeiten und Aufstiegschancen im DaimlerChrysler-Konzern	☐	☐	☐	☐	☐	☐
☐	☐	☐	☐	☐	Beförderung und berufliche Weiterentwicklung nach Leistungen und Fähigkeiten	☐	☐	☐	☐	☐	☐
☐	☐	☐	☐	☐	Weiterbildungsmöglichkeiten zur Verbesserung Ihres fachlichen Wissens	☐	☐	☐	☐	☐	☐
☐	☐	☐	☐	☐	Weiterbildungsmöglichkeiten zur Verbesserung Ihrer persönlichen und sozialen Fähigkeiten	☐	☐	☐	☐	☐	☐
☐	☐	☐	☐	☐	Weiterbildungsmöglichkeiten zur Verbesserung von Führungskompetenz	☐	☐	☐	☐	☐	☐
☐	☐	☐	☐	☐	Gleiche Aufstiegschancen für Frauen und Männer	☐	☐	☐	☐	☐	☐
☐	☐	☐	☐	☐	Ihre Einbindung in Veränderungsprozesse	☐	☐	☐	☐	☐	☐

i. Ansehen und Verhalten Ihrer Niederlassung

Wie **wichtig** sind Ihnen die folgenden Aspekte?						Wie **zufrieden** sind Sie mit den folgenden Aspekten?					
äußerst wichtig	sehr wichtig	wichtig	weniger wichtig	un-wichtig		äußerst zufrieden	sehr zufrieden	zufrieden	weniger zufrieden	un-zufrieden	kein Urteil möglich
☐	☐	☐	☐	☐	Kundenorientierung	☐	☐	☐	☐	☐	☐
☐	☐	☐	☐	☐	Fairer Umgang mit dem einzelnen Mitarbeiter bei Veränderungen	☐	☐	☐	☐	☐	☐
☐	☐	☐	☐	☐	Beschäftigungssicherheit	☐	☐	☐	☐	☐	☐
☐	☐	☐	☐	☐	Umweltorientiertes Handeln	☐	☐	☐	☐	☐	☐
☐	☐	☐	☐	☐	Fortschrittlichkeit	☐	☐	☐	☐	☐	☐
☐	☐	☐	☐	☐	Anpassungen an Veränderungen des Marktes durch erweiterte Öffnungszeiten	☐	☐	☐	☐	☐	☐
☐	☐	☐	☐	☐	Anpassungen an Veränderungen des Marktes durch ein erweitertes Dienstleistungsangebot	☐	☐	☐	☐	☐	☐
☐	☐	☐	☐	☐	Gegenwärtige Aktivitäten den Anspruch „Nummer 1 in der Dienstleistungsqualität“ zu erreichen	☐	☐	☐	☐	☐	☐

☐	☐	☐	☐	☐	Angebot von DaimlerChrysler-Produkten von hoher Qualität	☐	☐	☐	☐	☐	☐

j. Mitarbeiterbefragungen

Wie **wichtig** sind Ihnen die folgenden Aspekte? — Wie **zufrieden** sind Sie mit den folgenden Aspekten?

äußerst wichtig	sehr wichtig	wichtig	weniger wichtig	un-wichtig		äußerst zufrieden	sehr zufrieden	zufrieden	weniger zufrieden	un-zufrieden	kein Urteil möglich
☐	☐	☐	☐	☐	Durchführung von Mitarbeiterbefragungen	☐	☐	☐	☐	☐	☐
☐	☐	☐	☐	☐	Information über die Ergebnisse der letzten Mitarbeiterbefragung	☐	☐	☐	☐	☐	☐
☐	☐	☐	☐	☐	Ihre Einbindung in die Erarbeitung von Maßnahmen aus der letzten Mitarbeiterbefragung	☐	☐	☐	☐	☐	☐
☐	☐	☐	☐	☐	Qualität / Zweckmäßigkeit der Maßnahmen	☐	☐	☐	☐	☐	☐
☐	☐	☐	☐	☐	Umsetzung der Maßnahmen	☐	☐	☐	☐	☐	☐

III. Offene Frage

Es ist gut möglich, dass Ihnen bei der Beantwortung der Fragen Themen in den Sinn gekommen sind, die durch den Fragebogen nicht angesprochen wurden. Sie haben hier die Möglichkeit, uns auch zu diesen Themen eine Rückmeldung zu geben:

Nennen Sie bitte – wenn möglich – Beispiele für Punkte, die Sie besonders gut bzw. kritisch bewertet haben.

IV. Statistik

Die Beantwortung der folgenden Fragen ist wichtig, um aus dieser Befragung nicht nur eine allgemeine Zustandsbeschreibung ableiten zu können, sondern konkrete Ansatzpunkte für Verbesserungsmöglichkeiten zu erhalten.

- Alle Fragebogen verbleiben bei TNS Infratest. DaimlerChrysler bzw. Ihre Niederlassung erhält keine Einsicht in die ausgefüllten Fragebogen.
- Auswertungen der folgenden statistischen Merkmale werden ausschließlich für die gesamte Niederlassung vorgenommen.
- Um den Datenschutz von Einzelpersonen zu gewährleisten, werden auch für diese statistischen Merkmale nur Auswertungen für Gruppen mit mindestens 6 oder mehr teilnehmenden Mitarbeitern gemacht. TNS Infratest hat dies in einer schriftlichen Erklärung versichert.

1. Geschlecht

weiblich .... ☐
männlich .... ☐

2. Position

Mitarbeiter ohne Führungsfunktion .... ☐

Führungskraft in Ebene 5
(Teammeister, Gruppenleiter) .... ☐
Führungskraft in Ebene 4 .... ☐
Führungskraft in Ebene 3 .... ☐
Führungskraft in Ebene 2 .... ☐

4. Dauer Betriebszugehörigkeit

unter 1 Jahr .... ☐
1 bis unter 5 Jahre .... ☐
5 bis unter 15 Jahre .... ☐
15 Jahre und länger .... ☐

5. Sparte
(Mehrfachnennung möglich)

Verkauf Pkw .... ☐
Verkauf Transporter .... ☐
Verkauf Lkw .... ☐

Teile / Zubehör .... ☐
Reparaturen .... ☐

3. Beschäftigungsverhältnis

Arbeiter (Lohnempfänger) .... ☐
Angestellter (Gehaltsempfänger).................. ☐

Verkäufer Neufahrzeuge
(Provisionsempfänger).................................. ☐
Verkäufer Gebrauchtfahrzeuge
(Provisionsempfänger).................................. ☐

Technischer Auszubildender (TBA).............. ☐
Kaufmännischer Auszubildender (KBA)........ ☐

Kaufmännischer Bereich .... ☐

Sonstiges.. ☐

Vielen Dank für Ihre Mitarbeit!

Bitte nicht beschädigen oder entfernen.

Mercedes-Benz Niederlassungen

Mitarbeiterbefragung 2006

Fragebogen

(DC)

Gewährleistung Ihrer Anonymität

Die Anonymität hatte bei der Konzeption der Mitarbeiterbefragung absolute Priorität.

- **Anonymität beim Versand**

  Jeder Mitarbeiter erhält den Fragebogen in einem verschlossenen Kuvert.

- **Anonymität beim Rückversand**

  Sie haben zwei Möglichkeiten, den Fragebogen an TNS Infratest zurückzusenden:
  - Geben Sie das Rückantwortkuvert in den internen Postweg oder
  - Schicken Sie das Rückantwortkuvert direkt auf dem Postweg an TNS Infratest.

- **Organisationseinheit ist nicht gleich Auswertungseinheit**

  Alle Fragebogen sind mit einem Code versehen, der die Organisationseinheit verschlüsselt. Der Code verschlüsselt keine individuellen Merkmale von Mitarbeitern. TNS Infratest vergibt diesen Code.

  Alle Mitarbeiter einer Organisationseinheit erhalten immer Fragebogen mit der gleichen Code-Nummer. Um den Datenschutz von Einzelpersonen zu gewährleisten, werden ausschließlich Organisationseinheiten ausgewertet, für die mindestens 6 Fragebogen zurückgesendet wurden.

  Also: Ob für eine Organisationseinheit ein Ergebnis erstellt wird, hängt vom Rücklauf ab.

- **Auswertung der statistischen Merkmale**

  Die statistischen Merkmale im hinteren Teil des Fragebogens werden ausschließlich auf Ebene der gesamten Niederlassung ausgewertet.

  Auch hier gilt die Regel, dass ausschließlich Gruppen ausgewertet werden, für die mindestens 6 Fragebogen zurückgesendet wurden.

  Also: Eine Rückidentifikation einzelner Mitarbeiter anhand dieser Merkmale ist nicht möglich!

Hotline

Sollten Sie darüber hinaus Fragen zur Mitarbeiterbefragung haben, stehen Ihnen ab sofort folgende Ansprechpartner gerne zur Verfügung:

- **Ansprechpartner in Ihrer Niederlassung**

  Ihr MAB-Beauftragter

- **Ansprechpartner bei TNS Infratest**

  Mathias Jaumann Tel. 089 / 56 00 1587
  e-Mail mathias.jaumann@tns-infratest.com

Hinweise zum Ausfüllen dieses Fragebogens

Bitte füllen Sie den Fragebogen gleich nach Erhalt aus.

Da die Fragebogen maschinell eingelesen werden, kreuzen Sie bitte mit einem schwarzen oder einem blauen (bitte auf keinen Fall mit einem roten) Kugelschreiber die entsprechenden Kästchen auf folgende Weise an: ☒

I. Allgemeine Fragen

1. Wie zufrieden sind Sie insgesamt mit Ihrem Arbeitsverhältnis?

- Äußerst zufrieden ☐
- Sehr zufrieden ☐
- Zufrieden ☐
- Weniger zufrieden ☐
- Unzufrieden ☐

2a. Würden Sie sich in Ihrer Niederlassung wieder bewerben?

- Bestimmt ☐
- Wahrscheinlich ja ☐
- Eventuell ☐
- Wahrscheinlich nicht ☐
- Bestimmt nicht ☐

4a. Wie stark identifizieren Sie sich mit Ihrer Niederlassung?

- Äußerst stark ☐
- Sehr stark ☐
- Stark ☐
- Weniger stark ☐
- Überhaupt nicht ☐

4b. Wie stark identifizieren Sie sich mit DaimlerChrysler?

- Äußerst stark ☐
- Sehr stark ☐
- Stark ☐
- Weniger stark ☐
- Überhaupt nicht ☐

2b. Würden Sie sich bei DaimlerChrysler wieder bewerben?

- Bestimmt ☐
- Wahrscheinlich ja ☐
- Eventuell ☐
- Wahrscheinlich nicht ☐
- Bestimmt nicht ☐

3a. Würden Sie Ihre Niederlassung aufgrund Ihrer Erfahrungen Freunden und Bekannten als Arbeitgeber weiterempfehlen?

- Bestimmt ☐
- Wahrscheinlich ja ☐
- Eventuell ☐
- Wahrscheinlich nicht ☐
- Bestimmt nicht ☐

3b. Würden Sie DaimlerChrysler aufgrund Ihrer Erfahrungen Freunden und Bekannten als Arbeitgeber weiterempfehlen?

- Bestimmt ☐
- Wahrscheinlich ja ☐
- Eventuell ☐
- Wahrscheinlich nicht ☐
- Bestimmt nicht ☐

5. Wie beurteilen Sie die Motivation Ihrer direkten Kollegen Ihres Bereiches/ Ihrer Abteilung?

- Äußerst stark ☐
- Sehr stark ☐
- Stark ☐
- Weniger stark ☐
- Überhaupt nicht motiviert ☐

6a. Wie beurteilen Sie die Wettbewerbsfähigkeit Ihrer Niederlassung?

- Äußerst gut ☐
- Sehr gut ☐
- Gut ☐
- Weniger gut ☐
- Schlecht ☐

6b. Wie beurteilen Sie die Wettbewerbsfähigkeit von DaimlerChrysler?

- Äußerst gut ☐
- Sehr gut ☐
- Gut ☐
- Weniger gut ☐
- Schlecht ☐

II. Beurteilung einzelner Aspekte

Im folgenden Teil des Fragebogens geht es um die Beurteilung konkreter Aspekte. Es wird jeweils in der linken Spalte nach der **Wichtigkeit** eines Aspektes für Sie und in der rechten Spalte nach Ihrer **Zufriedenheit** mit diesem Aspekt gefragt.

Für die Auswertung der Ergebnisse ist es unbedingt notwendig, dass Sie jeden Aspekt sowohl nach der Wichtigkeit als auch nach der Zufriedenheit beurteilen.

Beantworten Sie bitte zuerst komplett die linke Spalte (Wichtigkeit) und dann die rechte Spalte (Zufriedenheit).

a. Qualität der Arbeit innerhalb Ihres Bereiches/ Ihrer Abteilung

Wie **wichtig** sind Ihnen die folgenden Aspekte?						(Bitte kreuzen Sie an.)	Wie **zufrieden** sind Sie mit den folgenden Aspekten?					
äußerst wichtig	sehr wichtig	wichtig	weniger wichtig	un-wichtig	kein Urteil möglich		äußerst zufrie-den	sehr zufrie-den	zufrie-den	weniger zufrie-den	un-zufrie-den	kein Urteil möglich
☐	☐	☐	☐	☐	☐	Klarheit der Verteilung von Aufgaben, Kompetenzen und Verantwortlichkeiten (AKV's) in Ihrem Bereich/ Ihrer Abteilung	☐	☐	☐	☐	☐	☐
☐	☐	☐	☐	☐	☐	Mit Ihrer Arbeit leisten Sie einen Beitrag zur Dienstleistungsqualität und Kundenzufriedenheit	☐	☐	☐	☐	☐	☐

☐	☐	☐	☐	☐	☐	Ihre Beteiligung an Entscheidungen, die Ihr Aufgabenumfeld betreffen	☐	☐	☐	☐	☐	☐
☐	☐	☐	☐	☐	☐	Effizienz der Arbeitsprozesse in Ihrem Bereich/ Ihrer Abteilung	☐	☐	☐	☐	☐	☐
☐	☐	☐	☐	☐	☐	Vereinbarkeit von Beruf und Privatleben (z.B. flexible Gestaltung der Arbeitszeit, Familienzeit, Teilzeit)	☐	☐	☐	☐	☐	☐

b. Information und Kommunikation

Wie **wichtig** sind Ihnen die folgenden Aspekte?						(Bitte kreuzen Sie an.)	Wie **zufrieden** sind Sie mit den folgenden Aspekten?					
äußerst wichtig	sehr wichtig	wichtig	weniger wichtig	un-wichtig	kein Urteil möglich		äußerst zufrie-den	sehr zufrie-den	zufrie-den	weniger zufrie-den	un-zufrie-den	kein Urteil möglich
☐	☐	☐	☐	☐	☐	Klare Informations-strukturen/ -prozesse (z.B. Regelkommunikation, Rück-sprachen, Team-Meetings, Abteilungsrunden)	☐	☐	☐	☐	☐	☐
						Ehrlichkeit und Offenheit bei der internen Berichterstattung …						
☐	☐	☐	☐	☐	☐	… innerhalb Ihres Bereiches/ Ihrer Abteilung	☐	☐	☐	☐	☐	☐
☐	☐	☐	☐	☐	☐	… innerhalb Ihrer Niederlassung insgesamt	☐	☐	☐	☐	☐	☐
☐	☐	☐	☐	☐	☐	Ihre Anliegen und Vorschläge finden Gehör	☐	☐	☐	☐	☐	☐

c. Zusammenarbeit mit Kollegen innerhalb Ihres Bereiches/ Ihrer Abteilung

Wie **wichtig** sind Ihnen die folgenden Aspekte?						(Bitte kreuzen Sie an.)	Wie **zufrieden** sind Sie mit den folgenden Aspekten?					
äußerst wichtig	sehr wichtig	wichtig	weniger wichtig	un-wichtig	kein Urteil möglich		äußerst zufrie-den	sehr zufrie-den	zufrie-den	weniger zufrie-den	un-zufrie-den	kein Urteil möglich
☐	☐	☐	☐	☐	☐	Teamgeist und Unterstützung unter den Kollegen	☐	☐	☐	☐	☐	☐
☐	☐	☐	☐	☐	☐	Effizienz von internen Besprechungen (z.B. Zeitaufwand, Anzahl der Teil-nehmer, Dokumentation der Ergebnisse)	☐	☐	☐	☐	☐	☐
☐	☐	☐	☐	☐	☐	Einhaltung und konsequente Umsetzung von (in internen Besprechungen) erzielten Vereinbarungen	☐	☐	☐	☐	☐	☐

d. Führungsverhalten des direkten Vorgesetzten

Hinweis: Den Namen Ihres direkten Vorgesetzten finden Sie auf dem Etikett auf der Titelseite.

Wie **wichtig** sind Ihnen die folgenden Aspekte?						(Bitte kreuzen Sie an.)	Wie **zufrieden** sind Sie mit den folgenden Aspekten?					
äußerst wichtig	sehr wichtig	wichtig	weniger wichtig	un-wichtig	kein Urteil möglich		äußerst zufrie-den	sehr zufrie-den	zufrie-den	weniger zufrie-den	un-zufrie-den	kein Urteil möglich
☐	☐	☐	☐	☐	☐	Wertschätzung als Partner und Mitarbeiter	☐	☐	☐	☐	☐	☐
☐	☐	☐	☐	☐	☐	Regelmäßiges Feedback zu Ihren Leistungen und Fähigkeiten	☐	☐	☐	☐	☐	☐
☐	☐	☐	☐	☐	☐	Gemeinsame Vereinbarung von Maßnahmen zur Weiterentwicklung	☐	☐	☐	☐	☐	☐
☐	☐	☐	☐	☐	☐	Treffen von Entscheidungen und Schaffung von Orientierung	☐	☐	☐	☐	☐	☐
☐	☐	☐	☐	☐	☐	Schaffung eines motivierenden Arbeitsumfelds	☐	☐	☐	☐	☐	☐
☐	☐	☐	☐	☐	☐	Information über wichtige/übergreifende Themen	☐	☐	☐	☐	☐	☐

e. Führungsverhalten des nächst höheren Vorgesetzten

Hinweis: Den Namen Ihres nächst höheren Vorgesetzten finden Sie auf dem Etikett auf der Titelseite.

Wie **wichtig** sind Ihnen die folgenden Aspekte?						(Bitte kreuzen Sie an.)	Wie **zufrieden** sind Sie mit den folgenden Aspekten?					
äußerst wichtig	sehr wichtig	wichtig	weniger wichtig	un-wichtig	kein Urteil möglich		äußerst zufrie-den	sehr zufrie-den	zufrie-den	weniger zufrie-den	un-zufrie-den	kein Urteil möglich
☐	☐	☐	☐	☐	☐	Schaffung eines motivierenden Arbeitsumfelds	☐	☐	☐	☐	☐	☐
☐	☐	☐	☐	☐	☐	Treffen von Entscheidungen und Schaffung von Orientierung	☐	☐	☐	☐	☐	☐
☐	☐	☐	☐	☐	☐	Information über übergreifende Themen (z.B. Geschäftssituation, Organisationsveränderungen, Bereichs- und Niederlassungsziele)	☐	☐	☐	☐	☐	☐
☐	☐	☐	☐	☐	☐	Effiziente/Wirtschaftliche Gestaltung des Verantwortungsbereichs	☐	☐	☐	☐	☐	☐
☐	☐	☐	☐	☐	☐	Vorleben von vorbildhaftem Führungsverhalten	☐	☐	☐	☐	☐	☐

f. Kundenzufriedenheit und Veränderungsprozess

Wie **wichtig** sind Ihnen die folgenden Aspekte?						(Bitte kreuzen Sie an.)	Wie **zufrieden** sind Sie mit den folgenden Aspekten?					
äußerst wichtig	sehr wichtig	wichtig	weniger wichtig	un-wichtig	kein Urteil möglich		äußerst zufrie-den	sehr zufrie-den	zufrie-den	weniger zufrie-den	un-zufrie-den	kein Urteil möglich
						Kundenorientierte Ausrichtung …						
☐	☐	☐	☐	☐	☐	… Ihres Bereiches/ Ihrer Abteilung	☐	☐	☐	☐	☐	☐
☐	☐	☐	☐	☐	☐	… Ihrer Niederlassung insgesamt	☐	☐	☐	☐	☐	☐
☐	☐	☐	☐	☐	☐	Ihre Einbindung in die Ausgestaltung von Veränderungs-prozessen in Ihrem Bereich/ Ihrer Abteilung	☐	☐	☐	☐	☐	☐
☐	☐	☐	☐	☐	☐	Angemessene Arbeitsbelastung durch die Veränderungsprozesse in Ihrem Bereich/ Ihrer Abteilung	☐	☐	☐	☐	☐	☐

III. Offene Frage

A. Es ist gut möglich, dass Ihnen bei der Beantwortung der Fragen Themen in den Sinn gekommen sind, die durch den Fragebogen nicht angesprochen wurden. Sie haben hier die Möglichkeit, uns auch zu diesen Themen eine Rückmeldung zu geben:

B. Nennen Sie bitte – wenn möglich – Beispiele für Punkte, die Sie besonders gut bzw. kritisch bewertet haben.

Hinweis: Sollte der hier zur Verfügung stehende Platz nicht ausreichen, können Sie weitere Anmerkungen zu A. und/ oder B. gerne auf einem separaten Blatt dem Rückantwortkuvert beilegen.

IV. Statistik

Die Beantwortung der folgenden Fragen ist wichtig, um aus dieser Befragung nicht nur eine allgemeine Zustandsbeschreibung ableiten zu können, sondern konkrete Ansatzpunkte für Verbesserungsmöglichkeiten zu erhalten.

- Alle Fragebogen verbleiben bei TNS Infratest. DaimlerChrysler bzw. Ihre Niederlassung erhält keine Einsicht in die ausgefüllten Fragebogen.
- Auswertungen der folgenden statistischen Merkmale werden ausschließlich für die gesamte Niederlassung vorgenommen.
- Um den Datenschutz von Einzelpersonen zu gewährleisten, werden auch für diese statistischen Merkmale nur Auswertungen für Gruppen mit mindestens 6 oder mehr teilnehmenden Mitarbeitern gemacht. TNS Infratest hat dies in einer schriftlichen Erklärung versichert.

1. Geschlecht

weiblich .... ☐
männlich .... ☐

2. Position

Mitarbeiter ohne Führungsfunktion .... ☐

Führungskraft in Ebene 5
(Teammeister, Gruppenleiter) .... ☐
Führungskraft in Ebene 4 .... ☐
Führungskraft in Ebene 3 .... ☐
Führungskraft in Ebene 2 .... ☐

4. Dauer Betriebszugehörigkeit

unter 1 Jahr .... ☐
1 bis unter 5 Jahre .... ☐
5 bis unter 15 Jahre .... ☐
15 Jahre und länger .... ☐

5. Sparte
(Mehrfachnennung möglich)

Verkauf Pkw .... ☐
Verkauf Transporter .... ☐
Verkauf Lkw .... ☐

Teile / Zubehör .... ☐
Reparaturen .... ☐

3. Beschäftigungsverhältnis

Arbeiter (Lohnempfänger) .... ☐
Angestellter (Gehaltsempfänger).................. ☐

Verkäufer Neufahrzeuge
(Provisionsempfänger)................................. ☐
Verkäufer Gebrauchtfahrzeuge
(Provisionsempfänger)................................. ☐

Technischer Auszubildender (TBA).............. ☐
Kaufmännischer Auszubildender (KBA)........ ☐

Kaufmännischer Bereich .... ☐

Sonstiges .... ☐

Vielen Dank für Ihre Mitarbeit!

Mitarbeiterbefragung 2004

Umsetzung der vereinbarten Maßnahmen

Bereich:

Maßnahme	**Erledigt**
•	Datum:
•	Datum:
•	Datum:
•	Datum:
•	Datum:
•	Datum:
•	Datum:
•	Datum:
•	Datum:
•	Datum:
•	Datum:

Aktualisierung durch: Teammitglied und Führungskraft

Auditierung MAB-Folgeprozesse

Team:

Datum:

Auditoren:

Kriterium	Quelle	Note*	Portfolio-farbe	Maßnahme/Anmerkung	Wer	Wann
		6				
		6				
		6				
		6				
		6				
		6				
		6				
		6				
		6				
		6				
Gesamtnote:		**6,0**				

*Bewertung von 1-6 (Schulnoten)

Auditierungsplan MAB-Folgeprozesse

Name des Auditors	Januar		Februar		März		April		Mai		Juni		Juli		August		September		Oktober		November		Dezember	
Führungskraft, Auditor und alle Mitglieder des Teams	Datum, Zeit	Ort																						
Führungskraft, Auditor und alle Mitglieder des Teams			Datum, Zeit	Ort																				
Führungskraft, Auditor und alle Mitglieder des Teams																								
Führungskraft, Auditor und alle Mitglieder des Teams																								
Führungskraft, Auditor und alle Mitglieder des Teams																								
Führungskraft, Auditor und alle Mitglieder des Teams																								
Führungskraft, Auditor und alle Mitglieder des Teams																								
Führungskraft, Auditor und alle Mitglieder des Teams																								
Führungskraft, Auditor und alle Mitglieder des Teams																								
Führungskraft, Auditor und alle Mitglieder des Teams																								
Führungskraft, Auditor und alle Mitglieder des Teams																								
Führungskraft, Auditor und alle Mitglieder des Teams																								

Die Planung ist verbindlich! Änderungen bzw. Tausch nur in Abstimmung mit dem Teamleiter. Beim Audit muss immer mindestens die Führungskraft, der Auditor und möglichst alle Mitglieder des Teams anwesend sein

Monatlich werden die umgesetzten Maßnahmen kontrolliert, ob sie immer noch "zu recht" abgehakt sind.

Die Auditblätter müssen vollständig ausgefüllt werden. Der Auditor behält die Originale visualisiert die Ergebnisse auf Teamtafel. Eine Kopie des Audit-Protokolls geht bitte an die MAB-Projektgruppe.

Bei Beanstandungen muss sofort eine geeignete Maßnahme festgelegt werden, damit die Anforderungen erfüllt werden. Übergreifende Themen werden in den Teamgesprächen KL, KL-S und Abteilungsleiter behandelt.

Die Auditergebnisse sind ein fester Tagesordnungspunkt der Teamgespräche.

Fragen Leitfaden Interviews

Was erwarten Sie von einer Mitarbeiterbefragung?
Wie schätzen Sie die Umsetzungsaktivitäten ein?
Wie empfanden Sie die Präsentation der Umsetzung am schwarzen Brett?
Wie empfanden Sie die Präsentation der Umsetzung in der MA-Zeitschrift „Hupe"?
Wie empfanden Sie die Darstellung der Umsetzung der Maßnahmen anhand der ausgehängten Kataloge?
Welche Veränderungen haben Sie als positiv empfunden?
Wie haben Sie nach der MAB Veränderungen wahrgenommen?
Wie beurteilen Sie die Veränderungen und deren Nachhaltigkeit aus heutiger Sicht?
Wie empfinden Sie die Verbesserungen hinsichtlich der Kundenorientierung?
Außer bei der MAB: Welche Möglichkeiten gibt es noch, Ihre Ideen und Verbesserungsvorschläge einzubringen?
Führungskräfte bis E4: Sind die Ergebnis-Bearbeitungen in Ihre ZV mit aufgenommen?
Wo sind Ihrer Meinung nach die noch zu bearbeitenden Handlungsfelder?

Literaturverzeichnis

Ackmann, H.-P. (2004): Arbeitsrecht. Bundes- und Einzelstaatliches Recht, in: Reimann, Mathias: Einführung in das US-amerikanische Privatrecht, 2. A., München, 287-348.

Adams, J. (1963): Toward an understanding in Inequity, Journal of Abnormal Social Psychology, 67, 422-436.

Adams, J. (1965): Inequity in Social Exchange, in: Verkowitz, L. (Hg.): Advances in Experimental Social Psychology, New York.

Allen, N.J.; Meyer, J.P. (1990): The measurement and antecedents of affective, continuance and normative Commitment to the organization, in: Journal of Occupational Psychology, Nr. 63, 1-18.

Andaleeb, S. S. (1996): An experimental investigation of satisfaction and Commitment in marketing channels. The role of trust and dependence, in: Journal of Retailing, Nr. 72 (1), 77-93.

Arlt, H.-J.; Prange, C. (2005): Gut, dass wir darüber gesprochen haben. Im Reformprozess von Organisationen kommt der Kommunikation eine Schlüsselrolle zu, in: Frankfurter Rundschau, 06.04.2005, 26.

Baecker, D. (1994): Postheroisches Management. Ein Vademecum, Berlin.

Baecker, D. (1999): Organisation als System, Frankfurt a. M..

Baecker, D. (2003): Organisation und Management, Frankfurt a. M..

Barnard, C. I. (1938): The Functions of the Executive, Cambridge.

Baron, J. N.; Kreps, D. M. (1999): Strategic Human Resources. Frameworks for General Managers, New York, Chichester, Weinheim, Brisbane, Singapore und Toronto.

Bateman, T. S., Strasser, S. (1984): A longitudinal analysis of the antecedents of organizational Commitment, in: Academy of Management Journal, Nr. 27, 95-112.

Bateson, G. (1981): Ökologie des Geistes: anthropologische, psychologische, biologische und epistemologische Perspektiven, Frankfurt a. M..

Beckert, J.; Metzner, A.; Roehl, H. (1998): Vertrauenserosion als organisatorische Gefahr und wie ihr zu begegnen ist, in: Organisationsentwicklung 4, 56-66.

Berger, P. L.; Luckmann, T. (2001): Die gesellschaftliche Konstruktion der Wirklichkeit, 18. A., Frankfurt a. M.

Berthel, J.; Becker, F. G. (2003): Personalmanagement, 7. A., 2003.

Bleicher, K. (1994): Normatives Management: Politik, Verfassung und Philosophie des Unternehmens, Frankfurt a. M./New York.

Borg, I. (2002): Mitarbeiterbefragungen – kompakt, Göttingen, Bern, Toronto und Seattle.

Borg, I. (2003): Führungsinstrument Mitarbeiterbefragung, 3. A., Göttingen und Bern.

Bourdieu, P. Et al. (1997): Das Elend der Welt: Zeugnisse und Diagnosen alltäglichen Leidens an der Gesellschaft, 779-822.

Brockner, J.; Tyler, T. R.; Cooper-Schneider, R. (1992): The Influence of Prior Commitment to an Institution on Reactions to Perceived Unfairness: The Higher They Are, the Harder They Fall, in: Administrative Science Quarterly, Nr. 37, 241-261.

Brockner, J.; Wiesenfeld, B. M. (1996): An integrative framework for explaining reactions to decisions: interactive effects of outcomes and procedures. Psychological Bulletin, 120, 189-208.

Brooks, M. (2006): Facing low unemployment, companies are placing more emphasis on retention, http://www.inc.com/criticalnews/articles/200605/confidence.html, besucht am 17.05.06.

Bruggemann, A.; Groskurth, P.; Ulich, E. (1975): Arbeitszufriedenheit, Bern, Stuttgart und Wien.

Buchanan, B. (1974): Building organizational Commitment. The socialization of managers in work organizations, in: Administrative Science Quarterly Nr. 19, 523-526.

Bungard, W.; Holling, H.; Schultz-Gambard, J. (1996): Methoden der Arbeits- und Organisationspsychologie, Weinheim.

Bungard, W.; Jöns, I. (1997): Mitarbeiterbefragungen. Ein Instrument des Qualitäts- und Innovationsmanagements, Weinheim.

Bungard, W.; Puhl, S.; Trost, A. (1999): Explorative Studie zum Thema Mitarbeiterbefragungen in mittelständischen Unternehmen, http://www.psychologie.uni-mannheim.de/psycho1/Publikationen/MA%20Beitraege/99-02/bungard_mab.pdf, besucht am 28.06.06.

Bungard, W. (2000): Mitarbeiterbefragungen als Feedbackinstrument im Rahmen eines systematischen Prozess-Controllings, in: Wirtschaftspsychologie, 03/2000, 04-15.

Bungard, W. (2002): Mitarbeiterbefragungen, in: Mannheimer Beiträge, 01/2002, 03-08.

Bungard, W.; Müller, K.; Niethammer, C. (2007): Mitarbeiterbefragung – was dann...? MAB und Folgeprozesse erfolgreich gestalten.

Buchhorn, E.; Schmalholz, C. G. (2004): Volle Kraft voraus. Mitarbeitermotivation: Was Führungskräfte tun müssen, um ihre Mitarbeiter neu zu begeistern, in: Manager Magazin, Nr. 06, 26.03.2004, 164.

Casey, D. (2003): An examination of the impact of international quality awards on overall corporate performance, Offenburg.

Child, J. (1970): More myths of management organizations? In: Journal of Management Studies, Nr.7, 376-390.

Comelli, G. (1997): Mitarbeiterbefragungen und Organisationsentwicklungsprozesse, in: Bungard, Walter; Jöns, Ingela (Hg.): Mitarbeiterbefragungen. Ein Instrument des Innovations- und Qualitätsmanagements, Weinheim.

Comelli, G. (1999): Organisationsentwicklung, in: Rosenstiel, Lutz von; Regnet, Erika; Domsch, Michael (Hg.): Führung von Mitarbeitern, 5. A., Stuttgart, 631-652.

Connolly, P. M. (2006). What Your Employees Really Think, http://www.lawnandlandscape.com/news/news.asp?ID=4249, besucht am 11.04.06.

Conrad, P; Sydow, J. (1984): Organisationsklima, Berlin.

Coopman, S.J. (2001): Democracy, Performance, and Outcomes in Interdisciplinary Health Care Teams, in: Journal of Business Communication 38:3, 261-284.

Cranny, C.J.; Smith, P.C.; Stone, E.F. (1992): Job satisfaction: How people feel about their jobs and how it affects their performance, New York.

Crozier, M. Friedberg, E. (1979): Macht und Organisation. Die Zwänge kollektiven Handelns, Königstein/Ts.

Csikszentmihalyi, M. (2004): Flow im Beruf : das Geheimnis des Glücks am Arbeitsplatz, Stuttgart.

Cyert, R. M.; March, J. G. (1963): A Behavioral Theory of the Firm, Englewood Cliffs.

Deeg, J.; Weibler, J. (2000): Organisationaler Wandel als konstruktive Dekonstruktion, in: Schreyögg, G.; Conrad, P. (Hg.): Organisatorischer Wandel und Transformation, Wiesbaden, 143-193.

Degele, N.; Münch, T.; Pongratz, H. J., Saam, N. J.(2001): Soziologische Beratungsforschung. Perspektiven für Theorie und Praxis der Organisationsberatung, Opladen.

Deitering, F. G. (2006): Folgeprozesse bei Mitarbeiterbefragungen, München und Mering.

Dick, R. V. (2004): Commitment und Identifikation mit Organisationen, Göttingen, Bern, Toronto und Seattle.

Doppler, K. (2005): Management ist Kommunikation, in: profirma, 04/2005, Vol. 8, 34-35.

Doppler, K. (2005): Change Management. Den Unternehmenswandel gestalten, Frankfurt a. M. Und New York.

Domsch, M. E.; Schneble, A. (1992): Mitarbeiterbefragungen – Eine Leitlinie zum Projektmanagement, in: Domsch, Michel E.; Schneble, A.: Mitarbeiterbefragungen, 2. A., Heidelberg, 1-24.

Domsch, M. E.; Ladwig, D. H. (2000): Mitarbeiterbefragungen – Stand und Entwicklungen, in: Domsch, Michel E. (Hg.): Handbuch Mitarbeiterbefragungen, Bern, Heidelberg und New York, 1-14.

Dubin R.; Champoux, J. E. P., L. W. (1975): Central life interests and organizational Commitment of blue collar and clerical workers, in: Administrative Science Quarterly, Nr. 20, 411-421.

Dubinsky, A. H., S. (1986): A path analytic study of a model of salesperson performance, in: Academy of Marketing Science, Nr. 14 (1), 36-46.

Ebers, M.; Gotsch, W. (2006): Institutionenökonomische Theorien der Organisation, in: Kieser, A.; Ebers, M. (Hg.): Organisationstheorien, 6. A., Stuttgart, 247-308.

Eby, L. T., Freeman, D. M.; Rush, M. C.; Lance, C. E. (1999): Motivational basis of affective organizational Commitment: A partial test on an integrative theoretical model, in: Journal of Occupational and Organizational Psychology, Nr 72, 463-483.

Feucht, A.-C.; Jöns, I. (1998): Der Einfluss des Vorgesetzten auf den Survey-Feedback-Prozess, in: Mannheimer Beiträge, 04/1998, 01-12.

Fischer, G.; Rieker, J.; Risch, S.: Ein trauriges Kapitel. Die wahren Gesetze im Unternehmen werden von den Mitarbeitern geschrieben – nur nimmt sie keiner ernst, in: Manager Magazin, Nr. 6, 01.06.1994, 171.

Fournier, C. V. (2005): Andere begeistern, denn: das größte Erfolgspotenzial im Betrieb sind die Mitarbeiter, in: Betrieb & Meister, Nr. 2, 38.

Freeman, R. (1978): Job Satisfaction as an Economic Variable, in: American Economic Review 68, 135-141.

French, Wendell L.; Bell, Cecil H. (1994): Organisationsentwicklung: sozialwissenschaftliche Strategien zur Organisationsveränderung, 4. A., Bern.

Friedberg, E. (1980): Macht und Organisation, in: Reber, G.: Macht in Organisationen, Stuttgart, 123-134.

Friedberg, E. (1995): Ordnung und Macht. Dynamiken organisierten Handelns. Frankfurt a. M. Und New York.

Gabel, B. (2000): Mitarbeiterbefragungen nicht allgemein akzeptiert, in: Betriebswirtschaftliche Blätter, Nr. 06, 304.

Gaertner, S.; Robinsin, J.M. (1999): Structural Determinants of Job Satisfaction and Organizational Commitment in Turnover Models, in: Human Resource Management Review 9:4, 479-494.

Gellis, Z.D.; Kim, J.; Hwang, S.C. (2004): New York State Case Manager Survey: Urban and Rural Differences in Job Activities, Job Stress, and Job Satisfaction, in: The Journal of Behavioral Health Services & Research 31:4, 430-440.

Genzwürker, S. (2006): Organizational Commitment in Umbruchsituationen - ein ressourcenorientierter Ansatz, Tönning, Lübeck und Marburg.

Giddens, A. (1979): Central Problems in Social Theory, London.

Giddens, A. (1991): Structuration Theory and Sociological Analysis, in: Clark, J.; Modgil, C.; Modgil, S. (Hg.): Giddens' Theory of Structuration – A Critical Appreciation, London, 201-221.

Gillespie, R. (1991): Manufacturing knowledge: a history of the Hawthorne experiments, Cambridge.

Gomez, P.; Hahn, D.; Müller-Stewens, G.; Wunderer, R. (1994): Unternehmerischer Wandel. Konzepte zur organisatorischen Erneuerung, Wiesbaden.

Gottschall, D. (1988): Mitarbeiterbefragungen als Frühwarnsystem, in: Manager Magazin, Nr. 09, 01.09.1988, 220-231.

Greif, S.; Runde, B.; Seeberg, I. (2004): Erfolge und Misserfolge beim Change Management, Göttingen, Bern, Toronto, Seattle, Oxford und Prag.

Groskurth, P. (1974): Arbeitszufriedenheit als normatives Problem, in: Arbeit und Leistung, Nr. 11, 285-288.

Grund, M. (1998): Interaktionsbeziehungen im Dienstleistungsmarketing: Zusammenhänge zwischen Zufriedenheit und Bindung von Kunden und Mitarbeitern, Wiesbaden.

Gutknecht, S. P. (2006): Arbeitszufriedenheit und Commitment in Zeiten organisationalen Wandels. Zum Einfluss von Persönlichkeitsmerkmalen auf organisationsspezifische Einstellungen - eine Untersuchung in Militär und Wirtschaft, http://www.dissertationen.unizh.ch/2006/gutknecht/diss.pdf, besucht am 13.07.06.

Hafemann, M. (2000): Kaizen-Philosophie: Management mit gesundem Menschenverstand, in: Management Berater, Nr. 1, 01.01. 2000, 51.

Haijtema, D. (2005): Führen heißt bewegen, Die Welt, 19.02.2005, Nr. 42, B1.

Halatsch, F. (2004): Six Sigma im Projektmanagement, Kissing.

Hammer, T.V.; Avgar, A. (2005): The Impact of Unions on Job Satisfaction, Organizational Commitment, and Turnover, in: Journal of Labor Research 26:2, 241-266.

Hansen, K. (2004): „Schön, dass wir darüber geredet haben" – das Zauberwort der Kommunikation, in: Universitas 08/2004, 829-834.

Handel, M.J.; Levine, D.I. (2004): Editors' introduction: The effects of new work practices on workers, in: Industrial Relations 43:1, 1-43.

Häußler, J. N. (1998): Messung der Mitarbeiterzufriedenheit als Instrument der Qualitätssteuerung und –kontrolle, Sonderdruck aus: Duvvuri, Stefan A.; Schäfer, Thomas (Hg.): Qualitätsmanagement-Report der Banken. Erfahrungsberichte und Perspektiven, Wiesbaden.

Hegel, G. W. F.; Wessels, H.-F. (1999): Phänomenologie des Geistes, Hamburg.

Heinrich, P.; Schulz zur Wiesch (1998): Wörterbuch zur Mikropolitik, Opladen.

Henkey, I., Noé, N. (2004): Job Satisfaction as a Key Management Tool to Step up Performance, in: Problems and Perspectives in Management 4/2004, 149-151.

Hentze, J.; Graf, A.; Kammel, A.; Lindert, K. (2004): Personalführung. Grundlagen, Funktionen und Modelle der Führung, Bern, Stuttgart und Wien.

Hermann, S. (1999): Was ist Wissensmanagement? Manager Magazin, Nr. 11, 01.11.1999, 307.

Herzberg, F. (1971): Work and the nature of man, 4. Print., Cleveland.

Hewitt Associates und Kienbaum (2007): Mitarbeiterbefragungen – Die Trends 2007. Bericht zur großen Umfrage von Hewitt Associates und Kienbaum.

Höhn, R. (1987): Führungsmodelle - Harzburger Modell, in: Handwörterbuch der Führung, Kieser, A.; Reber, G.; Wunderer, R. (Hg.), Stuttgart, 614-621.

Holtz, R. F. V. (1998): Der Zusammenhang zwischen Mitarbeiterzufriedenheit und Kundenzufriedenheit, München.

Homans, G. (1961): Social Behavior: It's elementary Forms, New York.

Hoppock, R. (1935): Job satisfaction, New York.

Hunt, J. G. (1991): Leadership: A new synthesis, Newbury Park u.a..

Innerhofer, C.; Innerhofer, P.; Lang, E. (2000): Leadership Coaching. Führen durch Analyse, Zielvereinbarung und Feedback, 2. A., Neuwied und Kriftel.

Ilies, R.; Judge, T. (2004): An experience-sampling measure of job satisfaction and its relationships with affectivity, mood at work, job beliefs, and general job satisfaction, in: European Journal of Work & Organizational Psychology 13:3, 367-389.

Isaksson, K. (2006): Psycones. Psychological Contracts across Employment Situations.

Izzo, J. (2006): Employee loyalty: not dead, just different, http://www.theglobeandmail.com/servlet/story/LAC.20060303.CALOYALTY03/tpstory/Business, besucht am 03.03.06.

Jensen, S. (2004): Determinanten der Mitarbeiterbindung, in: Wirtschaftswissenschaftliches Studium, Nr. 4, 233-236.

Jöns, I. (1997): Formen und Funktionen von Mitarbeiterbefragungen, in: Bungard, Walter; Jöns, Ingela (Hg.): Mitarbeiterbefragungen. Ein Instrument des Qualitäts- und Innovationsmanagements, Weinheim, 15-31.

Jöns, I., Bungard, W. (1998): Mitarbeiterbefragungen, in: Mannheimer Beiträge 02/98, 28-32, http://www.psychologie.uni-mannheim.de/psycho1/Publikationen/MA%20Beitraege/98-02/98_2_02.pdf, besucht am 13.07.06.

Jöns, I. (2000): Einsatz und Effizienz verschiedener Feedbackinstrumente, in: Wirtschaftspsychologie, Nr. 3, 16-27.

Jöns, I. (2000a): Organisationales Lernen in selbstmoderierten Survey-Feedback-Prozessen. Untersuchungen zur Prozeß- und Ergebnisinsuffizienz von Befragungsprojekten in Unternehmen, Lengerich.

Jost, P.-J. (2000): Organisation und Motivation. Eine organisationspsychologische Einführung, Wiesbaden.

Jost, P.-J.; Backes-Gellner, U. (2001): Die Prinzipal-Agenten-Theorie in der Betriebswirtschafts-lehre, Stuttgart.

Kaiser, L. (2002): Job satisfaction: A Comparison of Standard, Non-Standard, and Self-Employment Patterns across Europe with a Special Note to the Gender/Job Satisfaction Paradox, EPAG Working Paper 27, Colchester, University of Essex.

Kanter, R. M. (1968): Commitment and social organizations. A study of Commitment mechanisms in utopian communities, in: American Sociological Review, Nr. 33, 499-517.

Kanter, R. M. (1983): The Change Masters, London.

Kayser, T. A. (1996): Mining Group Gold. How to Cash in on the Collaborative Brain Power of a Group, 2. A., New York u.a..

Kets de Vries, M. F. R. (2004): Führer, Narren, Hochstapler – Die Psychologie der Führung, 2. A., Stuttgart.

Kierysch, P. V. (1999): Prozeßoptimierung – Veränderungen der Organisationsstrukturen, in: Rosenstiel, Lutz v.; Regnet, Erika; Domsch, Michael E.: Führung von Mitarbeitern. Handbuch für erfolgreiches Personalmanagement, 4. A., Stuttgart, 669-680.

Kieser, A.; Ebers, M. (2006): Organisationstheorien, 6. A., Stuttgart.

Kirsch, W.; Esser, W.-M.; Gabele, E. (1979): Das Management des geplanten Wandels von Organisationen, Stuttgart.

Kirstein, R.; Kittner, M.; Schmidtchen, D. (2000): Kündigungsschutzrecht in den USA und in Deutschland: ein Beitrag zur ökonomischen Rechtsvergleichung, CSLE Diskussionsbeitrag 2000-08.

Köcher, R. (2007): Großes Sicherheitsbedürfnis, http://www.wiwo.de/pswiwo/fn/ww2/sfn/buildww/id/126/id/249312/fm/0/SH/0/depot/0/index.html, besucht am 28.02.2007.

König, E.; Volmer, G. (2000): Systemische Organisationsberatung. Grundlagen und Methoden, 7. A., Weinheim.

Konovsky, M. A.; Pugh, S. D.(1994): Citizenship and social exchange, in: Academy of Management Journal, 37, 656-669.

Krüger, W. (1999): Implementierung als Kernaufgabe des Wandlungsmanagements, in: Hahn, D.; Taylor, B. (Hg.): Strategische Unternehmensplanung, Strategische Unternehmensführung – Stand und Entwicklungstendenzen, Heidelberg, 863-891.

Krüger, W.; Becker, L. (2001): Warum Restrukturierungen versanden, und wie Sie das vermeiden, Arbeitspapier Nr. 1/2001, Gießen.

Kruse, P.; Furkel, D. (2006): „Bewusster Umgang mit der Instabilität", Interview mit Peter Kruse, in: Personalmagazin, Nr. 01, 12.

Kruse, P. (2005): Personalmanagement mit Konzept aktiviert Leistungsreserven: Mitarbeitermotivation durch Kommunikation, in: Allgemeine Fleischer-Zeitung, Nr. 09, 02.03.2005, 15.

Kuhl, J. (1981): Motivation, Konflikt und Handlungskontrolle, Berlin und Heidelberg.

Kunst, N. (1998): Mit der Werkszeitung ins Intranet. Die klassische Mitarbeiterzeitung hat im Zeitalter neuer Medien längst nicht ausgedient, Horizont, Nr. 17, 23.04.1998, 65.

Lammers, C. J. (1978): The comparative sociology of organizations, in: Annual Review of Sociology, Nr.4, 485-510.

Langmaack, B.; Braune-Krickau, M. (2000): Wie die Gruppe laufen lernt, 7. A., Weinheim.

Leciejewski, K. (2000): Gute Manager meiden die Mitarbeiterbefragung. Sie offenbart meist mangelnde Kommunikation, in: Financial Times Deutschland, 14.08.2000, 27.

Leupold, M. (1983): Beeinflussung der Führungssituation durch Mitarbeiterbefragungen. Eine empirische Studie über ein neues Instrument der Personalführung, Ottobrunn.

Lies, J. (2003): Wandel begreifen. Die Rolle von Macht und Sozialkapital im Change-Management, Wiesbaden.

Link, J. (2004): Führungssysteme. Strategische Herausforderung für Organisation, Controlling und Personalwesen, 2. A., München.

Liska, C. (2002): Kaizen-Methode hilft, Betriebe zu optimieren. Ständige Verbesserungsprozesse steigern die Produktivität und sichern Unternehmenserfolg, in: Wirtschaftsblatt, Nr. 1765, 07.12.2002, A26.

Locke, E. A. (1969): What is job satisfaction? In: Organizational behavior and human performance, Nr. 4, 309-336.

Locke, E. A. (1976): The nature and causes of job satisfaction, in: Dunnette, M. D. (Hg.): Handbook of Industrial and Organizational Psychology, Chicago, 1297-1349.

Lodahl, T. M.; Kejner, M. (1965): The definitin and measurement of Job Involvement. Journal of Applied Psychology, 49, 24-33.

Lück, H. E. (1997): Die Zufriedenheit deutscher Mitarbeiter in europäischer Perspektive, in: Bungard, Walter; Jöns, Ingela: Mitarbeiterbefragung, Weinheim, 399-406.

Luhmann, N. (1984): Soziale Systeme: Grundriß einer allgemeinen Theorie, Frankfurt a. M..

Luhmann, N. (2000): Organisation und Entscheidung, Wiesbaden.

Malik, F. (2003): Systemisches Management, Evolution, Selbstorganisation. Grundprobleme, Funktionsmechanismen und Lösungsansätze für komplexe Systeme, 3. A., Bern, Stuttgart und Wien.

Malik, F. (2005): Ist Management kulturabhängig? Http://www.manager-magazin.de/koepfe/artikel/0,2828,343456,00.html, besucht am 13.09.05.

March, J. G.; Simon, H. A. (1958): Organizations, New York.

Martens, W.; Ortmann, G. (2006): Organisationen in Luhmanns Systemtheorie, in: Kieser, A.; Ebers, M. (Hg.): Organisationstheorien, 6. A., Stuttgart, 427-461.

Martin, C. L.; Bennett, N. (1996): The role of justice judgements in explaining the relationship between job satisfaction and organizational Commitment, in: Group & Organization Management, Nr. 21 (1), 84-104.

Mathieu, J. E.; Zajak, D. M. (1990): A review and meta-analysis of the antecedents, correlates, and consequences of organizational Commitment, in: Psychological Bulletin, Nr. 108, 171-194.

Matiaske, W.; Weller, I. (2003): Commitment als Ressource. Beitrag zur Tagung 'Nachhaltigkeit von Arbeit und Rationalisierung, Technische Universität Chemnitz, 23. Bis 24. Januar 2003.

Mayer, T. B.; Jöns, I. (1998): Mitarbeiterbefragungen als Organisationsentwicklung: Auswirkungen der Beteiligung an der Ergebnisrückmeldung auf das Erleben von Mitarbeitern, in: Mannheimer Beiträge 01/98, 37-48, http://www.psychologie.uni-mannheim.de/psycho1/Publikationen/MA%20Beitraege/98-01/98_1_04.pdf, besucht am 13.07.06.

Meffert, H. Schwetje, T. (1998): Bedeutung von Mitarbeiterinteraktion und Mitarbeiterzufriedenheit für die Kundenzufriedenheit im Handel, in: Planung und Analyse, Nr. 26, 44-49.

Meyer, W.-H. (1982): Arbeitszufriedenheit. Ein interessiertes Missverständnis, Opladen.

Meyer, J. P.; Paunonen, S. V.; Gellatly, I. H.; Goffin, R. D.; Jackson, D. N. (1989): Organizational Commitment and job performance: It's the nature of the Commitment that counts, in: Journal of Applied Psychology Nr. 74, 152-156.

Meyer, J. P.; Allen, N. J. (1997): Commitment in the workplace: theory, research and application, Thousands Oaks u. A..

Meyer, J. P.; Stanley, D. J.; Herscovitch, L.; Topolnytsky, L. (2001): Affective, Continuance, and Normative Commitment to the Organization: A Meta-Analysis of Antecedents, Correlates, and Consequences, in: Journal of Vocational Behavior, Ideal first Articles, 1-33.

Miller, D.; Friesen, P. H. (1984): Organizations - A quantum view, Englewood Cliffs.

Mintzberg, H. (2004): Der Managerberuf: Dichtung und Wahrheit, in: Harvard Businessmanager, Nr. 10, 28.09.2004, 72-89.

Morgan, R. M.; Hunt, S. D. (1994): The Commitment-trust theory of relationship marketing, in: Journal of Marketing, Nr. 58 (3), 20-38.

Moser, K. (1996): Commitment in Organisationen, Bern.

Moser, K.; Schuler, H. (1993): Validität einer deutschsprachigen Involvement-Skala. Zeitschrift für Differentielle und Diagnostische Psychologie, 14, 27-36.

Mowday, R. T. Porter, L. W.; Dubin, R. (1974): Unit performance, situational factors and employee attitudes in spatially separated work units, in: Organizational Behavior and Human Performance, Nr. 12 (2), 231-248.

Mowday, R. T.; Porter, Lyman W.; Steers, Richard M. (1982): Employee-organization linkages: the psychology of Commitment, absenteeism and turnover, New York.

Muhr, T. (2004): Beratung und Macht. Mikropolitische Fallstudie einer Organisationsberatung, http://bieson.ub.uni-bielefeld.de/volltexte/2005/691/pdf/ Dissertation_Thomas_Muhr.pdf, besucht am 14.07.06.

Mühlethaler, J. (2004): Zufriedene Arbeitnehmer – gute Arbeitnehmer. Mitarbeiterbefragungen als bewährtes Führungsinstrument im Unternehmen, in: Neue Züricher Zeitung, 24.11.2004, Nr. 275, 67.

Müller, G. F. (1997): Vertrauensbildung durch faire Entscheidungsverfahren in Organisationen (FB 8), Landau: Universität, Institut für Arbeits-, Betriebs- und Organisationspsychologie.

Müller, H. (2005): "Die Falle, in der Deutschland steckt", Interview mit Bernd Wieczorek, http://www.manager-magazin.de/unternehmen/artikel/0,2828,346593,00.html, besucht am 13.09.05.

Müller, W. R.; Hurter M. (1999): Führung als Schlüssel zur organisationalen Lernfähigkeit, in: Schreyögg, Georg; Sydow, Jörg (Hg.): Führung – neu gesehen, Berlin und New York, 1-54.

Müller, K., Bungard, W. (2006): Kulturelle Einflüsse auf die Arbeitszufriedenheit: eine multinationale Untersuchung Taunusstein.

Nadler, D. A. (1977): Feedback and Organization development: using data-based methods, Reading, Massachusetts.

Neugebauer, B. (2003): Mitarbeiterbefragungen. Ein Literaturbericht, ZUMA-Methodenbericht Nr. 2003/07, http://www.gesis.org/Publikationen/Berichte/ZUMA_Methodenberichte/documents/pdfs/2003/03_07_Neugebauer.pdf, besucht am 28.06.06.

Neuberger, O. (1974): Theorien der Arbeitszufriedenheit, Stuttgart.

Neuberger, O. (1974a): Messung der Arbeitszufriedenheit, Stuttgart.

Neuberger, O.; Allerbeck, M. (1978): Messung und Analyse von Arbeitszufriedenheit. Erfahrungen mit dem "Arbeitsbeschreibungs-Bogen (ABB)", Bern.

Neuberger, O. (1995): Mikropolitik. Der alltägliche Aufbau und Einsatz von Macht in Organisationen, Stuttgart.

Neuberger, O. (2000): Das 360°-Feedback, München.

Neuberger, O. (2002): Führen und führen lassen: Ansätze, Ergebnisse und Kritik der Führungsforschung, 6. A., Stuttgart.

Neuberger, O. (2006): Mikropolitik und Moral in Organisationen. Herausforderung der Ordnung, 2. A., Stuttgart.

Nöcker, R. (2002): „Kaizen ist in Japan kaum verbreitet." Gespräch mit dem Begründer des Kaizen-Konzepts, Masaaki Imai, FAZ Nr. 286, 09.12.02, 21.

Osterman, P. (2000): Work Reorganization in an Era of Restructuring: Trends in Diffusion and Effects on Employee Welfare, in: Industrial and Labor Relations Review 53:1, 179-196.

Ortmann, G. (1998): Mikropolitik, in: Heinrich, P.; Schulz zur Wisch, J. (Hg.): Wörterbuch zur Mikropolitik, Opladen, 1-6.

Patchen, M. (1961): The Choice of Wage Comparison, Englewood Cliffs/NJ.

Pettigrew, A. M. (1985): The awakening giant. Continuity and change in Imperial Chemical Industries, Oxford.

Pongratz, H. J.; Trinczek, R. (2006): Mehr Change! Weniger Motivation? Organisatorischer Wandel im Urteil von Führungskräften und Kommunikationsexperten, in: Langen, C.; Sievert, H. (Hg.): Strategisch kommunizieren und führen. Eine aktuelle Studie zu Profil und Qualifizierung für eine transparente Unternehmenskommunikation, Gütersloh, 111-124.

Porter, L. W.; Steers, R. M.; Mowday, R. T.; Boulian, P. V. (1974): Organizational Commitment, job satisfaction and turnover among psychiatric technicians, in: Journal of Applied Psychology, Nr. 59, 603-609.

Quinn, J. B. (1980): Strategies for change. Logical incrementalism, Homewood/Illinois.

Reber, G. (1980): Macht in Organisationen, Stuttgart.

Regnet, E. (2003): Kommunikation als Führungsaufgabe, in: Rosenstiel, Lutz von; Regnet, Erika; Domsch, Michael (Hg.): Führung von Mitarbeitern, 5. A., Stuttgart, 243-252.

Reis, M. (1999): Change Management, in: Rosenstiel, Lutz von; Regnet, Erika; Domsch, Michael (Hg.): Führung von Mitarbeitern, 5. A., Stuttgart, 653-669.

Ridder, H.-G.; Bruns, H.-J. (2000): Zur Rolle von Führungskräften bei der Konzeption und Durchführung von Mitarbeiterbefragungen, in: Zeitschrift für Personalforschung, 01/2000, 28-51.

Ridder, H.-G.; Bruns, H.-J.; Lindner, D. (2001): Mitarbeiterbefragung: Einflussgrößen der Veränderungsbereitschaft von Mitarbeitern, in: Zeitschrift Führung und Organisation, Nr. 01, 01.01.2001, 4-12.

Rieker, J. (1996): Digitales Dilemma. Medien erleichtern den Alltag, aber erzeugen Stress, Manager Magazin, Nr. 1, 01.01.1996, 170.

Riemann, F. (1998): Grundformen der Angst. Eine tiefenpsychologische Studie, München und Basel.

Roethlisberger, F. J.; Dickson, W. J. (1939): Management and the worker, Cambridge.

Rohrbeck, F. (2005): Die Ökonomie des Glücks, taz, 16.03.2005, 13.

Rosenstiel, L. V. (1983): Organisations-Psychologie, Stuttgart.

Rosenstiel, L. V.; Gebert, D (2002): Organisationspsychologie, 5. A., Stuttgart.

Rosenstiel, L. V. (2003): Grundlagen der Führung, in: Rosenstiel, Lutz von; Regnet, Erika; Domsch, Michael (Hg.): Führung von Mitarbeitern, 5. A., Stuttgart, 3-25.

Rothfuss, D. (2005): Flur FM, in: Financial Times Deutschland, 24.06.2005, WE2.

Rust, H. (2000): Die ordnende Hand. Meinungsaustausch im Unternehmen: Lenkung der Kommunikation, Manager Magazin, Nr. 7, 01.07.2000, 226.

Saam, N. J. (2002): Prinzipale, Agenten und Macht, Tübingen.

Salancik, G. R.; Pfeffer, J. (1978): A social information processing approach to job attitudes and task design, in: Administrative Science Quarterly, Nr. 23, 224-253.

Scheer, A. W.; Abolhassan, F.; Jost, W.; Kirchmer, M. (2003): Change Management im Unternehmen. Prozessveränderung erfolgreich managen, Berlin, Heidelberg und New York.

Schirmer, F. (2000): Reorganisationsmanagement: Interessenkonflikte, Koalitionen des Wandels und Reorganisationserfolg, Wiesbaden.

Schreyögg, G.; Conrad, P. (2000): Organisatorischer Wandel und Transformation, Wiesbaden.

Schreyögg, G. (2003): Organisation. Grundlagen moderner Organisationsgestaltung, Wiesbaden.

Schmalholz, C. G. (2001): Leiten lernen – Führung ist erlernbar, Manager Magazin, Nr. 1, 01.01.2001, 210.

Schmidt, M. J.; Allscheid, S. P. (1995): Employee attitudes and customer satisfaction: Making theoretical and empirical connections, Personnel Psychology, Nr. 48, 521-536.

Schulz von Thun, F.; Ruppel, J.; Stratmann, R. (2001): Miteinander reden: Kommunikationspsychologie für Führungskräfte, 2. A., Reinbek bei Hamburg.

Schulze, H. (1989): Organisationsgestaltung und strategische Organisationsanalyse, Berlin.

Schüren, P. (1999): Master and Servant - Anmerkungen zum Arbeitsverhältnis im anglo-amerikanischen Arbeitsrecht, in: Hübner, U.E., Ebke, Werner F.: Festschrift für Bernhard Großfeld zum 65. Geburtstag, Heidelberg, 1059-1066.

Schwarz, G. (1989): Unternehmenskultur als Element des Strategischen Managements, Berlin.

Sheldon, M. E. (1971): Investments and Involvements as mechanisms producing Commitment to the organization, in: Administrative Science Quarterly, 16 (2), 143-150.

Simon, H. A. (1976): Administrative Behavior. A Study of Decision-Making Processes in Administrative Organizations, New York (erstmals 1945).

Smith, P. C.; Kendall, L. M.; Hutlin, C. L. (1969): The measurement of satisfaction in work and retirement: A strategy for the study of attitudes, Chicago.

Springer, R. (1999): Rückkehr zum Taylorismus? Arbeitspolitik in der Automobilindustrie am Scheideweg, Frankfurt und New York.

Staehle, W. H. (1973): Organisation und Führung sozio-technischer Systeme. Grundlagen einer Situationstheorie, Stuttgart.

Statistisches Bundesamt (Hg.) (2006): Datenreport 2006. Zahlen und Fakten über die Bundesrepublik Deutschland, Bonn, http://www.destatis.de/download/d/datenreport/datenreport_2006.pdf, besucht am 21.02.2007.

Stock, R. (2003). Der Zusammenhang zwischen Mitarbeiter- und Kundenzufriedenheit - Direkte, indirekte und moderierende Effekte; Wiesbaden.

Stouffer, S.; Suchman, E.; devinney, L.; Starr, S.; Williams, R. (1949): The American Soldier; Adjustment During Army Life, Princeton/NJ.

Thau, J. T.; Pusch, T. (1998): Arbeitsrecht in den USA, München und Berlin.

Töpfer, A.; Gabel, B. (2000): Benchmarks zur Mitarbeiterbefragung, in: Personal, Nr. 4, 51-59.

Trost, A.; Jöns, I.; Bungard, W. (1999): Mitarbeiterbefragung, Augsburg.

Türk, K. (1989): Neuere Entwicklungen in der Organisationsforschung: Ein Trend-Report, Stuttgart.

Tyler, T. R.; Degoey, P. (1996): Trust in organizational authorities – the influence of motive attributions on willingness to accept decisions, in: Kramer, M. R.; Tyler , T. R. (Hg.): Trust in organizations, 331-356, London.

Ugboro, I.O.; Obeng, K. (2000): Top management leadership, employee empowerment, job satisfaction, and customer satisfaction in TQM organizations: An empirical study, in: Journal of Quality Management 5:2, 247-273.

Ulrich, H. (1994): Reflexionen über Wandel und Management, in: Gomez, Peter; Hahn, Dieter; Müller-Stewens, Günter; Wunderer, Rolf: Unternehmerischer Wandel. Konzepte zur organisatorischen Erneuerung, Wiesbaden, 5-30.

Vahs, D. (2003): Organisation, Stuttgart.

Van den Bos, K.; Bruins, J.; Wilke, H.; Dronkert, E. (1999): Sometimes Unfair Procedures Have Nice Aspects: On the Psychology of the Fair Process Effect, in: Journal of Personality and Social Psychology, Nr. 2, 324-336.

Verband der Automobilindustrie e. V. (2001): Kundenzufriedenheit im Liefernetzwerk. Voraussetzungen – Erfassung und Bewertung – Potenziale, Frankfurt a. M.

Volk, H. (2004): Als Vorgesetzter erfolgreicher werden. Das wirkungsvollste Motivationsinstrument ist der unkomplizierte Kontakt zu den Mitarbeitern, FAZ, Nr. 224, 25.09.2004, 52.

Volk, H. (2004a): Erfolg beginnt im alltäglichen betrieblichen Miteinander. Die Bedeutung des Betriebsklimas darf nicht unterschätzt werden, FAZ, Nr. 278, 27.11.2004, 59.

Volk, H. (2005): Sozialkompetenz ist keine sozialromantische Schwärmerei. Der unterschätzte Erfolgsbaustein. Von der Kunst, sich seine Mitmenschen geneigt zu machen, hängt mehr ab als nur die allgemeine Beliebtheit, FAZ, Nr. 12, 15.01.2005, 52.

Walgenbach, P. (2006): Neoinstitutionalistische Ansätze in der Organisationstheorie, in: Kieser, A.; Ebers, M. (Hg.): Organisationstheorien, 6. A., Stuttgart, 353-401.

Walgenbach, P. (2006a): Die Strukturationstheorie, in: Kieser, A.; Ebers, M. (Hg.): Organisationstheorien, 6. A., Stuttgart, 403-426.

Walter-Busch, E. (1989): Das Auge der Firma: Mayos Hawthorne-Experimente und die Harvard Business School 1900 – 1960, Stuttgart.

Warburg, W. (1997): Modernes Personalmanagement als Chance für die Verwaltungsreform, in: Reinermann, H.; Uhland, H. (Hg.): Die Beurteilung vom Ritual zum Personalmanagement, Baden-Baden.

Weber, M. (1984): Soziologische Grundbegriffe, 6. A., Tübingen.

Weber, M. (2000): Wirtschaft und Gesellschaft, Digitale Bibliothek Band 58.

Weibler, J. (2001): Personalführung, München.

Wimmer, R. (1995): Die permanente Revolution. Aktuelle Trends in der Gestaltung von Organisationen, in: Grossmann, R.; Krainz, E. E.; Oswald, M. (Hg.): Veränderung in Organisationen, Wiesbaden, 21-41.

Wimmer, R. (2004): Organisation und Beratung: systemtheoretische Perspektiven für die Praxis, Heidelberg.

Winter, S. (2005): Mitarbeiterzufriedenheit und Kundenzufriedenheit. Eine mehrebenenanalytische Untersuchung der Zusammenhänge auf Basis multidimensionaler Zufriedenheitsmessung, Mannheim.

Wiendieck, G. (1999): Führung und Organisationsstruktur, in: Rosenstiel, Lutz von; Regnet, Erika; Domsch, Michael (Hg.): Führung von Mitarbeitern, 5. A., Stuttgart, 243-252.

Wolf, D. (2007): Der „treue" Mitarbeiter, http://www.ftd.de/karriere_management/management/175550.html?P=2, besucht am 02.04.2007.

Womack, J. P.; Jones, D. T. (1997): Auf dem Weg zum perfekten Unternehmen (Lean Thinking), Frankfurt a. M. Und New York.

Womack, J. P.; Willenbrock, H. (2003): "Womacks Weisheiten", Interview mit James P. Womack, in: mck Wissen, Nr. 05, 72-77.

Wooden, M.; Warren, D. (2004): Non-standard Employment and Job Satisfaction: Evidence from the HILDA Survey, in: Journal of Industrial Relations 46:3, 275-297.

Woodward, J. (1958): Management and Technology, London.

Woodward, J. (1965): Industrial Organisation: Theory and Practice, London.

Zaleznik, A.; Christensen, C.; Roethlisberger, F. (1958): The Motivation, Productivity and Satisfaction of Workers. A Prediction Study, Harvard.